에이급수학

초등 **4**-1

까짓것 한번 해보자.
이 마음만 먹으세요.
그다음은 에이급수학이 도울 수 있어요.

실력을 엘리베이터에 태우는 일,
실력에 날개를 달아주는 일,
에이급수학이 가장 잘하는 일입니다.

시작이 **에이급**이면 결과도 **A급**입니다.

구성과 특징
S/t/r/u/c/t/u/r/e

개념학습

· 개념 + 더블체크

단원에서 배우는 중요개념을
핵심만을 콕콕 짚어서 정리하였습니다.
개념을 제대로 이해했는지 더블체크로
다시 한번 빠르게 확인합니다.

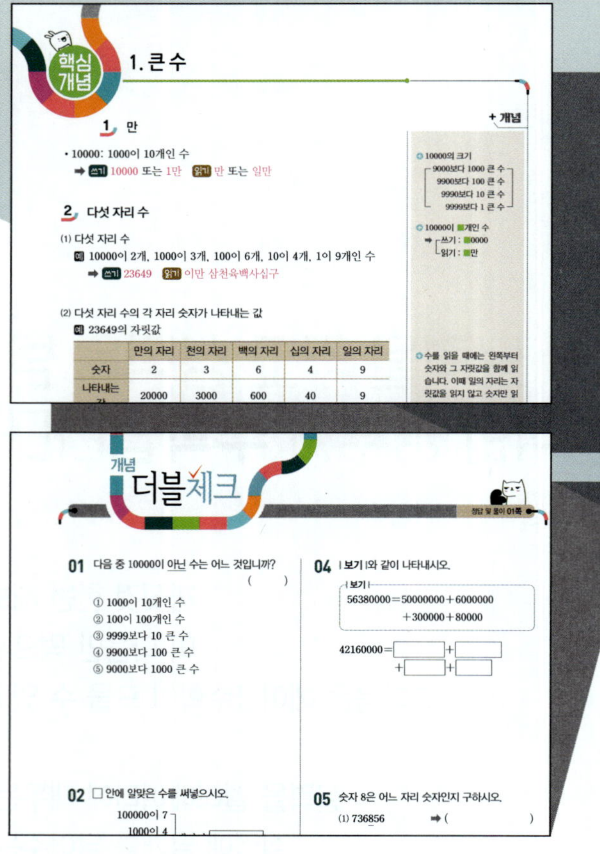

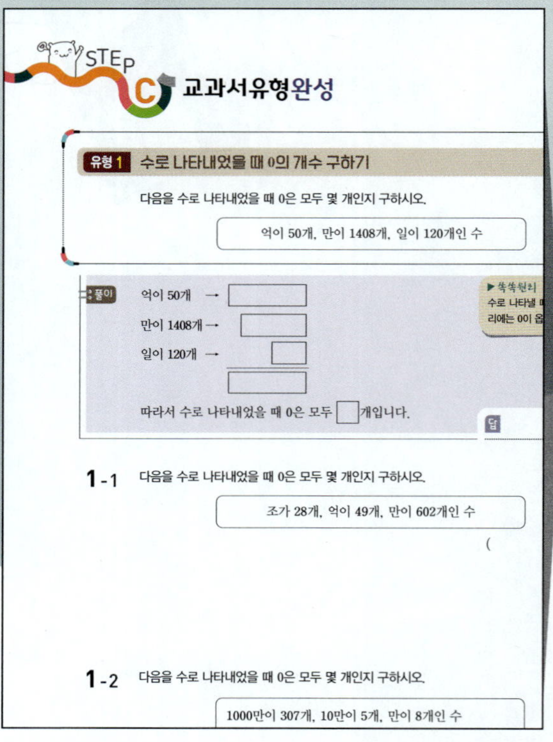

STEP C 교과서유형완성

각 단원에 꼭 맞는 유형 집중 훈련으로
문제 해결의 힘을 기릅니다.
교과서에서 배우는 모든 내용을
완전히 이해하도록 하였습니다.

차례
C/o/n/t/e/n/t/s

유형 1	수로 나타내었을 때 0의 개수 구하기
유형 2	전체 금액 구하기
유형 3	나타내는 값이 몇 배인지 구하기
유형 4	수직선에서 나타내는 수 구하기
유형 5	수 카드로 가장 큰 수 또는 가장 작은 수 만들기
유형 6	수의 크기 비교하기
유형 7	조건을 만족시키는 수 구하기

1. 큰 수

1 만

- 10000: 1000이 10개인 수
  ➡ **쓰기** 10000 또는 1만 **읽기** 만 또는 일만

2 다섯 자리 수

(1) 다섯 자리 수

예 10000이 2개, 1000이 3개, 100이 6개, 10이 4개, 1이 9개인 수
  ➡ **쓰기** 23649 **읽기** 이만 삼천육백사십구

(2) 다섯 자리 수의 각 자리 숫자가 나타내는 값

예 23649의 자릿값

	만의 자리	천의 자리	백의 자리	십의 자리	일의 자리
숫자	2	3	6	4	9
나타내는 값	20000	3000	600	40	9

  ➡ $23649 = 20000 + 3000 + 600 + 40 + 9$

3 십만, 백만, 천만

(1)
- 10000이 10개인 수 ➡ **쓰기** 100000 또는 10만 **읽기** 십만
- 10000이 100개인 수 ➡ **쓰기** 1000000 또는 100만 **읽기** 백만
- 10000이 1000개인 수 ➡ **쓰기** 10000000 또는 1000만 **읽기** 천만

참고 만, 십만, 백만, 천만의 관계

(2) 천만 단위 수

예 10000이 7348개인 수

쓰기 73480000 또는 7348만 **읽기** 칠천삼백사십팔만

7	3	4	8	0	0	0	0
천	백	십	일	천	백	십	일
			만				일

+ 개념

○ 10000의 크기
  - 9000보다 1000 큰 수
  - 9900보다 100 큰 수
  - 9990보다 10 큰 수
  - 9999보다 1 큰 수

○ 100000이 ■개인 수
  ➡ 쓰기 : ■0000
     읽기 : ■만

○ 수를 읽을 때에는 왼쪽부터 숫자와 그 자릿값을 함께 읽습니다. 이때 일의 자리는 자릿값을 읽지 않고 숫자만 읽습니다.

○ 일의 자리에서부터 네 자리씩 끊은 다음 왼쪽부터 차례대로 읽습니다.

01 다음 중 10000이 <u>아닌</u> 수는 어느 것입니까?

( )

① 1000이 10개인 수
② 100이 100개인 수
③ 9999보다 10 큰 수
④ 9900보다 100 큰 수
⑤ 9000보다 1000 큰 수

02 ☐ 안에 알맞은 수를 써넣으시오.

100000이 7
1000이 4
100이 1
1이 4
개이면 ☐

03 수를 읽거나 수로 나타내시오.

(1) 62984 ( )
(2) 팔만 사천삼십구 ( )

04 |보기|와 같이 나타내시오.

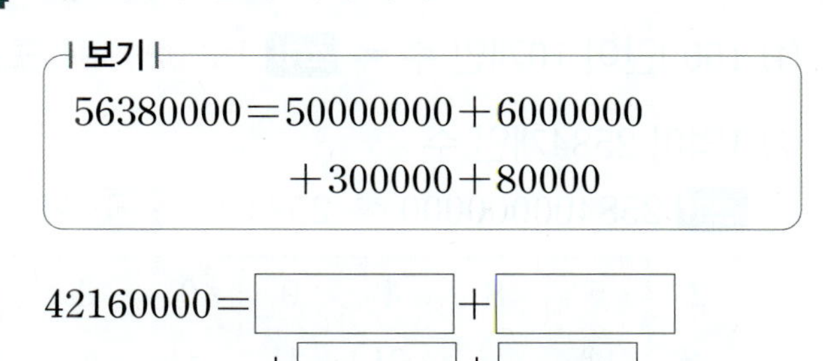

|보기|
56380000 = 50000000 + 6000000
+ 300000 + 80000

42160000 = ☐ + ☐
+ ☐ + ☐

05 숫자 8은 어느 자리 숫자인지 구하시오.

(1) 736856 ➡ ( )
(2) 85743007 ➡ ( )

06 민지의 저금통에는 만 원짜리 5장, 천 원짜리 12장, 백 원짜리 23개가 들어 있습니다. 저금통에 들어 있는 돈은 모두 얼마입니까?

( )

+ 개념

4. 억

(1) 1000만이 10개인 수 ➡ **쓰기** 1̌0000̌0000 또는 1억   **읽기** 억 또는 일억

(2) 1억이 2584개인 수

쓰기 258400000000 ➡ 2584억   **읽기** 이천오백팔십사억

2	5	8	4	0	0	0	0	0	0	0	0
천	백	십	일	천	백	십	일	천	백	십	일
			억				만				일

○ 1억이 10개인 수는 10억
1억이 100개인 수는 100억
1억이 1000개인 수는 1000억

5. 조

(1) 1000억이 10개인 수

➡ **쓰기** 1̌000000̌000000 또는 1조   **읽기** 조 또는 일조

(2) 1조가 2537개인 수

쓰기 2537000000000000 또는 2537조   **읽기** 이천오백삼십칠조

2	5	3	7	0	0	0	0	0	0	0	0	0	0	0	0
천	백	십	일	천	백	십	일	천	백	십	일	천	백	십	일
			조				억				만				일

○ 1조가 10개인 수는 10조
1조가 100개인 수는 100조
1조가 1000개인 수는 1000조

6. 큰 수를 뛰어 세기

(1) 10000씩 뛰어 세면 만의 자리 숫자가 1씩 커집니다.

(2) 100억씩 뛰어 세면 백억의 자리 숫자가 1씩 커집니다.

○ 뛰어 센 수의 규칙을 찾을 때는 어느 자리 숫자가 얼마씩 커지는지 알아봅니다.

7. 큰 수의 크기 비교

(1) 자리 수가 다를 때에는 자리 수가 많은 쪽이 더 큰 수입니다.

예 53217 < 104856
    5자리 수   6자리 수

(2) 자리 수가 같을 때에는 높은 자리부터 차례로 비교하여 높은 자리 수가 큰 쪽이 더 큰 수입니다.

예 1248900 > 1239912
         └─ 4>3 ─┘

07 빈 곳에 알맞은 수나 말을 써넣으시오.

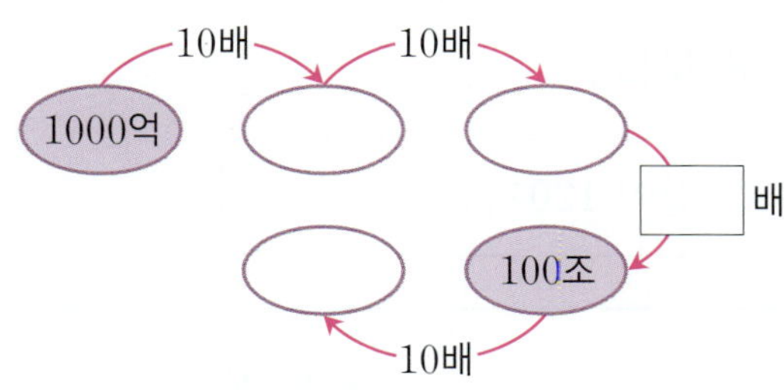

08 주어진 수에서 백조의 자리 숫자와 십억의 자리 숫자를 각각 쓰시오.

3578109231000000

백조의 자리 숫자 (　　　　　　　)

십억의 자리 숫자 (　　　　　　　)

09 ㉠과 ㉡이 나타내는 값을 각각 쓰시오.

438107587022690
　㉠　㉡

㉠ (　　　　　　　)

㉡ (　　　　　　　)

10 빈칸에 알맞은 수를 써넣으시오.

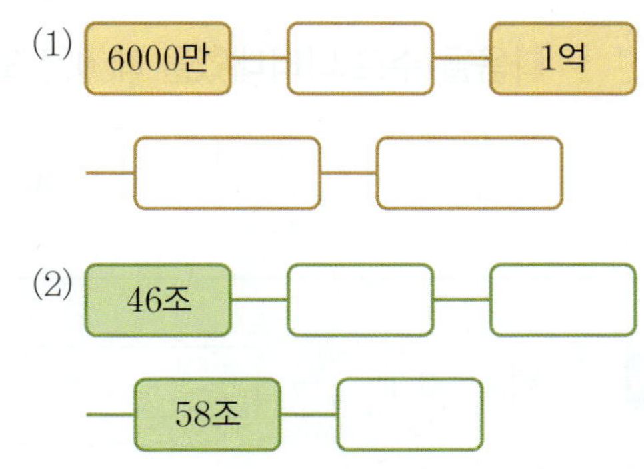

11 ○ 안에 >, <를 알맞게 써넣으시오.

(1) 47359 ◯ 47539

(2) 81936 ◯ 200051

(3) 6541736 ◯ 6540988

12 큰 수부터 차례대로 기호를 쓰시오.

㉠ 팔만 이십사　　　㉡ 80240
㉢ 80000＋200＋4　㉣ 8만 2004

(　　　　　　　)

교과서유형완성

유형 1 수로 나타내었을 때 0의 개수 구하기

다음을 수로 나타내었을 때 0은 모두 몇 개인지 구하시오.

억이 50개, 만이 1408개, 일이 120개인 수

풀이

억이 50개 →

만이 1408개 →

일이 120개 →

따라서 수로 나타내었을 때 0은 모두 ☐ 개입니다.

▶ 쏙쏙원리
수로 나타낼 때 읽지 않는 자리에는 0이 옵니다.

답

1-1 다음을 수로 나타내었을 때 0은 모두 몇 개인지 구하시오.

조가 28개, 억이 49개, 만이 602개인 수

( )

1-2 다음을 수로 나타내었을 때 0은 모두 몇 개인지 구하시오.

1000만이 307개, 10만이 5개, 만이 8개인 수

( )

유형 2 　전체 금액 구하기

10000원짜리 지폐 130장, 1000원짜리 지폐 80장, 100원짜리 동전 600개, 10원짜리 동전 370개가 있습니다. 모두 얼마인지 구하시오.

풀이

10000원짜리 지폐 130장 ⇨ [　　　　] 원

1000원짜리 지폐 80장 ⇨ [　　　　] 원

100원짜리 동전 600개 ⇨ [　　　　] 원

10원짜리 동전 370개 ⇨ [　　　　] 원

따라서 모두 [　　　　] 원입니다.

답

▶ **쏙쏙원리**
지폐, 동전을 각각 금액으로 나타낼 때에는 수 뒤에 돈의 단위만큼 0을 붙입니다.

2-1 은행에 저금한 돈 25800000원을 100만 원짜리 수표와 10만 원짜리 수표로 모두 찾으려고 합니다. 수표의 장수를 가장 적게 하려면 100만 원 짜리 수표와 10만 원짜리 수표는 각각 몇 장씩 찾아야 합니까?

100만 원짜리 (　　　　　　　　)
10만 원짜리 (　　　　　　　　)

2-2 1000만 원짜리 수표 20장, 100만 원짜리 수표 402장, 10000원짜리 지폐 321장이 있습니다. 이 돈을 은행에 가서 모두 10만 원짜리 수표로 바꾼다면 몇 장까지 바꿀 수 있습니까?

(　　　　　　　　)

유형 3 나타내는 값이 몇 배인지 구하기

㉠이 나타내는 값은 ㉡이 나타내는 값의 몇 배인지 구하시오.

$$169620840$$
$$㉠\ ㉡$$

풀이 ㉠은 [ ]의 자리 숫자이므로 [ ]을 나타내고
㉡은 십만의 자리 숫자이므로 [ ]을 나타냅니다.
따라서 ㉠이 나타내는 값은 ㉡이 나타내는 값의 [ ]배입니다.

▶ 쏙쏙원리
㉠과 ㉡이 나타내는 값을 각각 알아봅니다.

답

3-1 ㉠이 나타내는 값은 ㉡이 나타내는 값의 몇 배인지 구하시오.

$$4576504230891$$
$$㉠\quad ㉡$$

(   )

3-2 ㉠에서 숫자 3이 나타내는 값은 ㉡을 숫자로 나타내었을 때 숫자 3이 나타내는 값의 몇 배입니까?

㉠ 21370510948
㉡ 팔십구억 천이백삼십육만 사백이십오

(   )

유형 4 수직선에서 나타내는 수 구하기

수직선을 보고 ㉠에 알맞은 수를 구하시오.

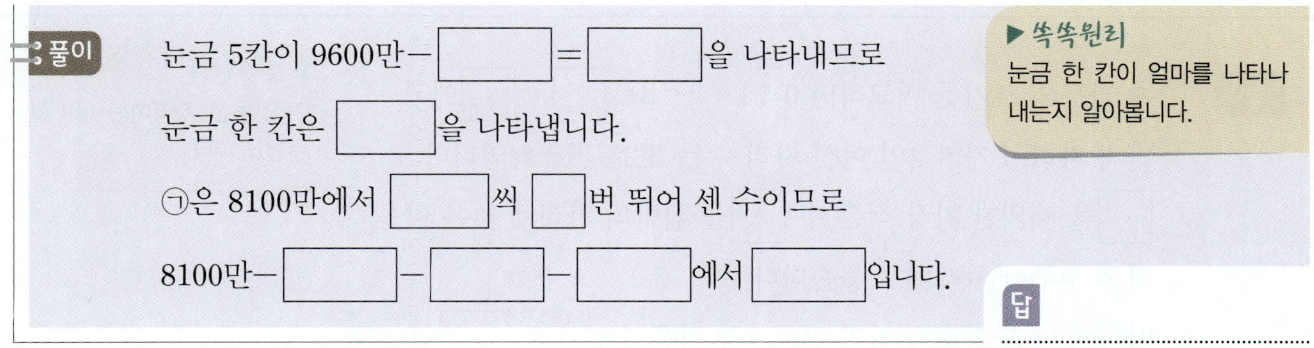

풀이

눈금 5칸이 9600만 − ☐ = ☐ 을 나타내므로

눈금 한 칸은 ☐ 을 나타냅니다.

㉠은 8100만에서 ☐ 씩 ☐ 번 뛰어 센 수이므로

8100만 − ☐ − ☐ − ☐ 에서 ☐ 입니다.

▶쏙쏙원리
눈금 한 칸이 얼마를 나타나 내는지 알아봅니다.

답

4-1 수직선을 보고 ㉠과 ㉡에 알맞은 수를 각각 구하시오.

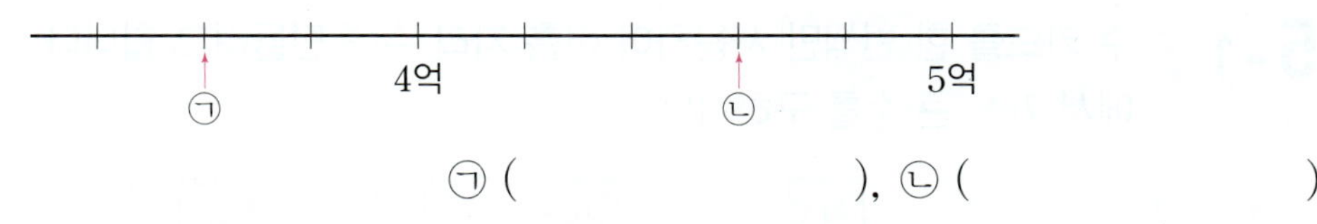

㉠ (   ), ㉡ (   )

4-2 수직선을 보고 ㉠과 ㉡에 알맞은 수를 각각 구하시오.

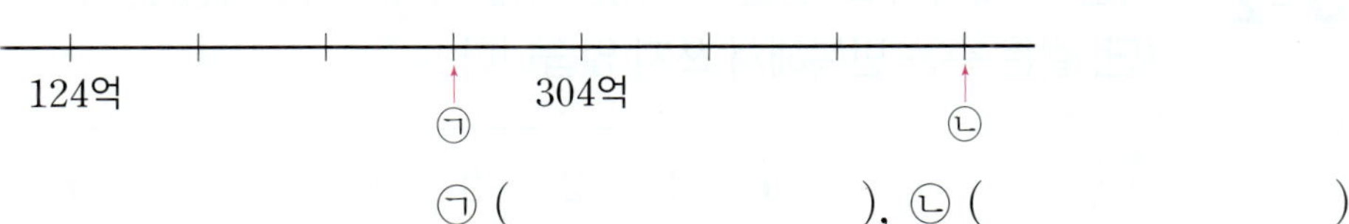

㉠ (   ), ㉡ (   )

유형 5 수 카드로 가장 큰 수 또는 가장 작은 수 만들기

수 카드를 한 번씩만 사용하여 만들 수 있는 여섯 자리 수 중 만의 자리 숫자가 2인 가장 작은 수를 구하시오.

| 8 | 1 | 5 | 0 | 3 | 2 |

풀이 수 카드의 크기를 비교하면 $0<1<2<3<$ ▢ $<$ ▢ 이고

만의 자리 숫자가 2인 여섯 자리 수는 ■2■■■■입니다.

▢을 제외한 가장 작은 수 ▢을 십만의 자리에 놓은 다음 작은 수부터 차례대로 놓습니다.

따라서 만의 자리 숫자가 2인 가장 작은 수는 ▢입니다.

답

▶ 쏙쏙원리
가장 높은 자리에는 0이 올 수 없습니다.

5-1 수 카드를 한 번씩만 사용하여 아홉 자리 수를 만들려고 합니다. 700000000보다 작은 수 중에서 가장 큰 수를 구하시오.

| 1 | 2 | 3 | 4 | 5 | 6 | 7 | 8 | 9 |

(   )

5-2 다음 10개의 수로 만들 수 있는 여덟 자리 수 중 가장 큰 수와 가장 작은 수를 각각 쓰시오. (단, 같은 수는 반복해서 쓰지 않습니다.)

| 0 | 1 | 2 | 3 | 4 | 5 | 6 | 7 | 8 | 9 |

가장 큰 수 (   )

가장 작은 수 (   )

유형 6 수의 크기 비교하기

0부터 9까지의 수 중에서 ■에 알맞은 수를 모두 구하시오.

2365■849507 < 23655864567

풀이 2365■849507은 □자리 수이고, 23655864567은 □자리 수이므로 두 수의 자리 수는 (같습니다, 다릅니다). 백억, 십억, 억, 천만. 십만의 자리 숫자가 각각 같으므로 만의 자리 숫자의 크기를 비교합니다. □<□이므로 ■에는 □이거나 □보다 작은 수가 들어가야 합니다. 따라서 ■에 알맞은 수는 □, □, □, □, □, □입니다.

▶ **쏙쏙원리**
자리 수를 먼저 비교한 뒤 ■의 앞. 뒤의 숫자를 비교합니다.

답

---

6 - 1 0부터 9까지의 수 중에서 □ 안에 들어갈 수 있는 수를 모두 구하시오.

145□320 < 1453786

(   )

6 - 2 1부터 9까지의 수 중에서 □ 안에 들어갈 수 있는 가장 작은 수를 구하시오.

42□730819 > 425731640

(   )

유형 7 조건을 만족시키는 수 구하기

다음 조건을 모두 만족시키는 수를 구하시오.

- 2부터 7까지의 숫자를 한 번씩 모두 사용하여 만든 수입니다.
- 433700보다 크고 436000보다 작은 수입니다.
- 백의 자리 숫자는 2이고 일의 자리 숫자는 짝수입니다.

풀이 433700보다 크고 436000보다 작은 여섯 자리 수이므로 십만의 자리 숫자는 ☐, 만의 자리 숫자는 ☐, 천의 자리 숫자는 ☐입니다. 백의 자리 숫자는 ☐이고 일의 자리 숫자는 짝수이므로 ☐입니다. 2, 3, 4, 5, 6, 7을 한 번씩 모두 사용하여 만들어야 하므로 십의 자리 숫자는 ☐입니다. 따라서 조건을 모두 만족시키는 수는 ☐입니다.

▶ 쏙쏙원리
자리 수만큼 나타낸 후 각 조건을 적용시켜 봅니다.

답

7-1 다음 조건을 모두 만족시키는 수를 구하시오.

- 4부터 8까지의 숫자를 한 번씩 모두 사용하여 만든 수입니다.
- 56400보다 크고 57000보다 작은 수입니다.
- 십의 자리 숫자는 만의 자리 숫자보다 3 크고 일의 자리 숫자보다 1 큽니다.

(   )

7-2 다음 조건을 모두 만족시키는 수 중에서 가장 큰 수를 구하시오.

- 8자리 수입니다.
- 천만의 자리 숫자는 만의 자리 숫자의 2배입니다.
- 숫자 3은 2개입니다.
- 십만의 자리 숫자와 일의 자리 숫자의 합은 7입니다.

(   )

STEP B 종합응용력완성

01 다음 중 숫자 3이 나타내는 수가 가장 큰 수는 어느 것입니까?

(　　　　)

① 5238214 ② 5283214 ③ 5382214
④ 3852214 ⑤ 5137642

> 어느 자리 숫자인지 찾아 봅니다.

02 다음을 수로 나타낼 때 0의 개수가 적은 것부터 차례로 기호를 쓰시오.

> ㉠ 억이 47개인 수
> ㉡ 억이 651개, 일이 4개인 수
> ㉢ 억이 7000개, 일이 230개인 수
> ㉣ 조가 120개, 억이 805개인 수

(　　　　　　　　)

> 자리에 주의해서 수로 나타내어 봅니다.

03 빈칸에 알맞은 수를 써넣으시오.

처음의 수	10배 한 수	100배 한 수
73만		
1억 100만		

04 다음 중 옳은 것은 어느 것입니까? (   )

① 1억은 9900만보다 10만 큰 수입니다.
② 100억의 10배는 1조입니다.
③ 9000만보다 1000 큰 수는 1억입니다.
④ 10억의 10000배는 10조입니다.
⑤ 10000의 1000배는 1억입니다.

05 62382740100의 1000배인 수에서 십억의 자리 숫자가 나타내는 수는 얼마입니까?

(   )

주어진 수를 1000배 한 후 십억의 자리를 찾아봅니다.

06 다음은 고래의 종류와 무게를 조사하여 나타낸 표입니다. 무게가 35780000 g보다 무겁고, 81000500 g보다 가벼운 고래는 어떤 고래인지 모두 구하시오.

35780000 g보다 무거운 고래를 먼저 찾아봅니다.

고래	무게(g)
밍크고래	1980600
긴수염고래	74200500
혹등고래	36400800
흰수염고래	148070000
범고래	3540000

(   )

07 수 카드를 모두 사용하여 여섯 자리 수를 만들려고 합니다. 물음에 답하시오.

(1) 여섯 자리 수 중 세 번째로 큰 수를 구하시오.

( )

(2) 여섯 자리 수 중 세 번째로 작은 수보다 90000 큰 수를 구하시오.

( )

큰 수를 구할 때에는 가장 큰 숫자를 높은 자리부터 놓습니다.

1

큰 수

08 다음 수직선을 보고 □ 안에 알맞은 수를 써넣으시오.

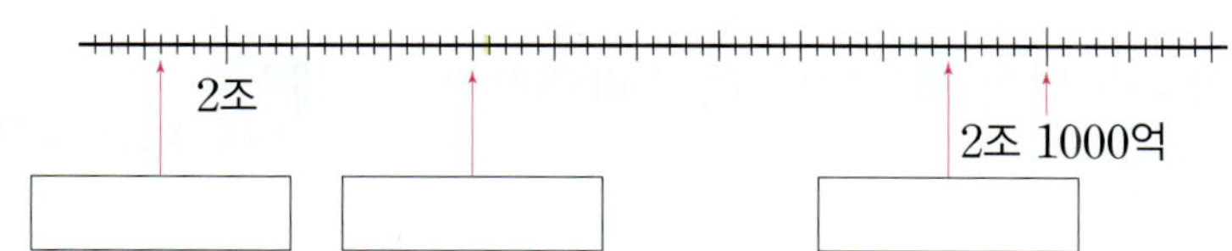

수직선의 작은 눈금 한 칸이 얼마를 나타내는지 먼저 알아봅니다.

09 ○ 안에 >, =, <를 알맞게 써넣으시오.

(1) 8230000 ○ 8000000＋230000

(2) 400000000＋90300000 ○ 493000000

(3) 11083000000000 ○ 조가 11개, 억이 580개인 수

수를 먼저 하나로 나타내어 비교합니다.

10 ㉠, ㉡, ㉢ 세 회사가 오늘 은행에 예금한 돈은 다음과 같습니다. ㉢ 회사의 예금액을 구하시오.

> ㉠ 회사 : 1000만 원짜리 수표 4장, 100만 원짜리 수표 12장, 10만 원짜리 수표 38장
> ㉡ 회사 : ㉠ 회사보다 100만 원짜리 수표 2장, 10만 원짜리 수표 5장이 적은 돈
> ㉢ 회사 : ㉡ 회사보다 10만 원짜리 수표 15장이 많은 돈

(   )

100만 원짜리 12장
➡ 1200만 원

11 어떤 수에서 큰 쪽으로 8000만씩 4번 뛰어 세었더니 77억 6000만이 되었습니다. 어떤 수는 얼마입니까?

(   )

거꾸로 뛰어 세기 하여 봅니다.

12 2에서 7까지의 숫자가 적혀 있는 카드가 2장씩 있습니다. 이 카드를 모두 사용하여 12자리 수를 만들 때, 다음 물음에 답하시오.

⑴ 두 번째로 큰 수를 구하시오.　　　(   )

⑵ 가장 작은 수보다 100만 작은 수를 구하시오. (   )

가장 작은 수는 높은 자리에 작은 숫자부터 씁니다.

13 어느 유산균을 배양기에 넣으면 하루에 10배씩 늘어난다고 합니다. 2만 3천 마리의 유산균을 배양기에 넣었을 때 230억 마리가 되는 것은 며칠 후입니까?

( )

230억 마리까지 10배씩 뛰어 세어 봅니다.

14 에이급 회사는 에이스 건물을 사려고 합니다. 건물 대금으로 100만 원짜리 수표 250장, 10만 원짜리 수표 57장, 만 원짜리 지폐 300장을 지불하려고 합니다. 이 건물 대금을 모두 만 원짜리로 바꾼다면 몇 장까지 바꿀 수 있는지 풀이 과정을 쓰고 답을 구하시오.

모두 얼마인지 먼저 구해 봅니다.

▶ **풀이**

▶ **답**

15 다음 수를 큰 수부터 차례대로 기호를 쓰시오.

수로 나타내어 비교해 봅니다.

> ㉠ 400만보다 30만 작은 수
> ㉡ 삼백오십만보다 오십만 큰 수
> ㉢ 일만이 342개, 백이 67개, 일이 60개인 수
> ㉣ 4000000＋20＋6
> ㉤ 3876200
> ㉥ 45만을 10배 한 수

( )

16 어느 회사의 2024년 매출액이 육백칠십구억 사천칠백만 원이었습니다. 이 회사의 매출액이 매년 일정하게 이십억 사천만 원씩 증가한다면 2030년의 매출액은 얼마이겠습니까?

(   )

20억 4000만씩 뛰어 세기를 해 봅니다.

서술형

17 유준이와 진호가 수 만들기 놀이를 하고 있습니다. 수 카드를 모두 한 번씩 사용하여 다음과 같은 8자리 수를 만들었습니다. 70000000에 더 가까운 수를 만든 사람은 누구인지 풀이 과정을 쓰고 답을 구하시오.

각자 만든 수를 먼저 구해 봅니다.

| 0 | 1 | 2 | 3 | 4 | 5 | 6 | 7 |

> 유준: 난 70000000보다 큰 수 중 가장 작은 수를 만들었어.
> 진호: 난 70000000보다 작은 수 중 가장 큰 수를 만들었지.

풀이

답

18 □ 안에는 0에서 9까지 어느 숫자를 넣어도 됩니다. ○ 안에 >, < 를 알맞게 써넣으시오.

자리 수를 먼저 비교해 봅니다.

(1) 40□□863 ○ 400□1376

(2) 3□99□000 ○ 30□8□000

 STEP A 최상위실력완성

01 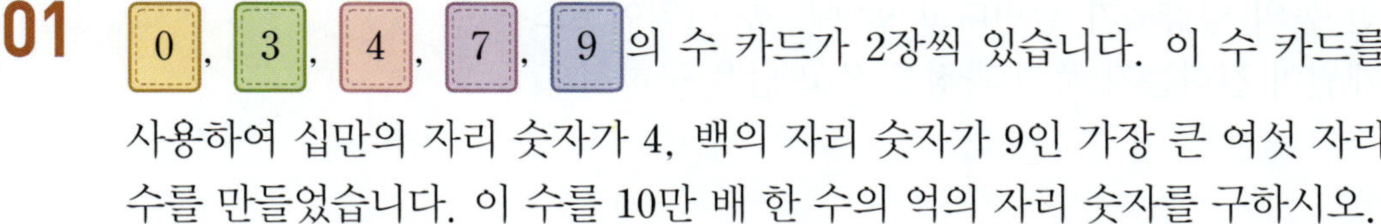 의 수 카드가 2장씩 있습니다. 이 수 카드를 사용하여 십만의 자리 숫자가 4, 백의 자리 숫자가 9인 가장 큰 여섯 자리 수를 만들었습니다. 이 수를 10만 배 한 수의 억의 자리 숫자를 구하시오.

(   )

02 다음 조건을 만족시키는 수를 구하시오.

> ㉠ 132조 5500억보다 작습니다.
> ㉡ 만의 자리 숫자는 십억의 자리 숫자의 $\frac{1}{3}$ 입니다.
> ㉢ ㉠, ㉡을 만족시키는 수 중에서 가장 큰 수입니다.

(   )

03 백만의 자리 숫자가 5인 일곱 자리 수 중에서 5899999보다 큰 수는 모두 몇 개입니까?

(   )

서술형

04 어느 회사에서 영양제 1통을 팔면 2만 원의 이익이 생긴다고 합니다. 이 회사에서 매달 300만 통의 영양제가 팔린다고 할 때, 총 이익이 6조 원이 되기까지 몇 년 몇 개월이 걸리는지 풀이 과정을 쓰고 답을 구하시오.

풀이

답

05 100원짜리 동전 100개를 쌓은 높이는 16 cm입니다. 1년 동안 우리나라의 살림에 필요한 돈이 26조 원일 때, 이 돈을 100원짜리 동전으로 쌓으면 높이는 몇 km가 됩니까?

( )

06 다음을 보고 □ 안에 알맞은 수를 써넣으시오. (단, 0은 맨 앞에 올 수 없습니다.)

> 〈 〉: 〈 〉 안의 숫자를 두 번씩 써서 만든 수 중 가장 큰 수
> **예** 〈2, 5〉＝5522
>
> ( ): ( ) 안의 숫자를 한 번씩 써서 만든 수 중 가장 작은 수
> **예** (3, 2, 7)＝237
>
> [ ]: [ ] 안의 수 중 가장 작은 수
> **예** [213, 268]＝213

[〈3, 6, 0〉, (6, 1, 3, 9, 7, 4), (8, 3, 4, 6, 9, 0)]＝ ☐

07 0에서 9까지의 숫자를 한 번씩 사용하여 다음 조건에 맞는 10자리 수를 만들었습니다. 만든 수 중 가장 작은 수를 읽어 보시오.

- 십의 자리 숫자는 천만의 자리 숫자의 3배입니다.
- 백만의 자리 숫자는 억의 자리 숫자의 4배입니다.
- 십만의 자리 숫자는 천의 자리 숫자보다 큽니다.

(   )

08 12자리 수 ㉠㉡2976520483에서 천억의 자리 숫자와 백억의 자리 숫자를 바꾸어 썼더니 처음의 수보다 900억이 커졌다고 합니다. 숫자 ㉠과 숫자 ㉡의 합이 15이면 처음의 수는 얼마입니까?

(   )

09 다음 3장의 수 카드 중 한 장은 뒤집어져 있어 숫자를 알 수 없습니다. 이 수 카드가 각각 3장씩 있고, 이 카드를 사용하여 8자리 수를 만듭니다. 만든 수 중 가장 큰 수와 가장 작은 수의 차가 58829912일 때, 두 번째로 큰 수와 두 번째로 작은 수를 구하려고 합니다. 풀이 과정을 쓰고 답을 구하시오.

| 8 | 0 | |

▌ **풀이**

▌ **답**

10 1에서 6까지의 숫자가 적힌 주사위가 있습니다. 이 주사위를 14번 던져 나온 숫자를 차례로 써서 14자리 수를 만들 때, 나올 수 있는 수 중 32번째로 큰 수를 구하시오.

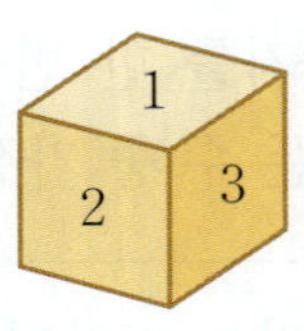

(   )

11 다음은 어느 지역의 고속도로를 건설하기 전에 조사한 내용입니다. 완공 후 최소 몇 년이 지나면 고속도로 건설에 든 비용을 회수할 수 있습니까?

- 공사 기간: 3년
- 고속도로 1 km당 공사 비용: 5억 원
- 1달 동안 만들 수 있는 고속도로 길이: 15 km
- 완공 후 예상 이용 차량 수: 연 1000만 대
- 1대당 통행료: 8000원

(   )

12 다음에서 선생님이 낸 문제의 답을 구하시오.

(   )

각도

이 단원에서 완성할 내용

2. 각도

1. 각의 크기 비교하기

각의 크기는 변의 길이와 관계없이 두 변이 벌어진 정도가 클수록 큰 각입니다.

예 가　　　　　나

➡ 나의 각의 크기가 가의 각의 크기보다 더 큽니다.

2. 각의 크기 재기

(1) 각도

① 각도: 각의 크기

② 1도(1°): 각도를 나타내는 단위로 직각을 똑같이 90으로 나눈 것 중 하나

③ 직각의 크기: 90°

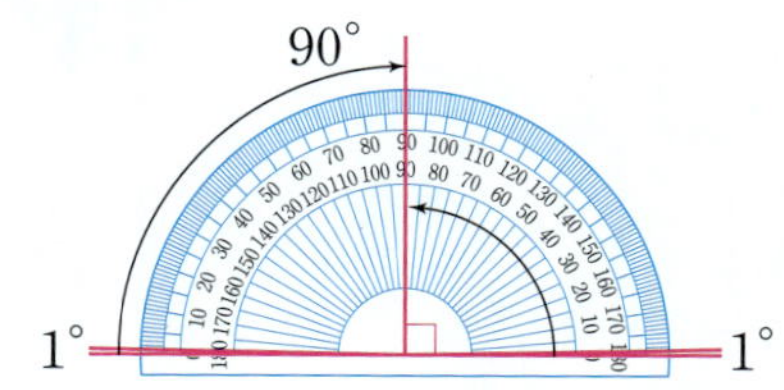

(2) 각도기로 각도 재기

① 각도기의 중심을 각의 꼭짓점에 맞춥니다.

② 각도기의 밑금을 각의 한 변에 맞춥니다.

③ 나머지 변이 닿은 눈금을 읽습니다.

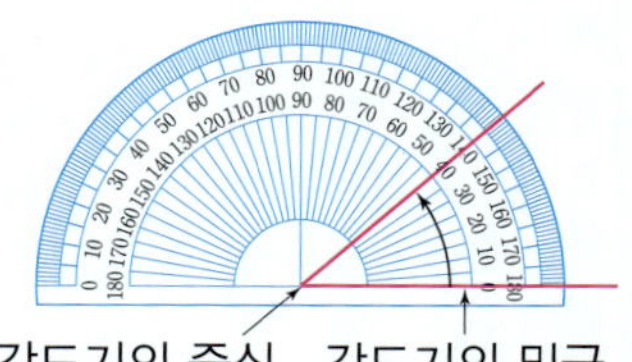

참고 각도기의 눈금 읽는 방법

(1) 안쪽 눈금 읽기

각의 한 변이 안쪽 눈금 0에 맞춰져 있으므로 나머지 변도 안쪽 눈금인 60°를 읽습니다.

(2) 바깥쪽 눈금 읽기

각의 한 변이 바깥쪽 눈금 0에 맞춰져 있으므로 나머지 변도 바깥쪽 눈금인 60°를 읽습니다.

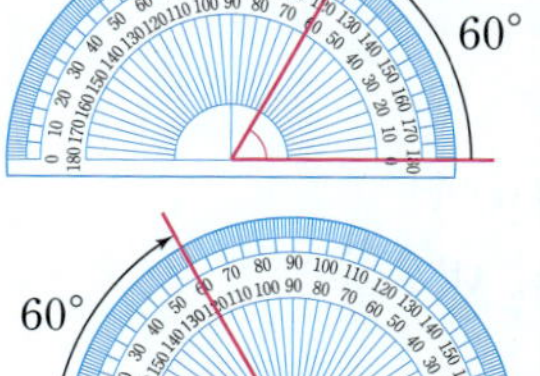

3. 직각보다 작은 각과 큰 각

(1) 예각: 각도가 0°보다 크고 직각보다 작은 각

(2) 둔각: 각도가 직각보다 크고 180°보다 작은 각

예

개념 더블체크

01 |보기|의 각보다 작은 각을 찾아 기호를 쓰시오.

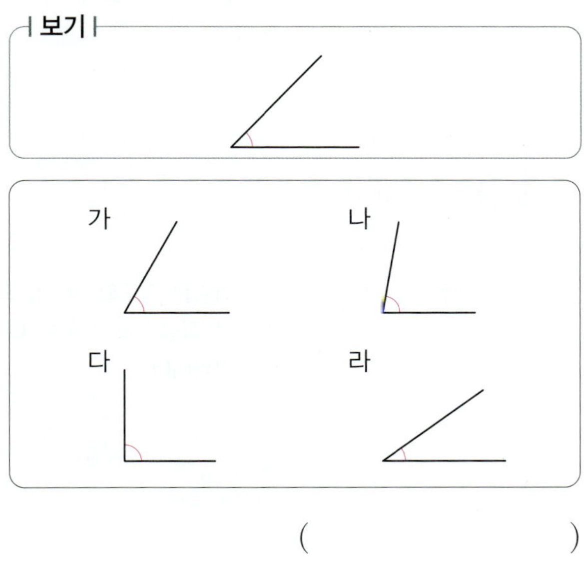

( )

02 사각형에서 크기가 가장 큰 각을 찾아 기호를 쓰시오.

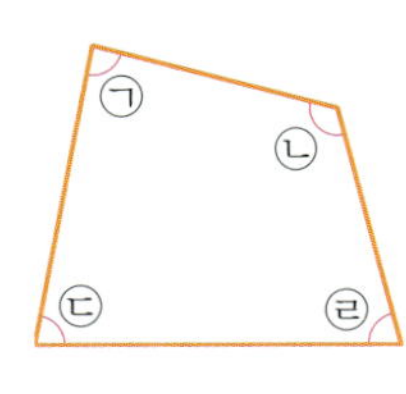

( )

03 각도기를 이용하여 각도를 바르게 잰 것을 찾아 기호를 쓰시오.

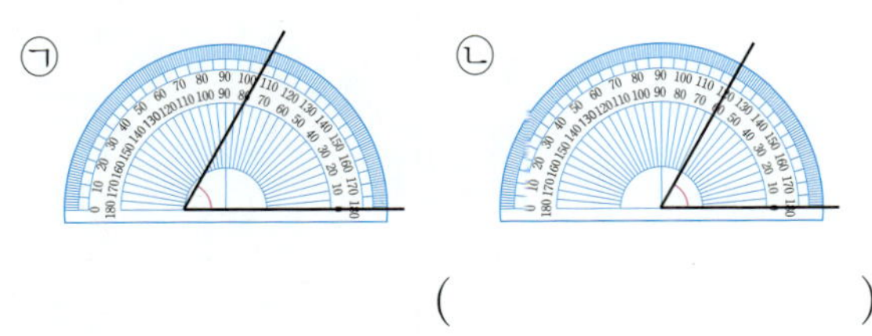

( )

04 각 ㄹㄴㄷ과 각 ㄱㄴㅁ의 각도를 각각 구하시오.

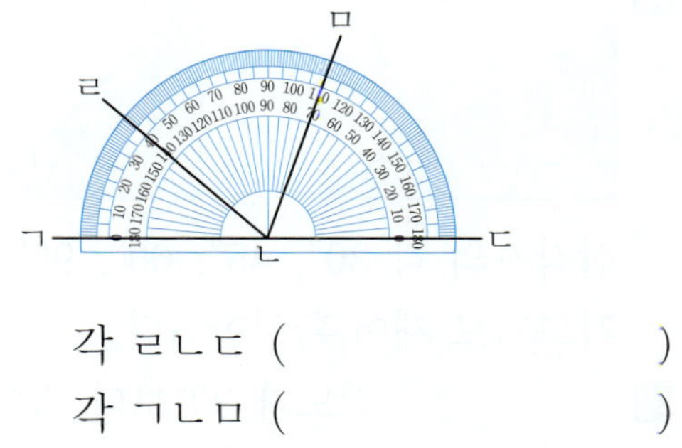

각 ㄹㄴㄷ ( )

각 ㄱㄴㅁ ( )

05 종이접기는 종이를 자르거나 풀을 사용하지 않고 접어 입체적으로 어떤 물체를 표현하여 만든 것입니다. 다음은 종이접기로 꽃게를 만든 것입니다. 그림에서 둔각은 몇 개입니까?

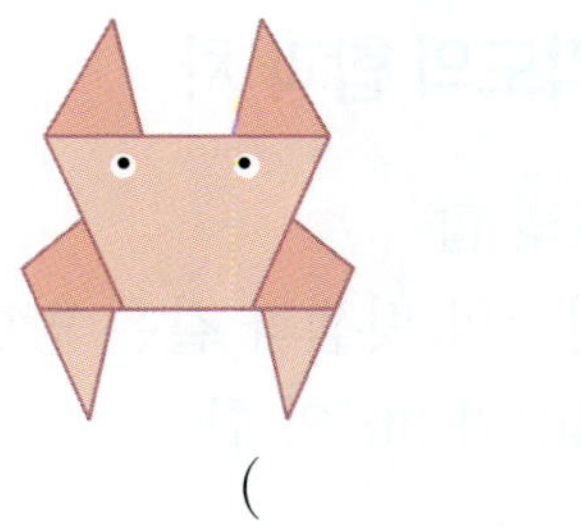

( )

06 그림을 보고 물음에 답하시오.

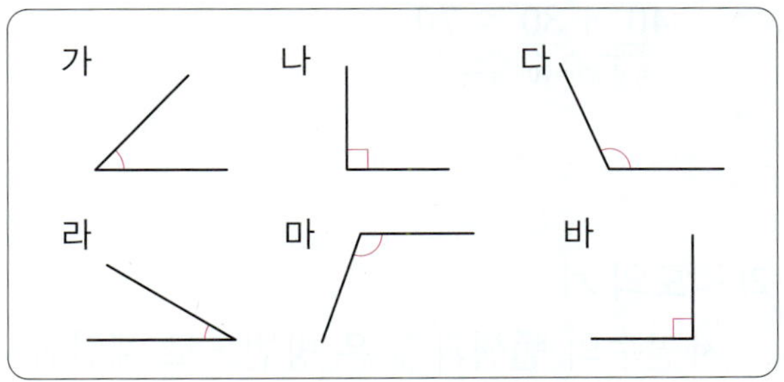

(1) 예각을 모두 찾아 기호를 쓰시오.

( )

(2) 둔각을 모두 찾아 기호를 쓰시오.

( )

4 각도 어림하기

주어진 각도를 삼각자의 각도와 비교하여 어림할 수 있습니다.

예 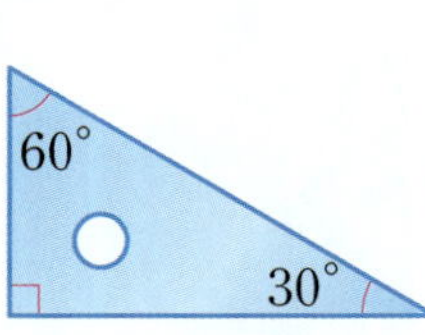 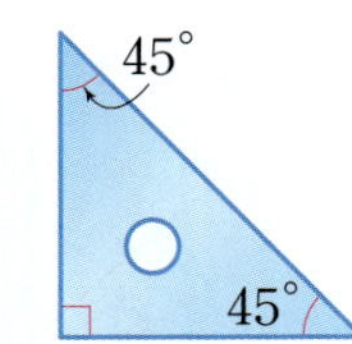

삼각자의 각 30°, 45°, 60°, 90°를 기준으로 주어진 각도를 어림하고 각도기로 재어 확인합니다.

예  각도가 90°보다 작아 보이므로 약 70°라고 어림할 수 있습니다.

➡ 어림한 각도: 약 70°

　　재 각도: 　　70°

5 각도의 합과 차

(1) 각도의 합

자연수의 덧셈과 같은 방법으로 계산합니다.

예 40°와 30°의 합

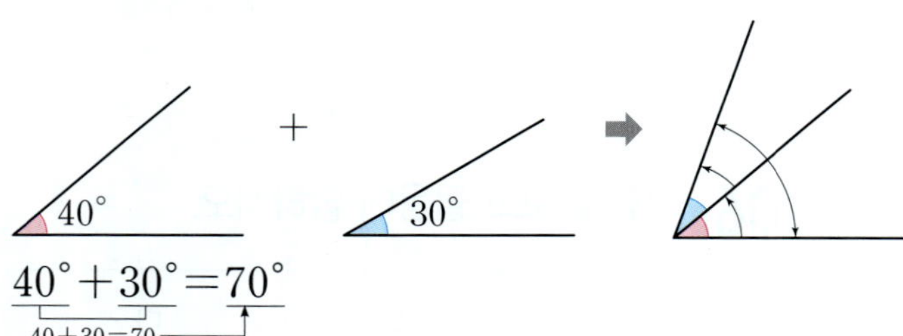

$$40° + 30° = 70°$$
$$\underset{40+30=70}{}$$

(2) 각도의 차

자연수의 뺄셈과 같은 방법으로 계산합니다.

예 40°와 30°의 차

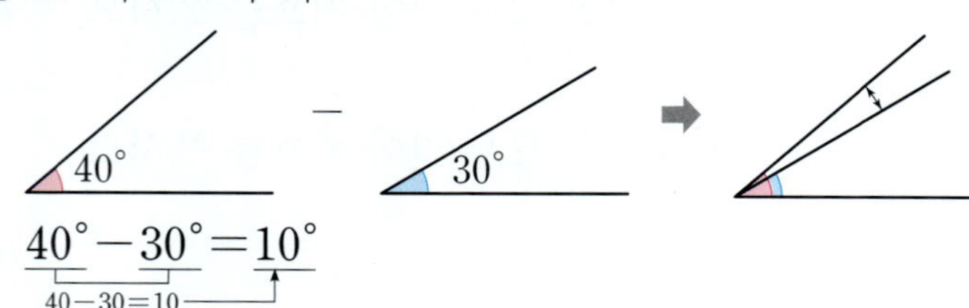

$$40° - 30° = 10°$$
$$\underset{40-30=10}{}$$

2 각도

07 각도를 어림하고, 각도기로 재어 확인해 보시오.

(1)

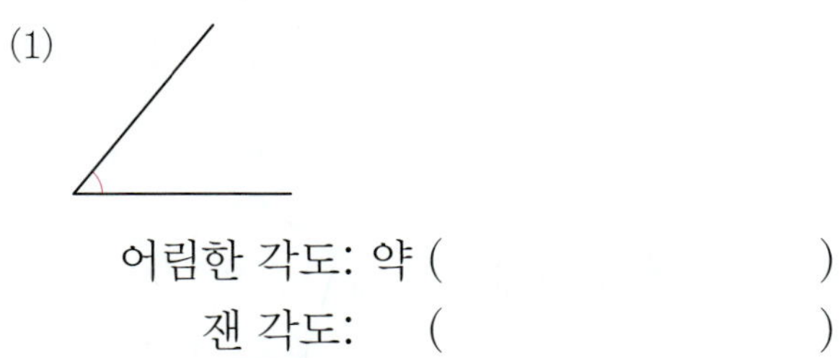

어림한 각도: 약 (　　　　　　)

잰 각도: 　(　　　　　　)

(2)

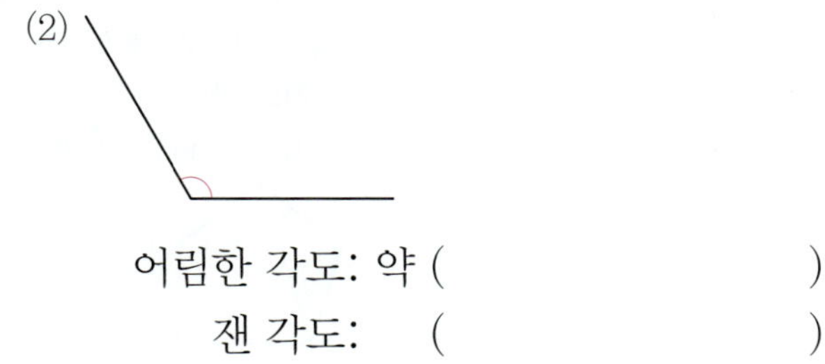

어림한 각도: 약 (　　　　　　)

잰 각도: 　(　　　　　　)

08 삼각자의 각과 비교하여 주어진 각도를 어림하고, 각도기로 재어 확인해 보시오.

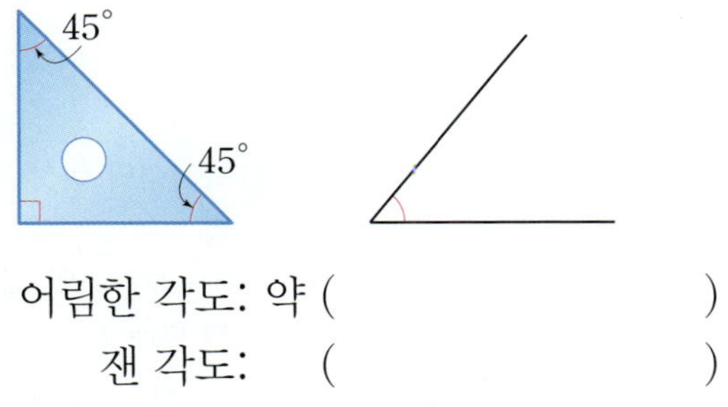

어림한 각도: 약 (　　　　　　)

잰 각도: 　(　　　　　　)

09 세 사람이 각도를 어림하였습니다. 각도기로 재어 보고, 실제와 가장 가깝게 어림한 사람의 이름을 쓰시오.

세희: $72°$　　승희: $65°$　　혜민: $57°$

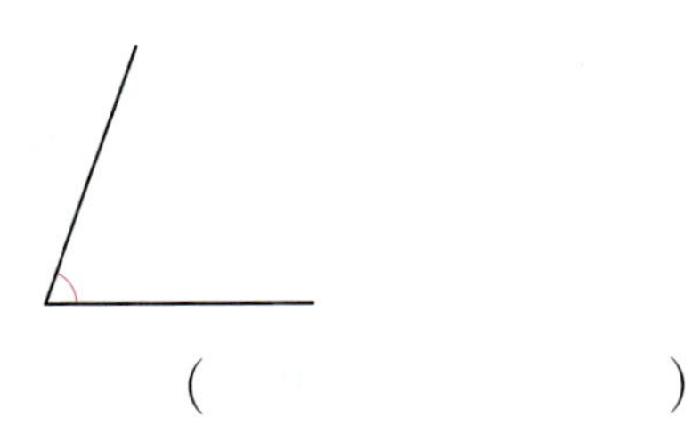

(　　　　　　)

10 두 각도의 합과 차를 각각 구하시오.

(1)

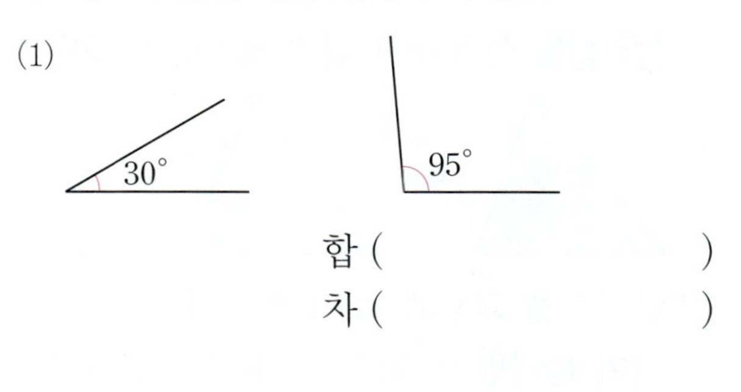

합 (　　　　　　)

차 (　　　　　　)

(2)

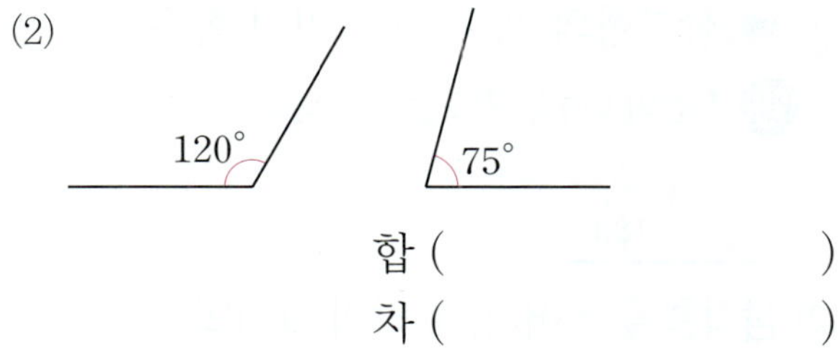

합 (　　　　　　)

차 (　　　　　　)

11 □ 안에 알맞은 수를 써넣으시오.

(1) □$°+85°=130°$

(2) $140°-$□$°=80°$

12 계산 결과가 같은 것끼리 이어 보시오.

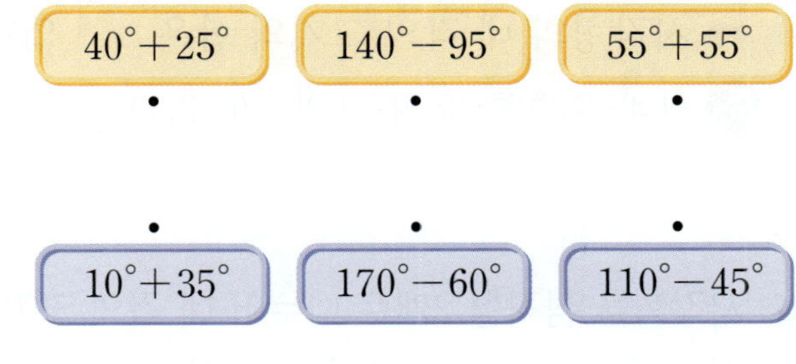

6 삼각형의 세 각의 크기의 합

(1) 삼각형을 잘라서 세 각의 크기의 합 구하기

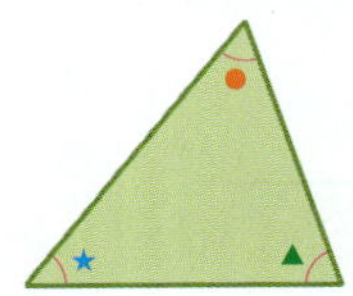 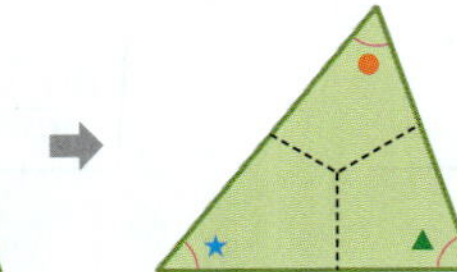  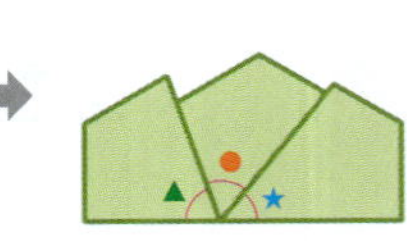

삼각형을 그림과 같이 잘라서 세 꼭짓점이 한 점에 모이도록 변끼리 이어 붙이면 한 직선 위에 꼭 맞춰집니다.

➡ 삼각형의 세 각의 크기의 합은 $180°$입니다.

참고 직선이 이루는 각도는 180°입니다.

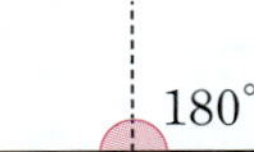

(2) 삼각형을 접어서 세 각의 크기의 합 구하기

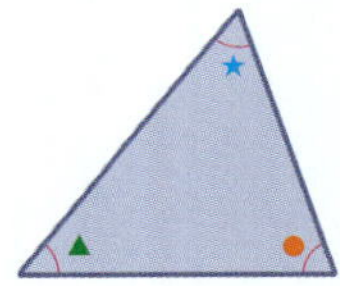 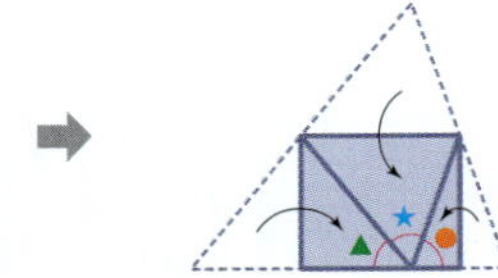

삼각형의 세 꼭짓점이 한 점에 모이도록 접으면 직선이 됩니다.

➡ (삼각형의 세 각의 크기의 합) = ▲ + ★ + ● = $180°$

7 사각형의 네 각의 크기의 합

(1) 사각형을 잘라서 네 각의 크기의 합 구하기

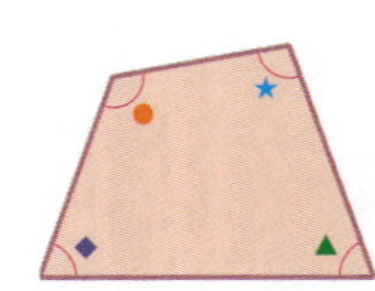 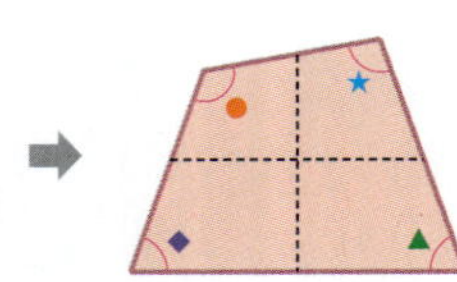 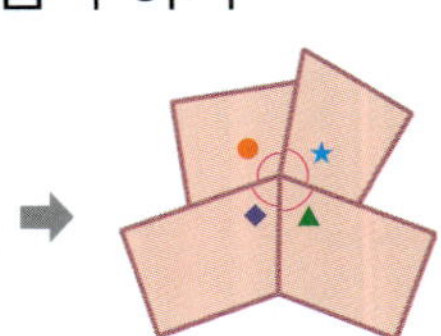

사각형을 그림과 같이 잘라서 네 꼭짓점이 한 점에 모이도록 변끼리 이어 붙이면 모두 만나서 바닥을 채웁니다.

➡ 사각형의 네 각의 크기의 합은 $360°$입니다.

참고 한 바퀴가 빈틈없이 채워지면 360°입니다.

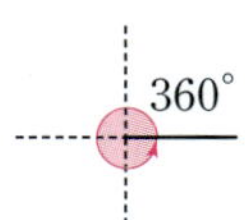

(2) 사각형을 삼각형 2개로 나누어 네 각의 크기의 합 구하기
삼각형의 세 각의 크기의 합이 180°임을 이용하여 사각형의 네 각의 크기의 합을 구할 수 있습니다.

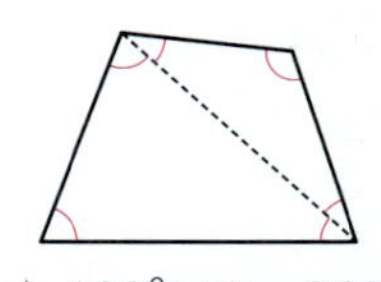

➡ $180° \times 2 = 360°$

+ 개념

➕ 오각형의 다섯 각의 크기의 합

(1) (삼각형의 세 각의 크기의 합) $\times 3$
$= 180° \times 3 = 540°$

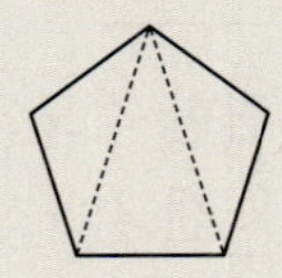

(2) (삼각형의 세 각의 크기의 합)+(사각형의 네 각의 크기의 합)
$= 180° + 360° = 540°$

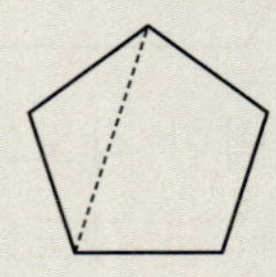

➕ 육각형의 여섯 각의 크기의 합

(1) (삼각형의 세 각의 크기의 합) $\times 4$
$= 180° \times 4 = 720°$

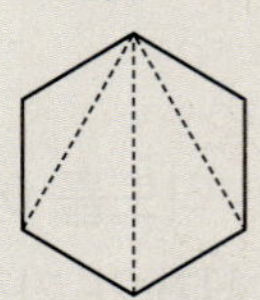

(2) (사각형의 네 각의 크기의 합) $\times 2$
$= 360° \times 2 = 720°$

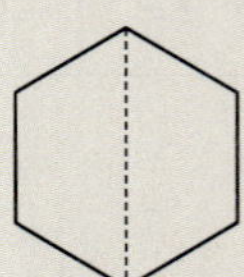

개념 더블체크

13 □ 안에 알맞은 수를 써넣으시오.

(1)
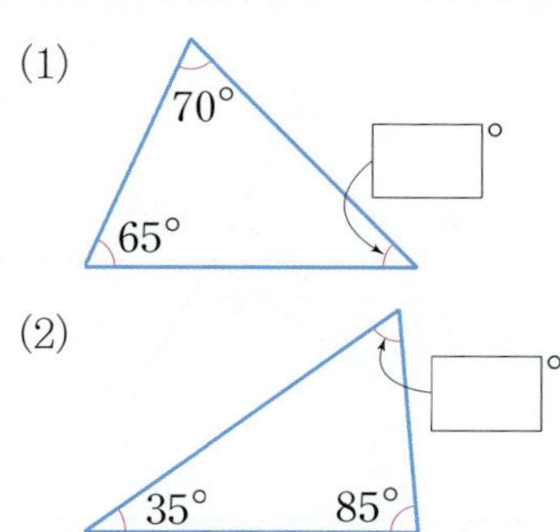

(2)

14 삼각형에서 ㉠과 ㉡의 각도의 합을 구하시오.

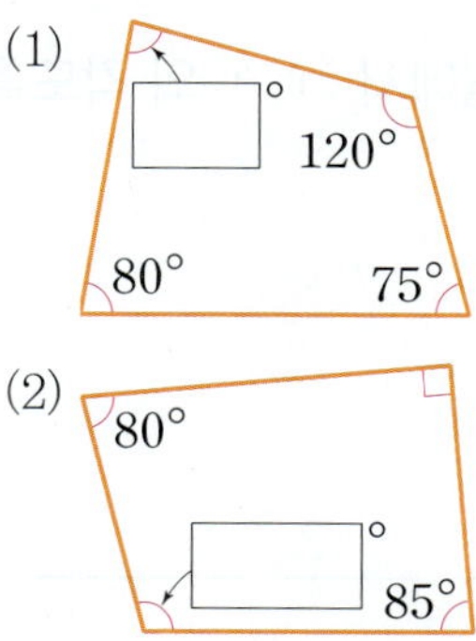

( )

15 □ 안에 알맞은 각도를 써넣으시오.

(1)
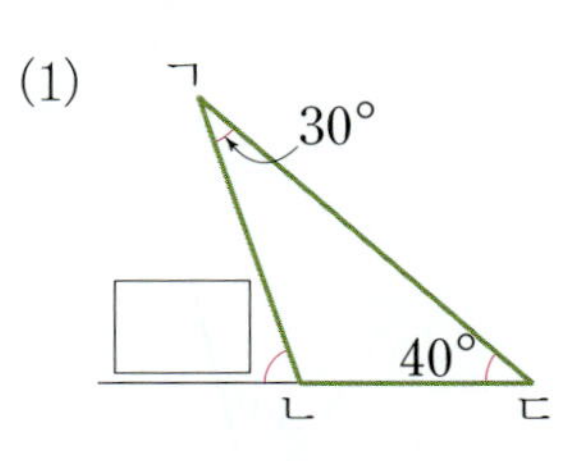

(2)
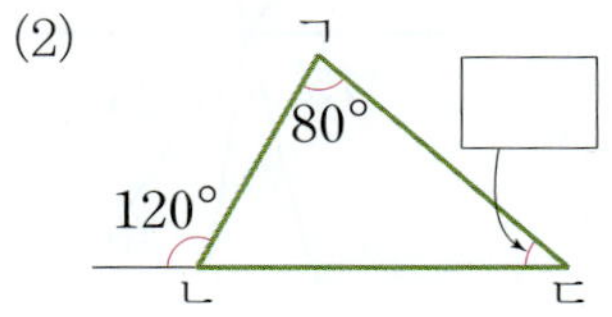

16 □ 안에 알맞은 수를 써넣으시오.

(1)

(2)

17 사각형 ㄱㄴㄷㄹ에서 각 ㄱㄴㄷ의 크기를 구하시오.

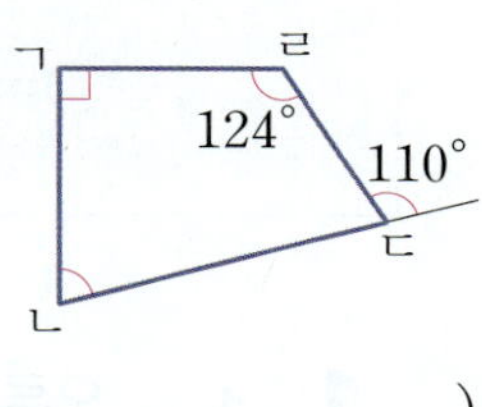

( )

18 오른쪽 도형에서 각 ㅁㄹㄷ의 크기를 구하시오.

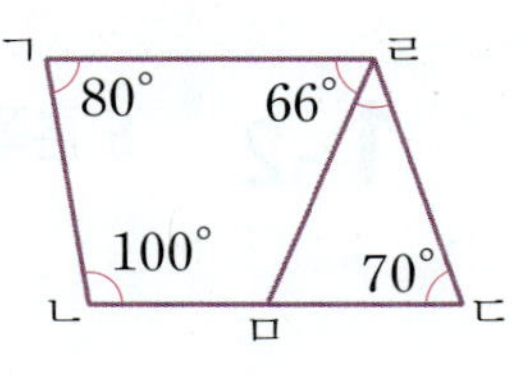

( )

유형 1 직선이 만나서 이루는 각도 구하기

오른쪽 그림에서 ㉠, ㉡의 각도를 각각 구하시오.

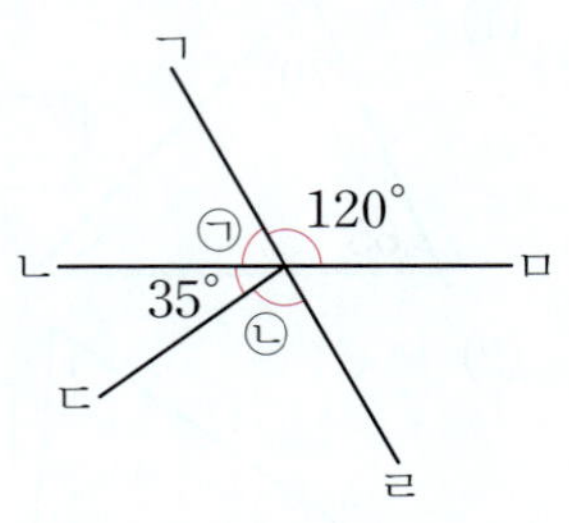

풀이

직선 ㄴㅁ에서

㉠＋120°＝□ 이므로

㉠＝□－120°＝□ 입니다.

직선 ㄱㄹ에서

㉠＋35°＋㉡＝□ 이므로

㉡＝□－35°－□＝□ 입니다.

▶쏙쏙원리
(직선이 이루는 각의 크기)
＝180°

답

1-1 오른쪽 그림에서 ㉠의 각도를 구하시오.

(   )

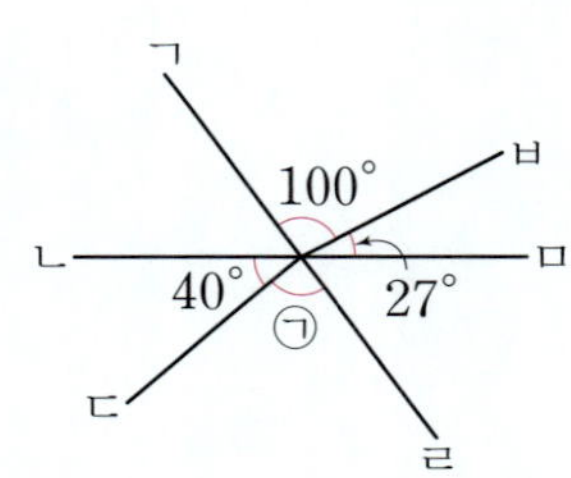

1-2 오른쪽 그림에서 ㉠의 각도를 구하시오.

(   )

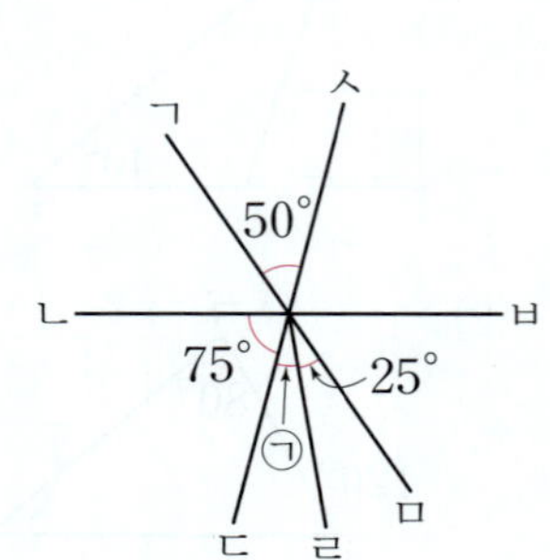

유형 **2** 삼각형의 세 각의 크기의 합 이용하기

오른쪽 도형에서 ㉠의 각도를 구하시오.

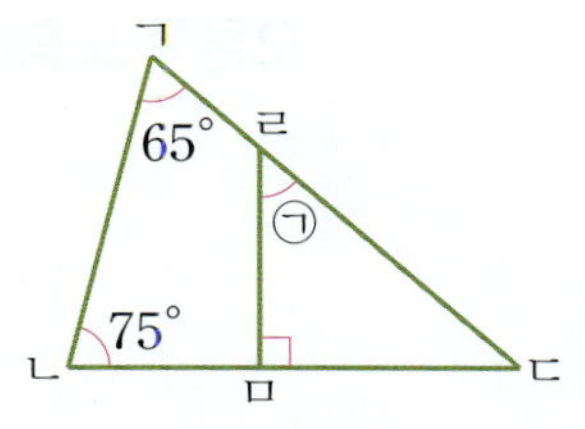

풀이

삼각형의 세 각의 크기의 합은 $\boxed{}$ 이므로

삼각형 ㄱㄴㄷ에서

$(각 ㄱㄷㄴ)=180°-65°-\boxed{}=\boxed{}$

삼각형 ㄹㅁㄷ에서

$㉠=180°-90°-\boxed{}=\boxed{}$ 입니다.

▶ **쏙쏙원리**
(삼각형의 세 각의 크기의 합)$=180°$

답

2-1 오른쪽 도형에서 ㉠의 각도를 구하시오.

(   )

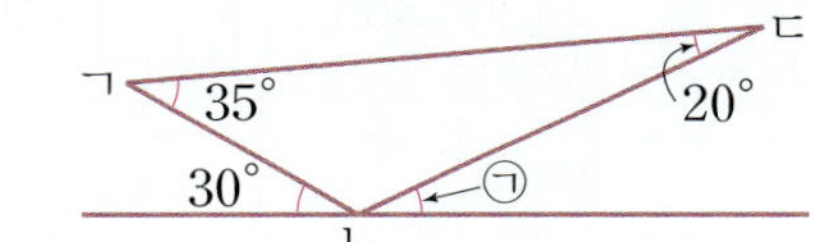

2-2 오른쪽 직사각형에서 각 ㅁㄷㄹ의 크기를 구하시오.

(   )

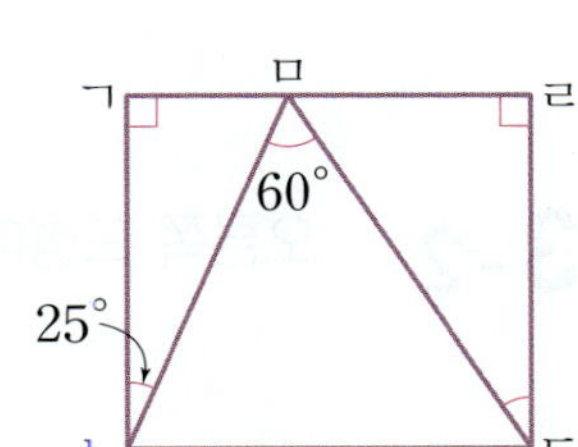

유형 3 사각형의 네 각의 크기의 합 이용하기

오른쪽 도형에서 ㉠의 각도를 구하시오.

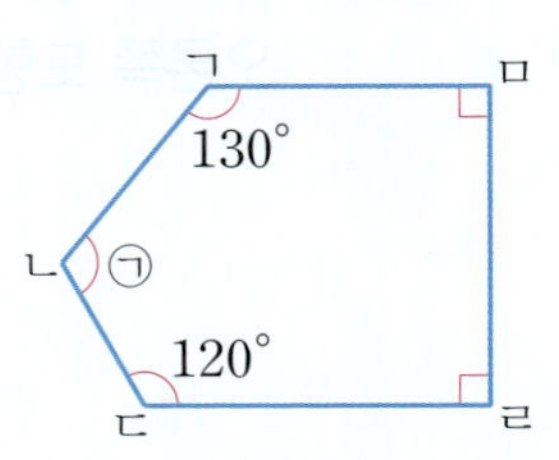

풀이 주어진 도형의 점 ㄱ에서 변 ㄷㄹ에 직각이 되게 보조선을 그어 사각형 2개로 나눕니다.

사각형 ㄱㅂㄹㅁ은 직사각형이므로

$$(각\ ㄴㄱㅂ)=130°-\boxed{}=\boxed{}$$

사각형의 네 각의 크기의 합은 $\boxed{}$ 이므로

사각형 ㄱㄴㄷㅂ에서

$$㉠=360°-\boxed{}-90°-120°=\boxed{}$$

▶ **쏙쏙원리**
보조선을 그어 사각형의 네 각의 크기의 합을 이용합니다.

답

3-1 오른쪽 도형에서 ㉠의 각도를 구하시오.

(   )

3-2 오른쪽 도형에서 ㉠-㉡의 크기를 구하시오.

(   )

유형 4 두 삼각자를 이용하여 각도 구하기

삼각자 2개를 이어 붙여서 만든 ㉠의 각도를 구하시오.

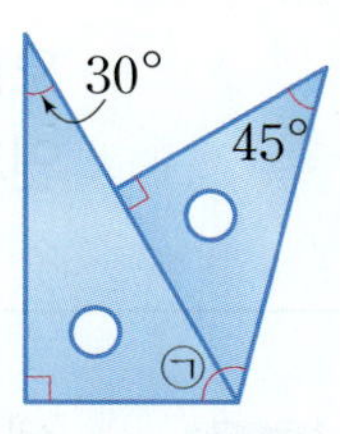

풀이

삼각형의 세 각의 크기의 합은 180°이므로

㉡ = 180° − 90° − 30° = ☐

㉢ = 180° − 90° − 45° = ☐

따라서 ㉠ = ㉡ + ㉢ = ☐ + ☐ = ☐

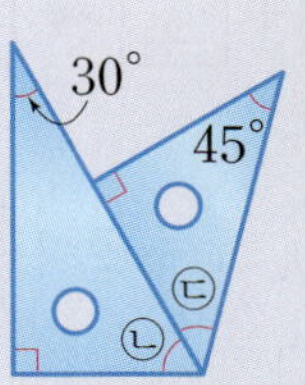

▶ **쏙쏙원리**
㉠을 둘로 나누어 각도의 합을 구합니다.

답

4-1 삼각자 2개를 겹쳐서 만든 ㉠의 각도를 구하시오.

(   )

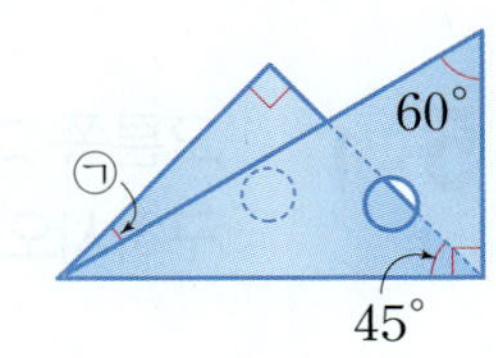

4-2 삼각자 2개를 겹쳐서 만든 ㉠의 각도를 구하시오.

(   )

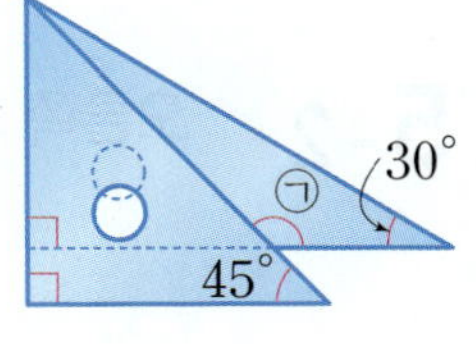

유형 5 크고 작은 예각, 둔각의 수 구하기

오른쪽 그림에서 찾을 수 있는 크고 작은 예각과 둔각은 각각 몇 개인지 구하시오.

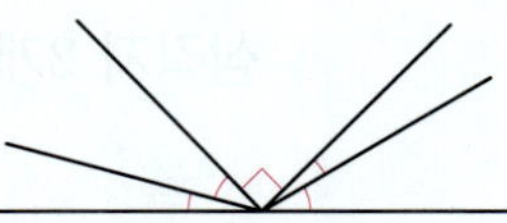

풀이

예각은 ①, ②, ④, ⑤,

①+□, □+□ ➡ □ 개

둔각은

②+③, ③+④, ①+②+□, ②+③+□,

③+□+□, ①+②+③+④, ②+③+□+□

➡ □ 개

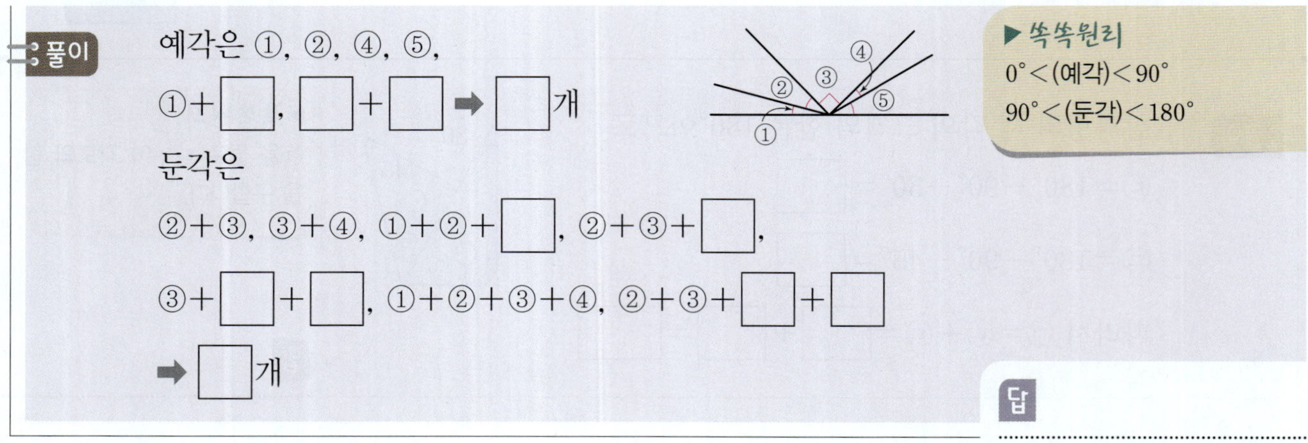

▶ **쏙쏙원리**
$0° < (예각) < 90°$
$90° < (둔각) < 180°$

답

5-1 오른쪽 그림에서 찾을 수 있는 크고 작은 예각과 둔각의 수의 차를 구하시오.

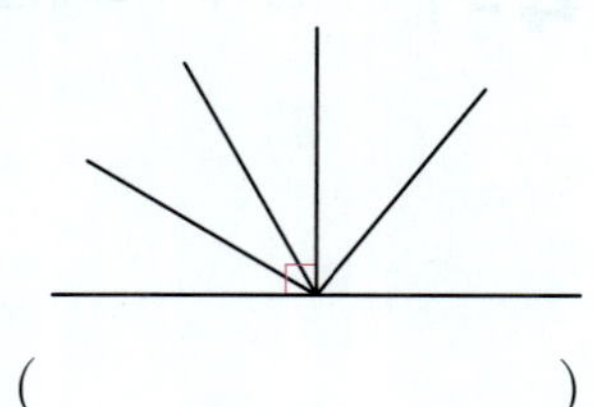

(   )

5-2 오른쪽 그림에서 찾을 수 있는 크고 작은 예각은 모두 몇 개입니까?

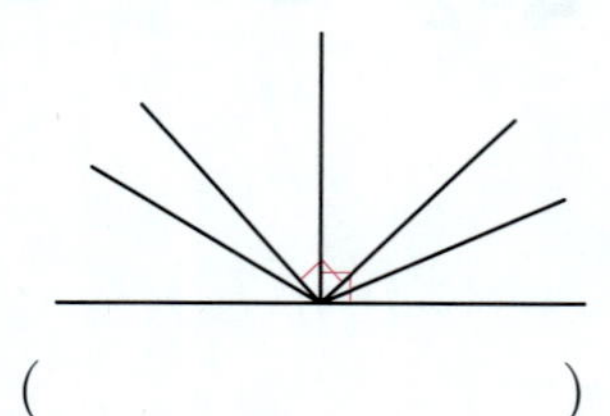

(   )

유형 6 종이를 접었을 때 생기는 각도 구하기

직사각형 모양의 종이를 오른쪽 그림과 같이 접었습니다.
각 ㅅㄹㅁ의 크기를 구하시오.

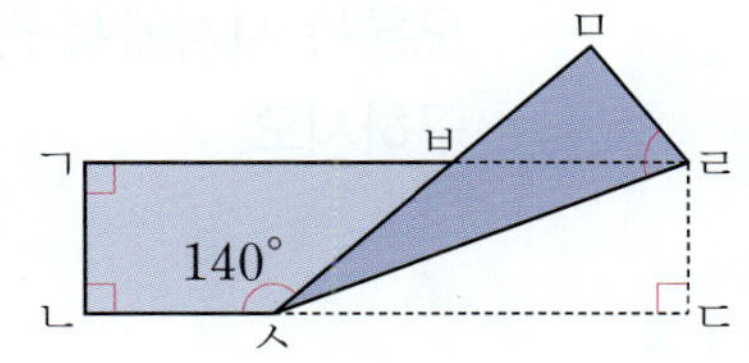

2
각
도

풀이 삼각형 ㄷㅅㄹ과 삼각형 ㅁㅅㄹ은 모양과 크기가 같으므로
(각 ㅁㅅㄹ)=(각 ㄷㅅㄹ)입니다.

$$(\text{각 ㅁㅅㄷ})=180°-\boxed{}=\boxed{}\ \text{이므로}$$

$$(\text{각 ㅁㅅㄹ})=(\text{각 ㄷㅅㄹ})=\boxed{}\div2=\boxed{}$$

삼각형 ㅁㅅㄹ에서

$$(\text{각 ㅅㄹㅁ})=180°-90°-\boxed{}=\boxed{}$$

▶ **쏙쏙원리**
종이를 접었을 때 접힌 부분과 접히기 전의 부분은 모양과 크기가 같습니다.

답

6-1 직사각형 모양의 종이를 오른쪽 그림과 같이 접었습니다.
각 ㄱㅁㄷ의 크기를 구하시오.

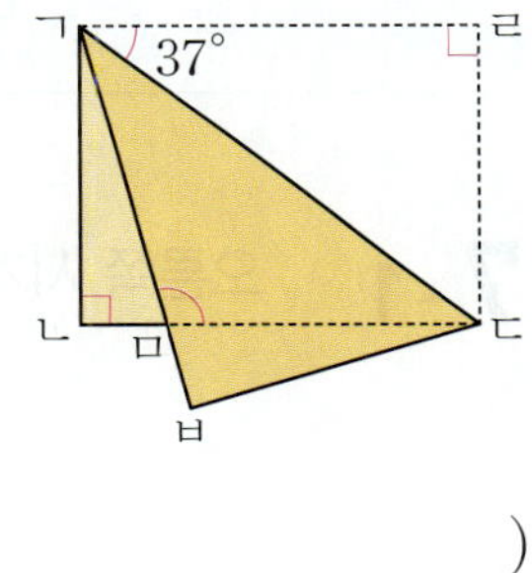

(   )

6-2 삼각형 모양의 종이를 오른쪽 그림과 같이 접었습니다. 각 ㄷㅁㅂ의 크기를 구하시오.

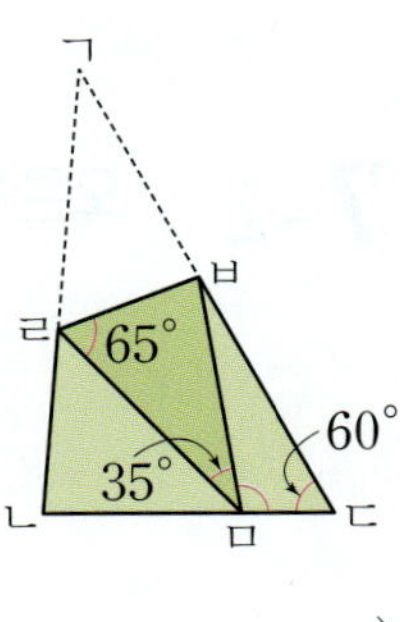

(   )

유형 7 두 시곗바늘이 이루는 각도 구하기

오른쪽 시계에서 긴바늘과 짧은바늘이 이루는 작은 쪽의 각도를
구하시오.

풀이

숫자 눈금 한 칸의 각도는

$360° \div 12 = \boxed{}$ 이므로

㉠=(숫자 눈금 한 칸의 각도)=$\boxed{}$

짧은바늘은 1시간에 30° 움직이고 30분에

15° 움직이므로 ㉡=$\boxed{}$

따라서 시계의 긴바늘과 짧은바늘이 이루는 작은 쪽의 각도는

㉠+㉡=$\boxed{}+\boxed{}=\boxed{}$ 입니다.

▶ **쏙쏙원리**
숫자 눈금 한 칸의 각도를 먼저 구합니다.

답

7-1 오른쪽 시계에서 긴바늘과 짧은바늘이 이루는 작은 쪽의 각도를 구하시오.

(   )

7-2 오른쪽 시계에서 긴바늘과 짧은바늘이 이루는 작은 쪽의 각도를 구하시오.

(   )

STEP B 종합응용력완성

01 오른쪽 그림에서 ㉠, ㉡, ㉢의 각도를 각각 구하시오.

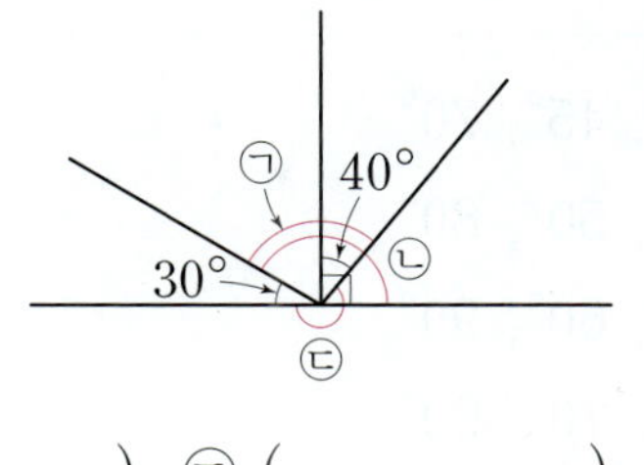

(직선이 이루는 각의 크기)＝180°

㉠ (　　　　　　), ㉡ (　　　　　　), ㉢ (　　　　　　)

02 ㉡의 각도는 ㉠의 각도보다 15° 더 큽니다. ㉠의 각도를 구하시오.

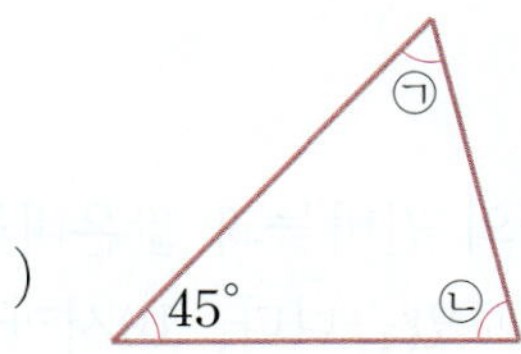

㉡의 크기를 ㉠을 이용하여 나타내어 봅니다.

(　　　　　　　　　　　)

03 ㉠은 케이크를 똑같이 6조각으로 나누었을 때의, ㉡은 케이크를 똑같이 8조각으로 나누었을 때의 한 조각의 각도입니다. ㉠, ㉡의 각도의 합과 차를 각각 구하시오.

한 바퀴가 빈틈없이 채워지면 360° 입니다.

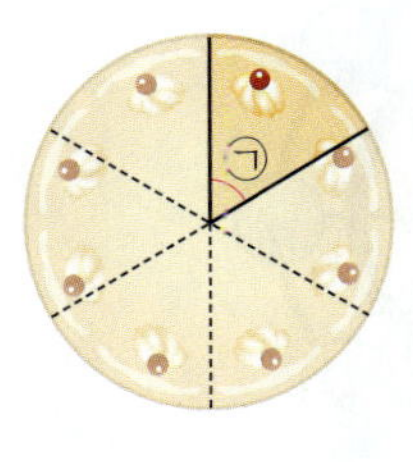 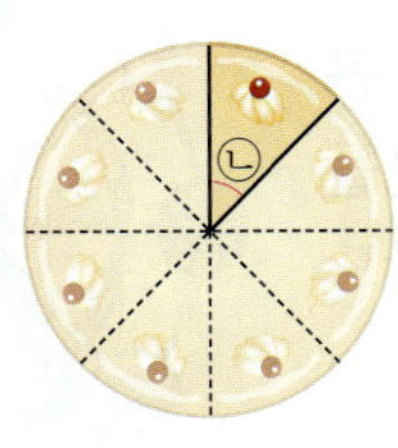

합 (　　　　　　), 차 (　　　　　　)

04 다음 중 삼각형의 세 각이 될 수 <u>없는</u> 것을 찾아 기호를 쓰시오.

> ㄱ. 30°, 45°, 70°
> ㄴ. 50°, 50°, 80°
> ㄷ. 40°, 60°, 90°
> ㄹ. 20°, 70°, 90°

세 각의 크기의 합을 각각 구해 봅니다.

(   )

05 4시부터 1시간마다 시계의 긴바늘과 짧은바늘이 이루는 각 중 작은 쪽의 각의 크기를 알아 보았습니다. 10시까지 각의 크기가 둔각인 경우는 몇 번이었습니까?

각 시각의 바늘의 위치를 생각해 봅니다.

(   )

06 오른쪽 그림과 같은 대관람차에 8개의 곤돌라가 있습니다. 서로 이웃하는 2개의 곤돌라가 이루는 각도가 45°일 때, 2번 곤돌라와 7번 곤돌라가 이루는 작은 쪽의 각도를 구하시오.

(   )

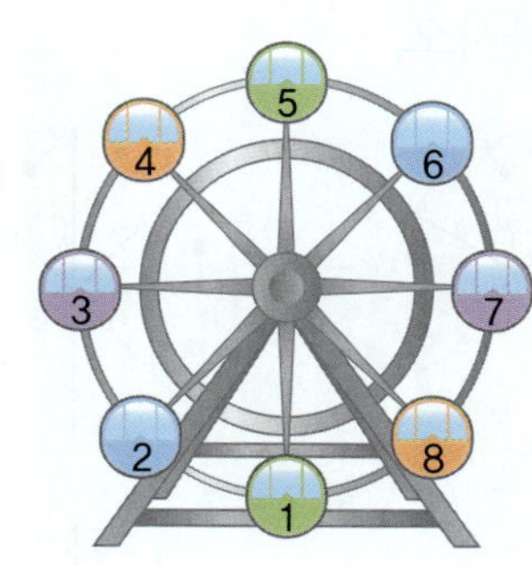

07 다음 그림은 직선 ㄱㅌ을 똑같은 크기의 각 10개로 나눈 것입니다. 각 ㄴㅇㅈ의 크기를 구하시오.

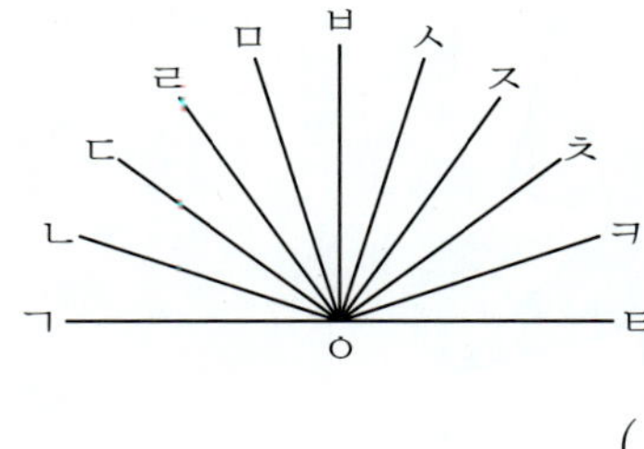

(   )

가장 작은 각의 크기부터 구해 봅니다.

2
각
도

08 두 시계에서 ㉠과 ㉡의 각의 크기의 합을 구하시오.

(   )

시계에서 숫자 눈금 한 칸의 각의 크기를 먼저 구해 봅니다.

09 그림과 같이 두 종류의 직각 삼각자를 겹쳐 놓았습니다. ㉠과 ㉡의 각도는 각각 몇 도인지 풀이 과정을 쓰고 답을 구하시오.

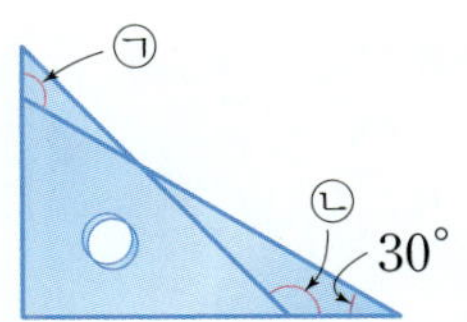

▌**풀이**

▌**답**

10 다음은 크기가 같은 삼각자를 여러 개씩 붙여 놓은 것입니다. ㉠과 ㉡의 각도의 합을 구하시오.

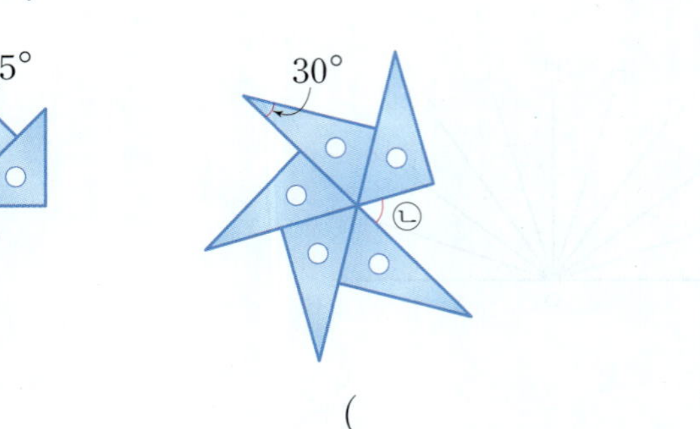

꼭짓점에 모인 각의 크기를 먼저 구합니다.

(   )

11 그림은 어느 벽지의 일부분입니다. 표시된 각의 크기의 합을 구하시오.

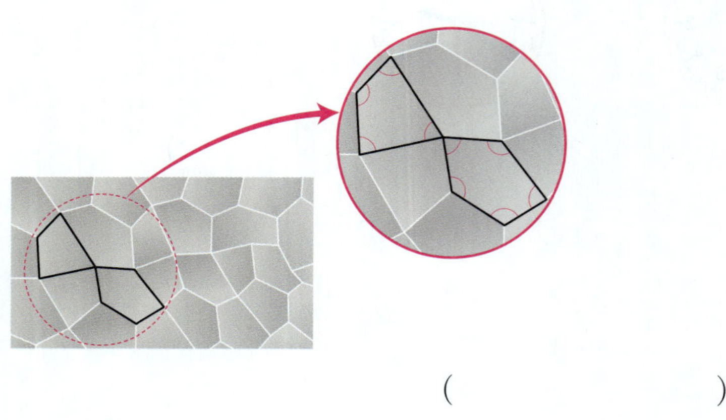

주어진 도형에 선을 그어 삼각형이나 사각형으로 나누어 봅니다.

(   )

12 오른쪽 도형에서 ㉠의 각도를 구하시오.

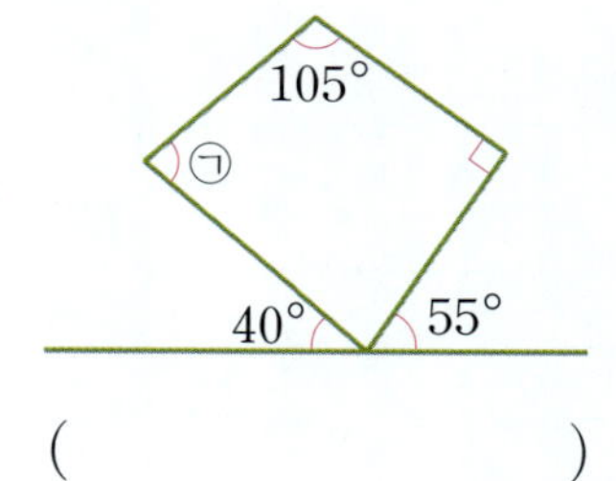

직선이 이루는 각의 크기는 180°입니다.

(   )

13 오른쪽 도형에서 표시한 각의 크기의 합을 구하시오.

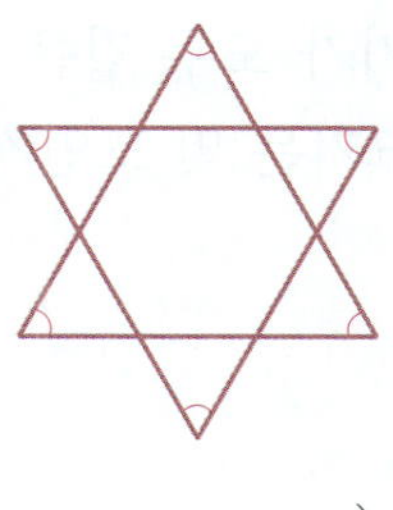

(   )

14 직사각형 ㄱㄴㄷㄹ에서 ㉠과 ㉡의 각도의 합을 구하시오.

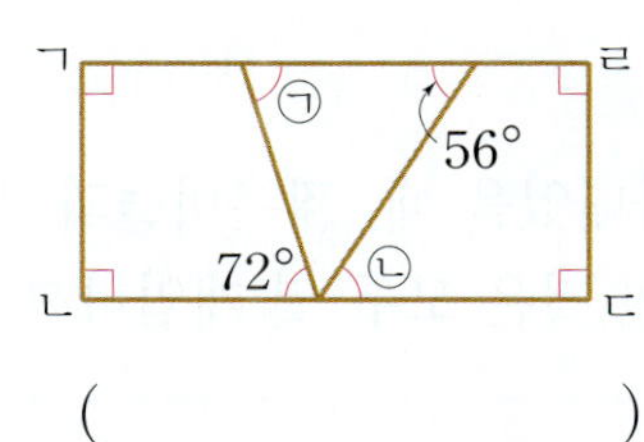

사각형의 네 각의 크기의 합이 360°임을 이용합니다.

(   )

15 오른쪽 그림에서 각 ㄷㄱㄴ의 크기가 각 ㄱㄴㄷ의 크기보다 21°만큼 작고, 각 ㄱㄷㄴ의 크기가 각 ㄱㄴㄷ의 크기보다 30°만큼 큽니다. 각 ㄱㄷㄴ의 크기를 구하시오.

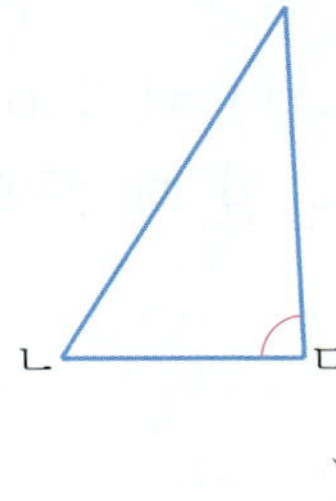

㉠이 ㉡보다 15°만큼 크면 ㉠＝㉡＋15°입니다.

(   )

서술형

16 오른쪽 도형은 각의 크기가 모두 같은 팔각형입니다. 이 도형의 한 각의 크기는 몇 도인지 풀이 과정을 쓰고 답을 구하시오.

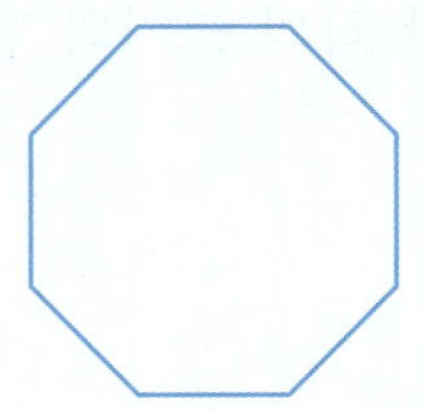

팔각형에 선을 그어 삼각형이나 사각형으로 나누어 봅니다.

▌풀이

▌답

17 다음 시각을 시계에 나타내었을 때, 짧은바늘과 긴바늘이 이루는 각 중 작은 쪽의 각이 예각인 것은 모두 몇 개입니까?

각 시각을 시계에 나타내어 봅니다.

| 6시 | 9시 | 6시 15분 | 4시 10분 | 2시 55분 | 1시 20분 |

(   )

18 오른쪽 도형에서 (각 ㄱㄴㅁ)=(각 ㅁㄴㄷ), (각 ㄹㄱㅁ)=(각 ㅁㄱㄴ)일 때, ㉠의 각도를 구하시오.

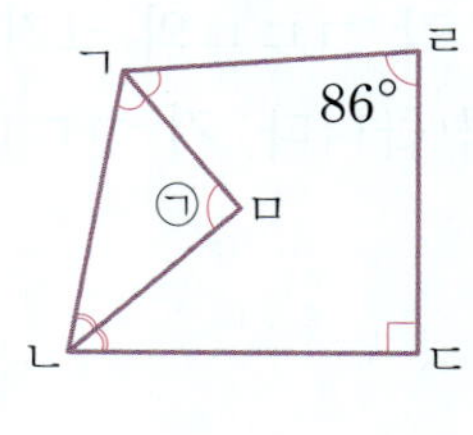

(   )

STEP A 최상위실력완성

01 |보기|의 점 중에서 세 개를 골라 연결하여 각을 만들 때, 둔각이 되는 경우는 모두 몇 가지입니까?

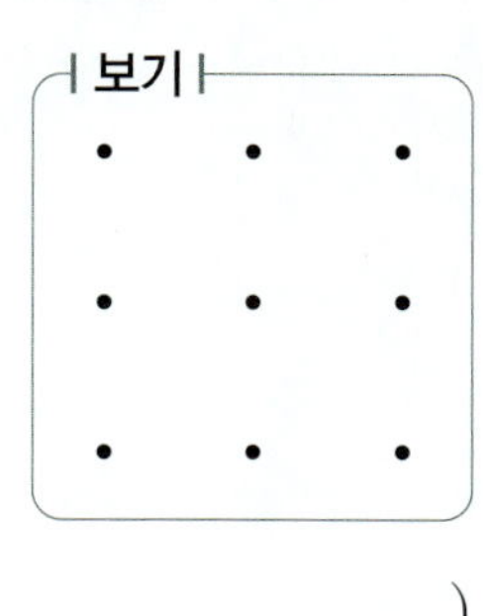

(   )

02 오른쪽 그림에서 (각 ㄱㄴㄹ)=(각 ㄹㄴㄷ), (각 ㄱㄷㄹ)=(각 ㄹㄷㄴ)일 때, 각 ㄴㄱㄷ의 크기를 구하시오.

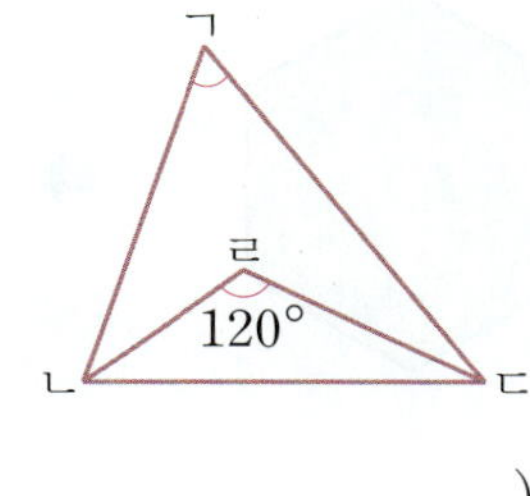

(   )

03 오른쪽 직사각형에서 ㉠의 각도를 구하시오.

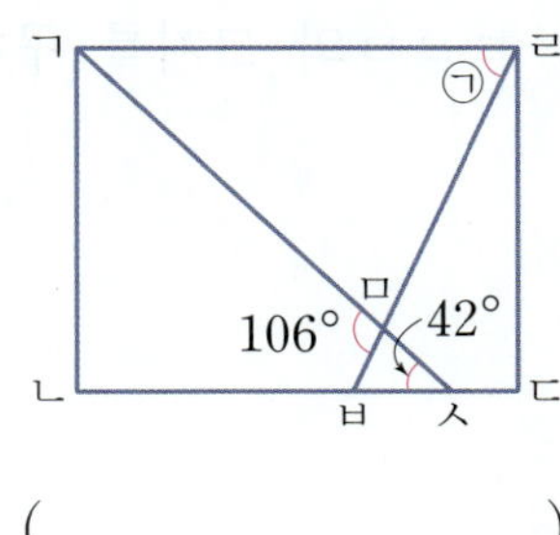

(   )

04 도형에서 표시된 각의 크기의 합을 구하시오.

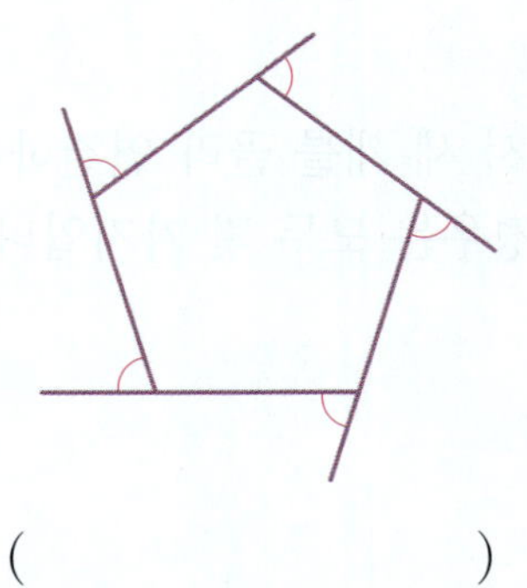

(   )

05 각의 크기가 모두 같은 육각형 모양의 종이를 오른쪽 그림과 같은 모양으로 잘랐습니다. ㉠, ㉡, ㉢의 각도의 합을 구하시오.

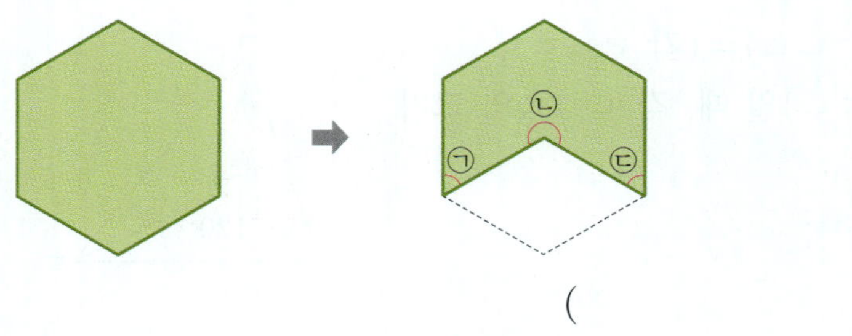

(   )

06 그림에서 각 ㄱㄷㄴ의 크기와 각 ㅂㄷㄹ의 크기는 같습니다. 각 ㄷㅂㅁ의 크기를 구하시오.

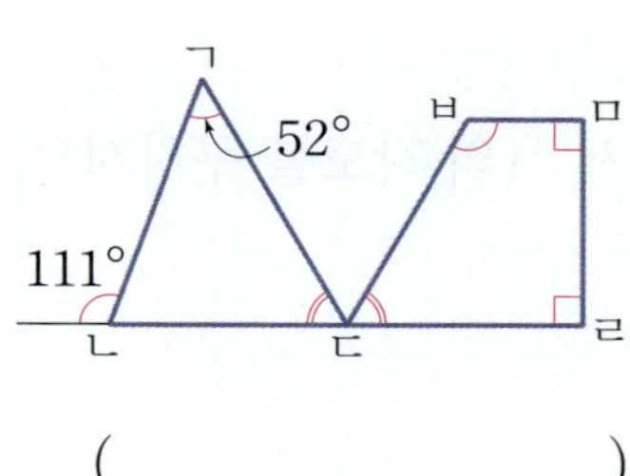

(   )

07 ㉠=㉢, ㉡=㉣이고, 각 ㄱㄷㄴ의 크기가 87°일 때, 각 ㄹㄷㄴ의 크기를 구하시오.

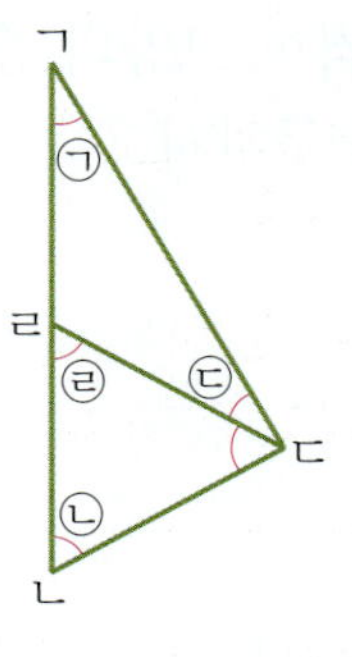

(   )

08 오른쪽 그림은 직사각형 모양의 종이를 접은 것입니다. ㉠의 각도를 구하시오.

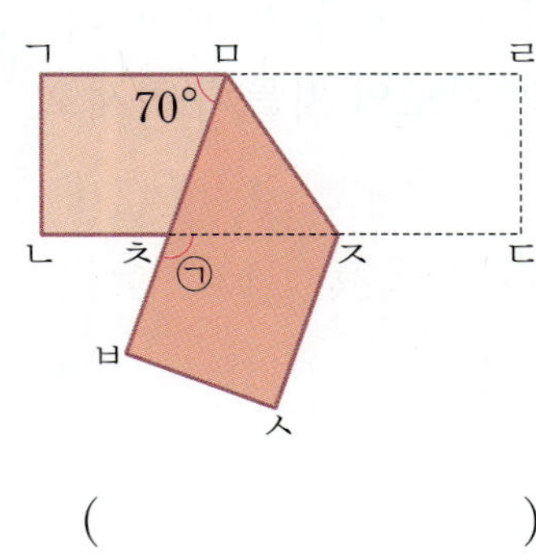

(   )

09 도형에서 표시된 각의 크기의 합을 구하시오.

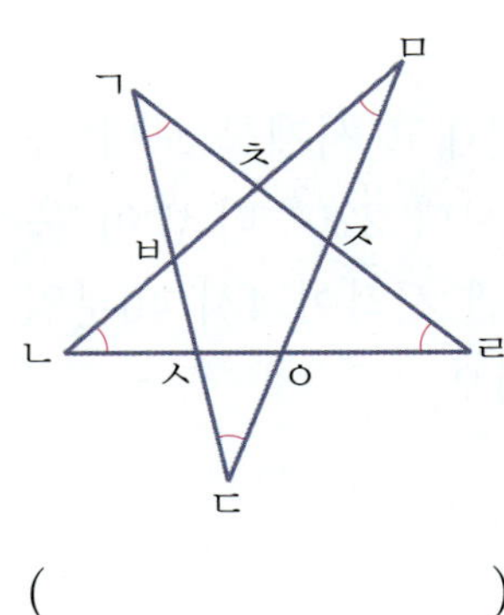

(   )

10 오른쪽 그림은 사각형 모양의 종이를 접은 것입니다. ㉠의 각도를 구하시오.

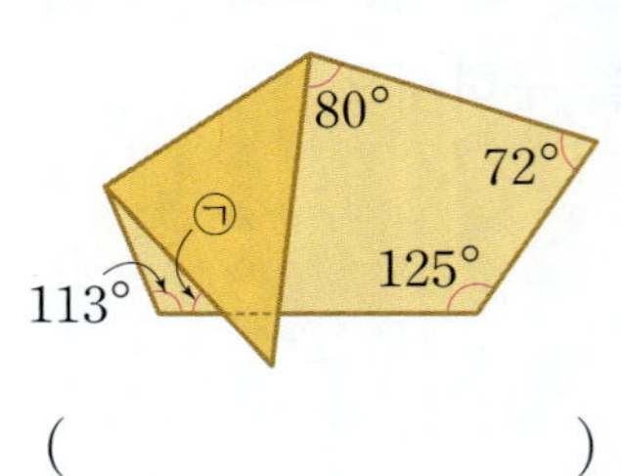

(   )

11 오른쪽 그림에서 각 ㄴㄱㅅ과 각 ㅂㄱㅅ은 크기가 같습니다. ㉠과 ㉡의 각도의 차를 구하시오.

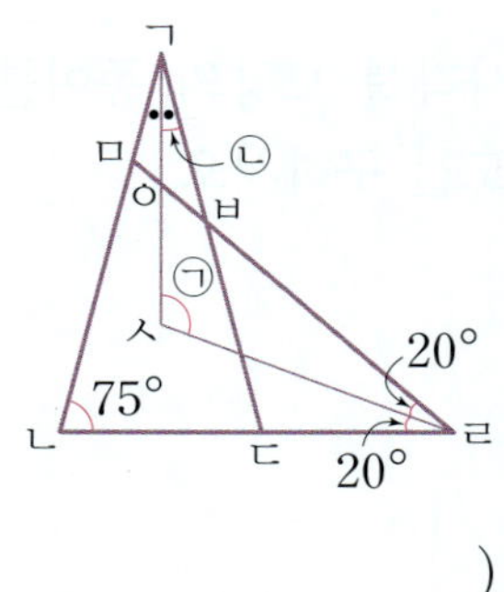

(   )

12 소민이가 숙제를 끝내고 시계를 보니 숙제를 하는 동안 긴바늘이 짧은바늘보다 220° 더 많이 움직인 것을 알았습니다. 숙제를 끝낸 시각이 4시 40분일 때, 숙제를 시작한 시각을 구하시오.

▌풀이

____

____

____

▌답 _______________________________

곱셈과 나눗셈

3

3. 곱셈과 나눗셈

1 (세 자리 수)×(몇십)

(1) (몇백)×(몇십)

(몇백)×(몇십)은 (몇)×(몇)을 계산한 값에 곱하는 두 수의 0의 개수만큼 0을 붙입니다.

예 400×20의 계산

$$400 \times 20 = 8000$$

(0이 3개 / 4×2=8)

$$\begin{array}{r} 400 \\ \times\ \ 20 \\ \hline 8000 \end{array}$$

➡ (몇백)×(몇)을 계산한 후 10배 한 것과 같습니다.

(2) (세 자리 수)×(몇십)

(세 자리 수)×(몇십)은 (세 자리 수)×(몇)을 계산한 후 0을 1개 붙입니다.

예 235×40의 계산

$$235 \times 4 = 940$$
$$235 \times 40 = 9400$$

(10배 10배)

$$\begin{array}{r} 235 \\ \times\ \ 4 \\ \hline 940 \end{array} \xrightarrow[\text{10배}]{\text{10배}} \begin{array}{r} 235 \\ \times\ \ 40 \\ \hline 9400 \end{array}$$

➡ (세 자리 수)×(몇)을 계산한 후 10배 한 것과 같습니다.

2 (세 자리 수)×(몇십몇)

(세 자리 수)×(몇십몇)은 (세 자리 수)×(몇십)과 (세 자리 수)×(몇)을 각각 계산한 다음 두 계산 결과를 더합니다.

예 437×28의 계산

$$437 \times 28 = 8740 + 3496$$
$$= 12236$$

(437×20 437×8)

$$\begin{array}{r} 437 \\ \times\ \ 28 \\ \hline 3496 \end{array} \Rightarrow \begin{array}{r} 437 \\ \times\ \ 28 \\ \hline 3496 \\ 8740 \end{array} \Rightarrow \begin{array}{r} 437 \\ \times\ \ 28 \\ \hline 3496 \\ 874\ \ \\ \hline 12236 \end{array}$$

일의 자리에 0을 쓰지 않아도 됩니다.

+ 개념

⊕ 곱해지는 수가 같을 때는 곱하는 수가 10배되면 곱도 10배가 됩니다.

미리보기 중1

⊕ 곱셈의 교환법칙
두 수의 순서를 바꾸어 곱해도 계산 결과는 같습니다.
$$15 \times 40 = 600,$$
$$40 \times 15 = 600$$
➡ $15 \times 40 = 40 \times 15$

01 계산 결과가 <u>다른</u> 것을 찾아 기호를 쓰시오.

> ㉠ 400×30　　㉡ 20×600
> ㉢ 600×20　　㉣ 10×120

(　　　　　　　)

02 은영이는 매일 아침 950 m씩 조깅을 합니다. 은영이가 40일 동안 조깅을 한다면 달린 거리는 모두 몇 km입니까?

(　　　　　　　)

03 빈칸에 알맞은 수를 써넣으시오.

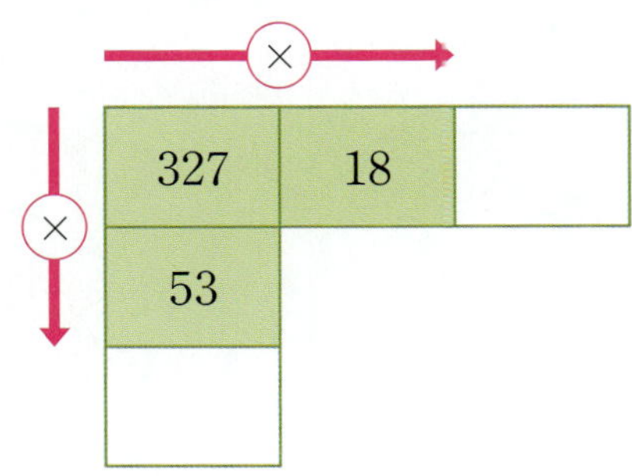

04 다음 두 수의 차를 구하시오.

> 864의 70배　　　628과 75의 곱

(　　　　　　　)

05 계산 결과가 큰 것부터 차례로 기호를 쓰시오.

> ㉠ 135×41　　㉡ 861×30
> ㉢ 256×52　　㉣ 964×72

(　　　　　　　)

06 밤이 120개씩 들어 있는 상자가 35개, 150개씩 들어 있는 상자가 42개 있습니다. 밤은 모두 몇 개입니까?

(　　　　　　　)

3 (세 자리 수)÷(몇십)

⑴ 나누어떨어지는 (세 자리 수)÷(몇십)

예 $160 \div 40$의 계산

$$160 \div 40 = 4$$
$$16 \div 4 = 4$$

$$40 \overline{)160}$$
$$\underline{160}$$
$$0$$

$160 \div 40 = 4$ ➡ 몫: 4, 나머지: 0 [확인] $40 \times 4 = 160$

⑵ 나머지가 있는 (세 자리 수)÷(몇십)

(몇십)×□를 이용하여 몫을 어림하여 계산합니다.

예 $187 \div 30$의 계산

| $30 \times 5 = 150$ |
| $30 \times 6 = 180$ |
| $30 \times 7 = 210$ |

$$30 \overline{)187}$$
$$\underline{180}$$
$$7$$

$187 \div 30 = 6 \cdots 7$ ➡ 몫: 6, 나머지: 7

[확인] $30 \times 6 = 180$, $180 + 7 = 187$

4 (두 자리 수)÷(몇십몇)

⑴ 나누어떨어지는 (두 자리 수)÷(몇십몇)

예 $78 \div 13$의 계산

몫을 1 크게 ➡　　　몫을 1 작게

$$13 \overline{)78} \quad 13 \overline{)78} \quad 13 \overline{)78}$$
$$\underline{65} \qquad \underline{78} \qquad \underline{91}$$
$$13 \qquad 0$$

$78 \div 13 = 6$ ➡ 몫: 6, 나머지: 0 [확인] $13 \times 6 = 78$

⑵ 나머지가 있는 (두 자리 수)÷(몇십몇)

예 $73 \div 12$의 계산

몫을 1 크게 ➡　　　몫을 1 작게

$$12 \overline{)73} \quad 12 \overline{)73} \quad 12 \overline{)73}$$
$$\underline{60} \qquad \underline{72} \qquad \underline{84}$$
$$13 \qquad 1$$

$73 \div 12 = 6 \cdots 1$ ➡ 몫: 6, 나머지: 1

[확인] $12 \times 6 = 72$, $72 + 1 = 73$

➕ 나눗셈식에서 나머지는 항상 나누는 수보다 작아야 합니다.

➕ 나누는 수와 몫의 곱에 나머지를 더한 값이 나누어지는 수와 같은지 확인합니다.
➡ (나누는 수)×(몫)+(나머지)=(나누어지는 수)

개념 더블체크

07 왼쪽 곱셈식을 보고 나눗셈을 하시오.

$$40 \times 5 = 200$$
$$40 \times 6 = 240$$
$$40 \times 7 = 280$$
$$40 \times 8 = 320$$

$$40 \overline{)283}$$

08 몫이 <u>다른</u> 하나를 찾아 기호를 쓰시오.

㉠ $480 \div 60$　　　㉡ $240 \div 30$

㉢ $720 \div 90$　　　㉣ $540 \div 60$

(　　　　　　　)

09 다음 나눗셈식에서 나머지가 될 수 있는 수 중 가장 큰 수를 구하시오. (단, ■는 자연수입니다.)

$$■ \div 28$$

(　　　　　　　)

10 나눗셈의 몫이 큰 것부터 ○ 안에 1, 2, 3을 써 넣으시오.

11 2 m 36 cm의 종이테이프를 30 cm씩 잘라서 별을 만들려고 합니다. 별은 몇 개까지 만들 수 있고, 남는 테이프는 몇 cm입니까?

(　　　　　　), (　　　　　　)

12 다음에서 나머지가 가장 큰 것을 찾아 기호를 쓰시오.

㉠ $69 \div 12$　　　㉡ $146 \div 40$

㉢ $358 \div 80$　　　㉣ $91 \div 23$

(　　　　　　　)

5. 몫이 한 자리 수인 (세 자리 수)÷(몇십몇)

(1) 나누어떨어지는 (세 자리 수)÷(몇십몇)

예 $124 \div 31$의 계산

$$31 \times 3 = 93$$
$$31 \times 4 = 124$$
$$31 \times 5 = 155$$

$$\begin{array}{r} 4 \\ 31\overline{)124} \\ \underline{124} \\ 0 \end{array}$$

$124 \div 31 = 4$
➡ 몫: 4, 나머지: 0
[확인] $31 \times 4 = 124$

(2) 나머지가 있는 (세 자리 수)÷(몇십몇)

예 $299 \div 31$의 계산

$$31 \times 8 = 248$$
$$31 \times 9 = 279$$
$$31 \times 10 = 310$$

$$\begin{array}{r} 9 \\ 31\overline{)299} \\ \underline{279} \\ 20 \end{array}$$

$299 \div 31 = 9 \cdots 20$
➡ 몫: 9, 나머지: 20
[확인] $31 \times 9 = 279$,
$279 + 20 = 299$

6. 몫이 두 자리 수인 (세 자리 수)÷(몇십몇)

(1) 나누어떨어지는 (세 자리 수)÷(몇십몇)

예 $154 \div 14$의 계산

$$\begin{array}{r} 1 \\ 14\overline{)154} \\ \underline{140} \\ 14 \end{array}$$
➡
$$\begin{array}{r} 11 \\ 14\overline{)154} \\ \underline{140} \\ 14 \\ \underline{14} \\ 0 \end{array}$$
➡
$$\begin{array}{r} 11 \\ 14\overline{)154} \\ \underline{14} \\ 14 \\ \underline{14} \\ 0 \end{array}$$

$154 \div 14 = 11$ ➡ 몫: 11, 나머지: 0 　[확인] $14 \times 11 = 154$

(2) 나머지가 있는 (세 자리 수)÷(몇십몇)

예 $436 \div 35$의 계산

$$\begin{array}{r} 1 \\ 35\overline{)436} \\ \underline{350} \\ 86 \end{array}$$
➡
$$\begin{array}{r} 12 \\ 35\overline{)436} \\ \underline{350} \\ 86 \\ \underline{70} \\ 16 \end{array}$$
➡
$$\begin{array}{r} 12 \\ 35\overline{)436} \\ \underline{35} \\ 86 \\ \underline{70} \\ 16 \end{array}$$

$436 \div 35 = 12 \cdots 16$ ➡ 몫: 12, 나머지: 16
[확인] $35 \times 12 = 420$, $420 + 16 = 436$

+ 개념

● (세 자리 수)÷(몇십몇)의 계산에서 (몇십몇)×□를 이용하여 몫을 어림합니다.

● ■▲●÷♥★에서
• ■▲ < ♥★이면 몫이 한 자리 수입니다.
• ■▲ = ♥★ 또는
■▲ > ♥★이면 몫이 두 자리 수입니다.

13 두 나눗셈식의 몫의 합을 구하시오.

> ㉠ $168 \div 24$ ㉡ $489 \div 19$

(   )

14 몫이 두 자리 수인 나눗셈을 찾아 기호를 쓰시오.

> ㉠ $185 \div 37$ ㉡ $511 \div 75$
> ㉢ $625 \div 24$ ㉣ $672 \div 69$

(   )

15 밀가루 108 kg을 한 자루에 15 kg씩 담으려고 합니다. 밀가루를 몇 자루에 담을 수 있고, 몇 kg이 남는지 구하시오.

(   ), (   )

16 다음 나눗셈식에서 □ 안에 들어갈 수 있는 가장 큰 수와 가장 작은 수를 구하시오. (단, ▲는 0이 아닌 수입니다.)

> $\square \div 34 = 19 \cdots ▲$

가장 큰 수 (   )
가장 작은 수 (   )

17 □ 안에 알맞은 수를 써넣으시오.

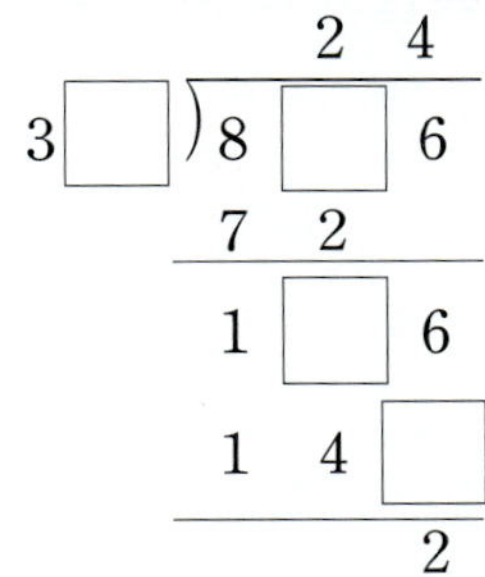

18 ㉠, ㉡, ㉢의 합을 구하시오.

> • $713 \div 27 = 26 \cdots ㉠$
> • $648 \div 39 = ㉡ \cdots 24$
> • $839 \div ㉢ = 14 \cdots 13$

(   )

유형 1 더 필요한 물건의 수 구하기

젤리 525개를 32명에게 똑같이 나누어 주려고 하였더니 몇 개가 모자랐습니다. 젤리를 남김 없이 똑같이 나누어 주려면 적어도 몇 개의 젤리가 더 필요합니까?

풀이 $525 \div 32 = 16 \cdots \boxed{}$ 이므로 젤리를 $\boxed{}$ 개씩 나누어 주

면 $\boxed{}$ 개가 남습니다.

젤리를 남김없이 똑같이 나누어 주려면 젤리는 적어도

$32 - \boxed{} = \boxed{}$ (개) 더 필요합니다.

▶ 쏙쏙원리
(필요한 젤리의 수)
=(나누어 줄 학생 수)
－(남은 젤리의 수)

답

1-1 복숭아 285개를 23상자에 똑같이 나누어 담으려고 하였더니 몇 개가 모자랐습니다. 복숭아를 남김없이 똑같이 나누어 담으려면 적어도 몇 개의 복숭아가 더 필요합니까?

(   )

1-2 초콜릿 326개 중 23개가 부서졌습니다. 부서지지 않은 초콜릿을 17명에게 똑같이 나누어 주려고 하였더니 몇 개가 모자랐습니다. 초콜릿을 남김없이 똑같이 나누어 주려면 적어도 몇 개의 초콜릿이 더 필요합니까?

(   )

유형 2 걸리는 시간 구하기

길이가 148 m인 기차가 1초에 38 m를 가는 일정한 빠르기로 달리고 있습니다. 이 기차가 길이가 802 m인 터널에 진입해서 완전히 빠져나가는 데 걸리는 시간은 몇 초입니까?

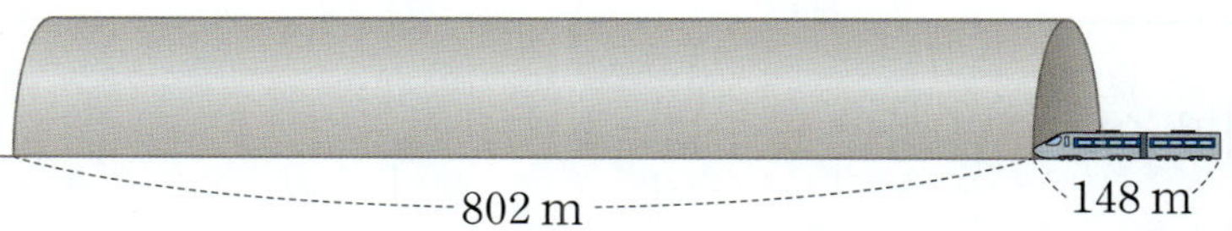

풀이

기차가 터널에 진입해서 완전히 빠져나갈 때까지 움직이는 거리는

(터널의 길이)+(기차의 길이)=802+148=□(m)

이므로 기차가 터널을 완전히 빠져나가는 데 걸리는 시간은

□÷38=□(초)입니다.

▶ 쏙쏙원리
(기차가 움직이는 거리)
=(터널의 길이)
  +(기차의 길이)

답

2-1 길이가 18 m인 버스가 1초에 12 m를 가는 일정한 빠르기로 달리고 있습니다. 이 버스가 길이가 882 m인 터널에 진입해서 완전히 빠져나가는 데 걸리는 시간은 몇 분 몇 초입니까?

( )

2-2 길이가 143 m인 기차가 1초에 32 m를 가는 일정한 빠르기로 터널에 진입해서 완전히 빠져나가는 데 40초가 걸렸습니다. 길이가 113 m인 기차가 1초에 25 m를 가는 일정한 빠르기로 이 터널에 진입해서 완전히 빠져나갈 때까지 걸리는 시간은 몇 초입니까?

( )

유형 3 어떤 수 구하기

어떤 수를 63으로 나누었더니 몫이 4이고, 나머지가 11이었습니다. 어떤 수를 40으로 나누었을 때의 몫과 나머지를 각각 구하시오.

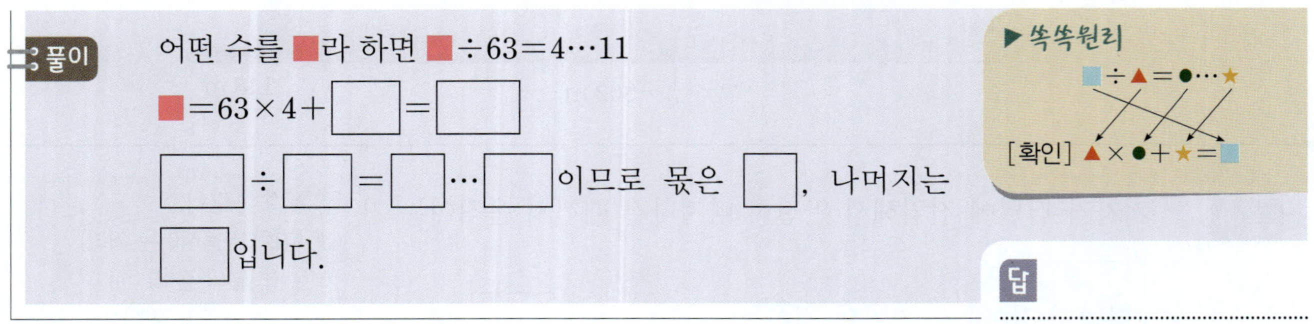

풀이 어떤 수를 ■라 하면 ■÷63=4⋯11

$$■=63×4+\boxed{}=\boxed{}$$

$$\boxed{}÷\boxed{}=\boxed{}⋯\boxed{}\text{이므로 몫은 }\boxed{},\text{ 나머지는}$$

$$\boxed{}\text{입니다.}$$

▶쏙쏙원리

[확인]

답

3-1 어떤 수를 32로 나누었더니 몫이 14이고, 나머지가 28이었습니다. 어떤 수를 41로 나누었을 때의 나머지는 얼마입니까?

(   )

3-2 어떤 수를 50으로 나누어야 할 것을 잘못하여 45로 나누었더니 몫이 22이고, 나머지가 7이었습니다. 바르게 계산했을 때의 몫과 나머지를 각각 구하시오.

몫 (   ), 나머지 (   )

3-3 어떤 수를 10으로 나누었더니 몫이 두 자리 수였습니다. 어떤 수 중에서 가장 큰 수를 구하시오.

(   )

유형 4 □ 안에 들어갈 수 있는 자연수 구하기

■에 들어갈 수 있는 자연수 중에서 가장 작은 수를 구하시오.

$$■ \times 43 > 600$$

풀이

$>$를 $=$로 놓고 곱셈과 나눗셈의 관계를 이용하면

$■ \times 43 = 600 \Rightarrow ■ = 600 \div \boxed{}$

$600 \div \boxed{} = \boxed{} \cdots 41$에서 ■에는 $\boxed{}$보다 큰 자연수가

들어갈 수 있으므로 그중 가장 작은 수는 $\boxed{}$입니다.

답

▶ **쏙쏙원리**
$>$ 또는 $<$를 $=$로 놓고 곱셈과 나눗셈의 관계를 이용합니다.

3
곱셈과 나눗셈

4-1 □ 안에 들어갈 수 있는 자연수 중에서 가장 큰 수를 구하시오.

$$16 \times \boxed{} < 94$$

(   )

4-2 □ 안에 들어갈 수 있는 자연수는 모두 몇 개입니까?

$$22 \times \boxed{} < 5 \times 17$$

(   )

4-3 □ 안에 들어갈 수 있는 자연수를 모두 구하시오.

$$550 < \boxed{} \times 39 < 750$$

(   )

유형 5 수 카드로 곱셈식과 나눗셈식 만들기

수 카드를 한 번씩만 사용하여 가장 작은 세 자리 수와 가장 큰 두 자리 수를 만들었습니다.
만든 두 수의 곱은 얼마입니까?

$$\boxed{4}\ \boxed{3}\ \boxed{7}\ \boxed{2}\ \boxed{8}$$

풀이 수의 크기를 비교하면 $8>7>4>3>2$이므로

가장 작은 세 자리 수는 $\boxed{}$이고 가장 큰 두 자리 수는

$\boxed{}$입니다.

따라서 두 수의 곱은 $\boxed{}\times\boxed{}=\boxed{}$입니다.

▶ **쏙쏙원리**
가장 큰 수는 높은 자리부터 큰 수를 써넣습니다.

답

5-1 희수는 수 카드 $\boxed{0}$, $\boxed{1}$, $\boxed{2}$, $\boxed{3}$, $\boxed{4}$ 를 한 번씩만 사용하여 가장 큰 세 자리 수와 가장 작은 두 자리 수를 만들었습니다. 희수가 만든 두 수의 곱을 구하는 곱셈식을 써 보시오.

$$\boxed{}\times\boxed{}=\boxed{}$$

5-2 수 카드 5장을 한 번씩만 사용하여 몫이 가장 큰 (세 자리 수)÷(두 자리 수)를 만들었습니다.
만든 나눗셈의 몫과 나머지를 각각 구하시오.

$$\boxed{7}\ \boxed{3}\ \boxed{5}\ \boxed{2}\ \boxed{9}$$

몫 (　　　　　　　　　), 나머지 (　　　　　　　　　)

유형 6 가장 가까운 수 구하기

곱이 8000에 가장 가까운 수가 되도록 ■에 알맞은 두 자리 수를 구하시오.

$$520 \times ■$$

풀이

$520 \times 15 = 7800$, $520 \times 16 = 8320$, … 에서

곱이 8000보다 작으면서 가장 큰 곱셈식은 $520 \times 15 = 7800$이

므로 8000과의 차는 $8000 - \boxed{} = \boxed{}$ 입니다.

곱이 8000보다 크면서 가장 작은 곱셈식은 $520 \times 16 = 8320$이

므로 8000과의 차는 $\boxed{} - 8000 = \boxed{}$ 입니다.

곱이 8000에 가장 가까운 곱셈식은 8000과의 차가 더 작은

$520 \times \boxed{} = \boxed{}$ 이므로 ■에 알맞은 두 자리 수는

$\boxed{}$ 입니다.

답

▶ **쏙쏙원리**
$520 \times ■$와 8000의 차가 작을수록 곱이 8000에 가깝습니다.

3 곱셈과 나눗셈

6-1 곱이 10000에 가장 가까운 수가 되도록 □ 안에 알맞은 두 자리 수를 써넣으시오.

$$531 \times \boxed{}$$

6-2 곱이 28000에 가장 가까운 수가 되도록 □ 안에 알맞은 자연수를 써넣으시오.

$$17 \times 19 \times \boxed{}$$

유형 7 곱셈과 나눗셈의 활용

어느 과수원에서 귤을 한 상자에 42개씩 담아 132상자를 팔았고, 한라봉은 한 상자에 29개씩 담아 145상자를 팔았습니다. 이 과수원에서 판 귤과 한라봉은 모두 몇 개입니까?

풀이

(판 귤의 수) = (한 상자에 담은 귤의 수) × (상자의 수)

$$= 42 \times \boxed{} = \boxed{} \text{(개)}$$

(판 한라봉의 수) = (한 상자에 담은 한라봉의 수) × (상자의 수)

$$= \boxed{} \times 145 = \boxed{} \text{(개)}$$

(판 귤과 한라봉의 수) = 5544 + $\boxed{}$ = $\boxed{}$ (개)

▶ 쏙쏙원리
곱셈식을 세워 판 귤과 한라봉의 수를 각각 구합니다.

답

7-1 진이는 천연비누 163개를 만들기로 했습니다. 하루에 15개씩 만들면 며칠 만에 모두 만들 수 있습니까?

(   )

7-2 소설책 한 권을 매일 15쪽씩 3주 동안 읽으면 10쪽이 남습니다. 이 소설책을 매일 20쪽씩 읽는다면 모두 읽는데 며칠이 걸리겠습니까?

(   )

STEP B 종합응용력완성

01 3권의 무게가 750g인 공책을 74권 샀습니다. 산 공책의 무게는 모두 몇 g입니까?

(   )

공책 1권의 무게를 먼저 구한 다음 전체 무게를 구합니다.

02 가운데 ◆ 안의 수를 바깥 수로 나누어 몫은 큰 원의 빈칸에, 나머지는 □ 안에 써넣으시오.

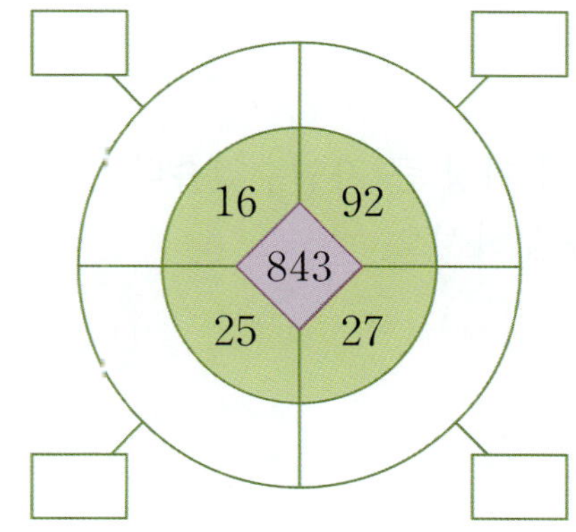

몫과 나머지를 이용하여 계산한 결과가 맞는지 확인합니다.

03 독일의 쾰른 대성당은 1248년 건축을 시작해서 1880년에 완공되었습니다. 쾰른 대성당이 건축을 시작해서 완공하는 데까지 몇 개월이 걸렸는지 구하시오. (단, 건축을 시작한 해와 완공한 해를 꽉 채워서 공사를 한 것으로 생각합니다.)

(   )

1년은 12개월입니다.

04 4학년 학생들은 오늘 급식에 나온 $65\,\mathrm{mL}$ 요구르트를 한 병씩 모두 마셨습니다. 1반에서 4반까지의 학생 수가 오른쪽 표와 같을 때, 1반에서 4반까지의 학생들이 마신 요구르트의 양은 모두 몇 mL인지 구하시오.

학급	학생 수
1반	26명
2반	28명
3반	27명
4반	25명

(전체 학생이 마신 요구르트의 양)
=(전체 학생 수)×(한 명이 마신 요구르트의 양)

(   )

05 어떤 세 자리 수를 85로 나누었더니 나머지가 가장 큰 자연수였습니다. 어떤 수 중에서 800에 가장 가까운 수를 구하시오.

(   )

06 한 개에 930원인 과자 185개를 27명에게 남김없이 똑같이 나누어 주려고 하였더니 몇 개가 모자랐습니다. 모자란 과자를 사려면 적어도 얼마가 필요합니까?

(모자란 과자의 수)
=(나누어 줄 사람 수)
 −(남은 과자의 수)

(   )

07 (세 자리 수)÷(두 자리 수)입니다.
□ 안에 알맞은 수를 써넣으시오.

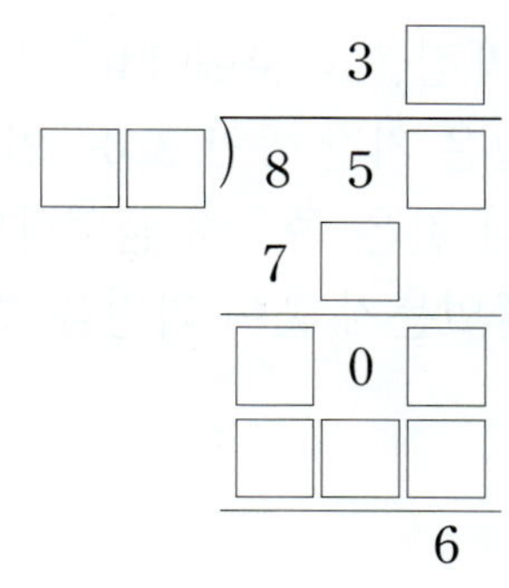

08 나눗셈식이 적힌 종이의 일부가 찢어졌습니다. 나누어지는 수가 세 자리 수일 때, 나누어지는 수와 몫을 각각 구하시오.

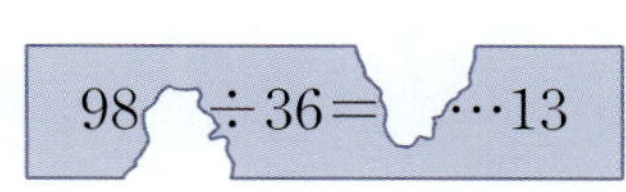

나누어지는 수는 세 자리 수이므로 보이지 않는 부분은 일의 자리 숫자입니다.

나누어지는 수 ( ), 몫 ( )

09 상상박물관의 입장료는 어른은 950원, 어린이는 550원입니다. 어느 초등학교의 선생님 13명, 학생 97명이 관람하러 가서 100000원을 내었을 때, 받은 거스름돈은 얼마입니까?

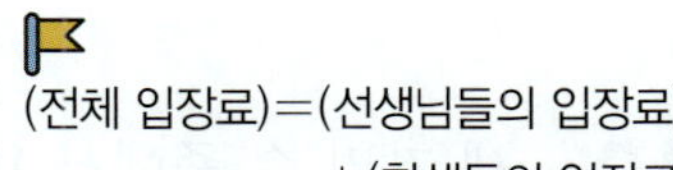

(전체 입장료)=(선생님들의 입장료)
　　　　　　＋(학생들의 입장료)

( )

서술형

10 소희는 224쪽인 수학 문제집을 하루에 14쪽씩 풀어서 모두 풀었습니다. 혜윤이도 소희와 같은 기간 동안 320쪽인 국어 문제집을 풀어서 모두 풀었습니다. 매일 같은 쪽수씩 풀었다면 혜윤이는 국어 문제집을 하루에 몇 쪽씩 풀었는지 풀이 과정을 쓰고 답을 구하시오.

(소희가 문제를 푸는데 걸린 날수)
=(수학 문제집의 쪽수)
　÷(하루에 푼 쪽수)

풀이

답

11 감 323개를 한 상자에 27개씩 담고, 남은 감은 한 봉지에 11개씩 담았습니다. 상자와 봉지에 담고 남은 감은 몇 개입니까?

(　　　　　　)

상자에 담고 남은 감의 수를 구하여 봉지에 담고 남은 감의 수를 구합니다.

12 세 자리 수 중에서 18로 나누었을 때, 몫과 나머지가 같은 수는 모두 몇 개입니까?

(　　　　　　)

나머지는 나누는 수보다 작습니다.

13 높이가 30 cm인 단 위에 높이가 24 cm인 상자를 쌓고 있습니다. 바닥에서 천장까지의 높이가 3 m 25 cm일 때, 상자를 몇 개까지 쌓을 수 있습니까?

( )

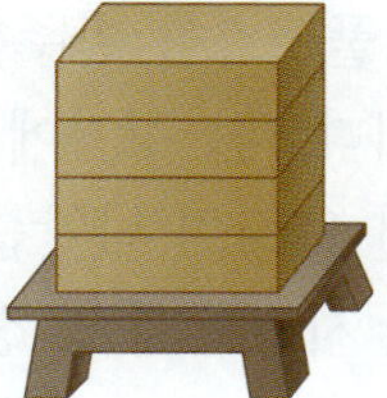

상자를 쌓을 수 있는 부분은 전체 높이에서 단 높이를 뺀 부분입니다.

14 수 카드 1 , 2 , 7 , 5 , 4 를 한 번씩만 사용하여 곱이 가장 큰 (세 자리 수) × (두 자리 수)를 만들고, 그 곱을 구하시오.

☐ × ☐ = ☐

수 카드의 크기를 비교하여 가장 큰 곱셈식을 만들어 봅니다.

15 시윤이는 한 개에 680원인 물감을 19개 사고 15000원을 냈습니다. 남은 돈으로 220원인 색연필을 사려고 할 때, 몇 자루까지 살 수 있습니까?

( )

물감을 사고 남은 돈을 먼저 구합니다.

16 어느 마라톤대회에서는 풀코스를 완주한 사람들에게 기념품으로 손수건을 나누어 주었습니다. 한 상자에 25장씩 들어 있는 손수건을 15상자 구입하여 손수건 15장이 남았습니다. 풀코스를 완주한 사람들이 다음과 같을 때, 한 사람에게 몇 장씩 나누어 주었습니까?

완주 시각	1시~2시	2시~3시	3시~4시
사람 수	17명	23명	32명

(   )

(나누어 준 손수건 수)
=(준비한 손수건 수)
  −(남은 손수건 수)

17 어느 공방에서는 한 시간에 인형을 36개씩 만듭니다. 이 공방에서 하루 7시간씩 25일 동안 만든 인형을 상자 한 개에 90개씩 담으려고 합니다. 상자는 모두 몇 개 필요합니까?

(   )

(인형을 만든 시간)
=(하루에 만드는 시간)×(날수)

서술형

18 길이가 832 m인 산책로의 양쪽에 같은 간격으로 나무가 심어져 있습니다. 산책로의 처음과 끝에는 반드시 나무가 심어져 있고, 나무의 수를 세어보니 모두 54그루였습니다. 나무는 몇 m 간격으로 심어져 있는지 풀이 과정을 쓰고 답을 구하시오. (단, 나무의 두께는 생각하지 않습니다.)

(나무와 나무 사이의 간격 수)
=(산책로 한쪽에 심은 나무 수)−1

풀이

답

19 기호 ◆, ★을 다음과 같이 약속할 때, $(38 ◆ 26) + (820 ★ 31)$을 계산하시오.

> 가◆나=(가×나)를 45로 나눈 몫
> 가★나=가를 나로 나누었을 때의 나머지

(   )

38◆26, 820★31을 먼저 구합니다.

20 들이가 954 L인 빈 물통에 1분에 25 L씩 물을 넣기 시작하였습니다. 물을 채우기 시작한 지 6분 후부터 물통의 밸브를 열어 1분에 13 L씩 빼기 시작했습니다. 빈 물통에 처음 물을 넣기 시작한 때부터 가득 채우는 데 몇 시간 몇 분이 걸리는지 구하시오.

(   )

물을 넣기 시작한 지 6분 후에 채워진 물의 양을 먼저 구합니다.

서술형

21 수아는 사탕을 사러 마트에 갔습니다. 사탕을 28개 사면 620원이 부족하고, 15개를 사면 290원이 남습니다. 수아가 가지고 있는 돈은 얼마인지 풀이 과정을 쓰고 답을 구하시오.

(사탕 15개의 가격)+290원
=(사탕 28개의 가격)-620원

풀이

답

01 1년을 365일이라고 할 때, 2년은 몇 시간입니까?

(   )

02 다음은 두 수의 곱을 할 때, 직선을 그려 답을 찾는 '선 긋기 계산법'입니다. 이와 같은 방법으로 134×22를 계산하시오.

• 42×23의 계산
곱하는 두 수를 각각 자리 수끼리 나누어 선을 교차하도록 긋습니다. 그리고 선이 만나는 점을 세어 계산합니다.

백의 자리
4
십의 자리
십의 자리
2
2
일의 자리
3

42×23
$= 100 \times 8 + 10 \times 16 + 1 \times 6$
$= 800 + 160 + 6$
$= 966$

(   )

03 수 카드 7 , 6 , 3 을 한 번씩만 사용하여 세 자리 수를 만들었습니다. 이 세 자리 수를 23으로 나눌 때, 나머지가 가장 큰 수를 구하시오.

(   )

04 □ 안에 알맞은 숫자를 써넣으시오.

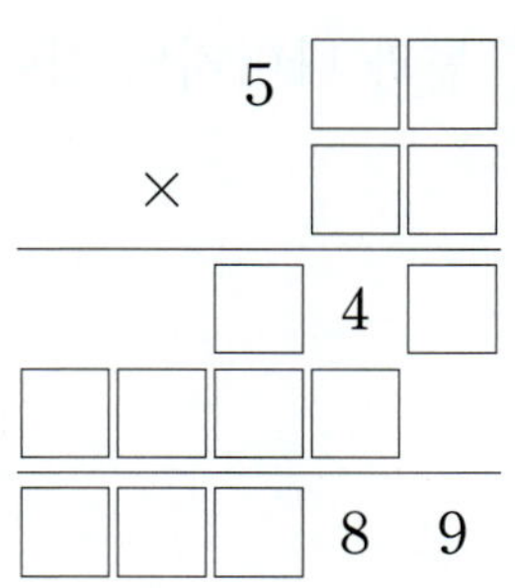

05 54로 나누었을 때, 나머지가 6인 세 자리 수 중에서 350보다 작은 수를 모두 구하시오.

(   )

06 지금 시계가 3시를 가리키고 있습니다. 정확히 315시간 후에는 몇 시를 가리키겠는지 시침과 분침을 그리시오.

 315시간 후 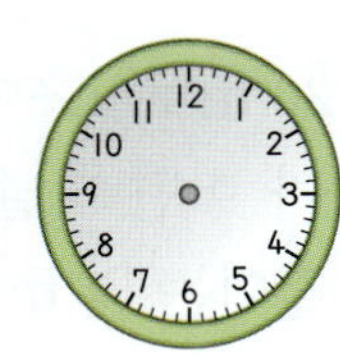

07 64로 나누었을 때, 몫과 나머지의 합이 가장 크게 되는 세 자리 수를 구하시오.

( )

08 □ 안에 공통으로 들어갈 수 있는 두 자리 수 중 가장 작은 수를 구하려고 합니다. 풀이 과정을 쓰고 답을 구하시오.

$$\bigcirc\ 653 < 24 \times \boxed{} \qquad \bigcirc\ \boxed{} \times 15 < 542 \qquad \bigcirc\ 498 < \boxed{} \times 16$$

풀이

답

09 구름공원의 개구리 전기차는 길이가 20 m로 1초에 14 m를 가는 일정한 빠르기로 달리고 있습니다. 이 전기차가 어떤 터널에 진입해서 완전히 빠져나가는 데 13분이 걸렸다면 터널의 길이는 몇 m입니까?

( )

10 우리나라에서는 60갑자를 통해 연도를 표시합니다. 60갑자는 10간과 12지를 순서대로 결합하여 만들며 모두 60개의 연도가 만들어지고 연도는 반복됩니다. 대한 독립 만세를 외친 1919년 기미년으로부터 200년 후인 2119년은 무슨 해인지 구하시오. (10간은 갑-을-병-정-무-기-경-신-임-계의 10개이고, 12지는 자-축-인-묘-진-사-오-미-신-유-술-해의 12지입니다. 기미년 다음해는 '기' 다음의 '경', '미' 다음의 '신'이 결합하여 경신년입니다.)

(   )

11 다음 조건을 모두 만족시키는 세 자리 수를 구하시오.

> ㉠ 60으로 나누면 나머지가 6입니다.
> ㉡ 각 자리의 숫자의 합이 18입니다.
> ㉢ 십의 자리 숫자가 백의 자리 숫자보다 큽니다.

(   )

12 다음과 같이 일정한 규칙에 의해 수를 나열하였습니다. 150번째 수를 12번째 수로 나누었을 때의 몫과 나머지를 각각 구하시오.

> 7   11   15   19   23   …

몫 (   ), 나머지 (   )

3 곱셈과 나눗셈

13 도로의 양쪽에 27 m 간격으로 가로등 132개를 설치하려다가 39 m 간격으로 설치하였습니다. 가로등을 27 m 간격으로 설치하려 할 때보다 몇 개 더 적게 설치하였습니까? (단, 도로의 처음과 끝에는 반드시 가로등을 세우고 가로등의 두께는 생각하지 않습니다.)

(   )

14 다음 곱셈식에서 같은 문자는 서로 같은 수를, 다른 문자는 서로 다른 수를 나타내는 한 자리 수입니다. ㉠, ㉡을 각각 구하시오.

$$㉠㉠㉡ \times ㉠㉡ = 4㉠1㉠1$$

㉠ (   ), ㉡ (   )

평면도형의 이해

4

유형 1	여러 번 움직인 도형 그리기
유형 2	처음 도형 그리기
유형 3	수 카드를 움직여서 만들어지는 수 구하기
유형 4	규칙을 찾아 모양 그리기
유형 5	거울에 비친 시계 보고 시각 구하기
유형 6	바르게 움직였을 때의 도형 그리기

4. 평면도형의 이동

1 점의 이동

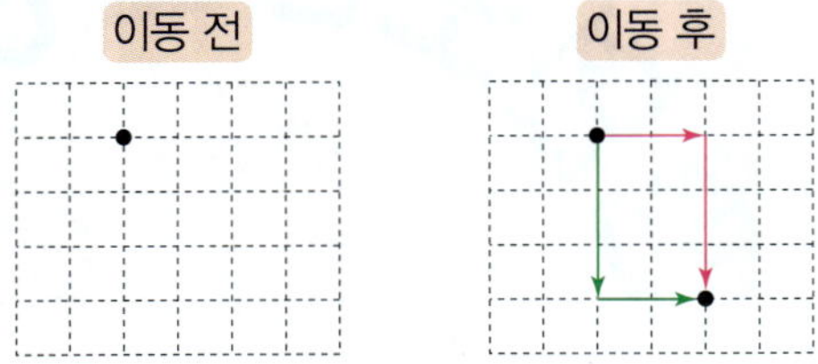

(1) 점을 오른쪽으로 2칸 이동한 후 아래쪽으로 3칸 이동했습니다.

(2) 점을 아래쪽으로 3칸 이동한 후 오른쪽으로 2칸 이동했습니다.

➡ 점을 밀면 미는 방향에 따라 점이 이동한 만큼 위치가 바뀝니다.

2 평면도형 밀기

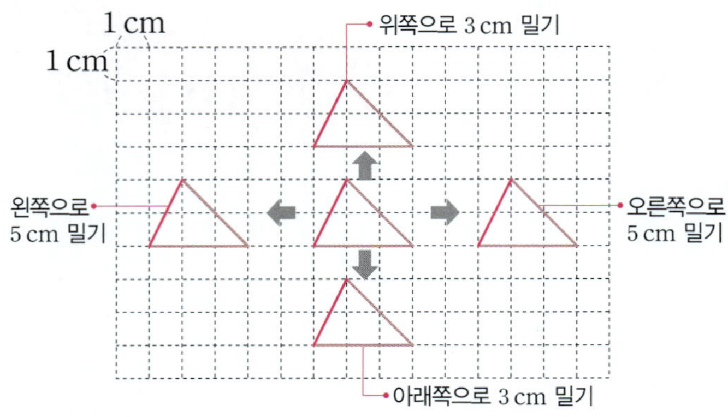

➡ 도형을 어느 방향으로 밀어도 모양은 그대로이고 위치만 바뀝니다.

3 평면도형 뒤집기

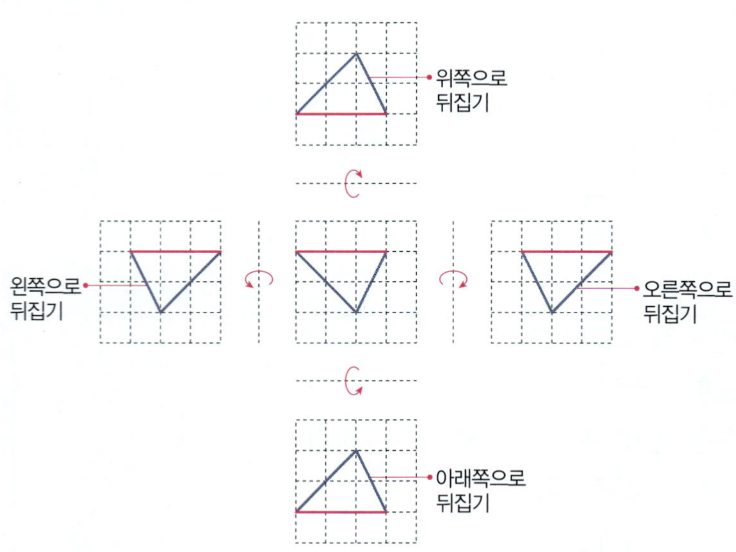

➡ (왼쪽으로 뒤집은 도형)＝(오른쪽으로 뒤집은 도형)

　　(위쪽으로 뒤집은 도형)＝(아래쪽으로 뒤집은 도형)

➕ 도형을 같은 방향으로 2번, 4번, 6번, … 뒤집으면 처음 도형과 같고, 3번, 5번, 7번, … 뒤집으면 1번 뒤집은 도형과 같습니다.

01 점 ㄱ을 왼쪽으로 6 cm, 위쪽으로 2 cm 이동했을 때의 위치에 점 ㄴ으로 표시해 보시오.

02 도형을 왼쪽과 오른쪽으로 각각 6 cm 밀었을 때의 도형을 각각 그려 보시오.

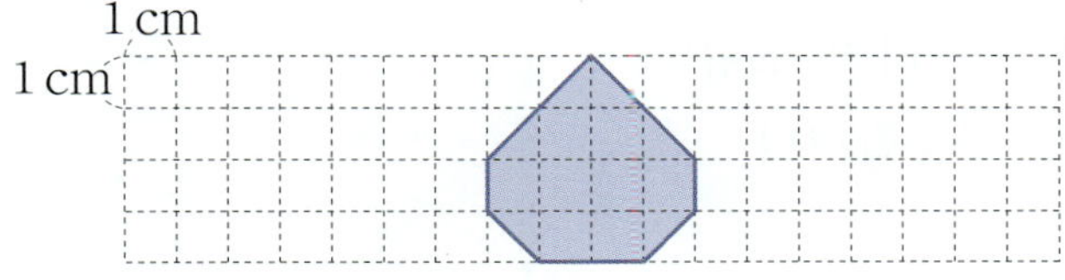

03 도형의 이동 방법을 설명한 것입니다. 문장을 완성해 보시오.

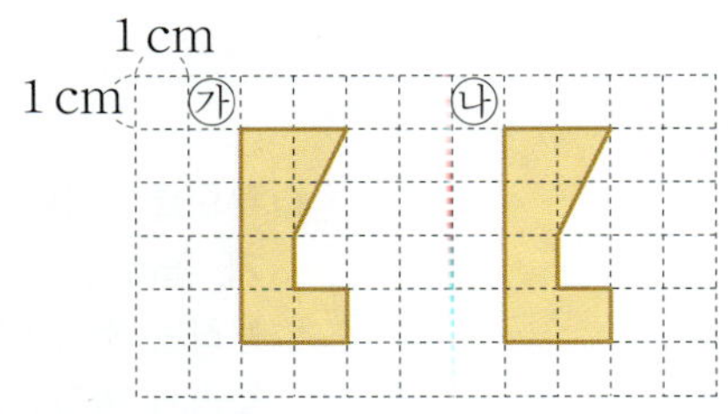

㉯ 도형은 ㉮ 도형을 [ ]쪽으로

[ ] cm 민 것입니다.

04 도형을 왼쪽, 오른쪽, 아래쪽으로 뒤집었을 때의 도형을 각각 그려 보시오.

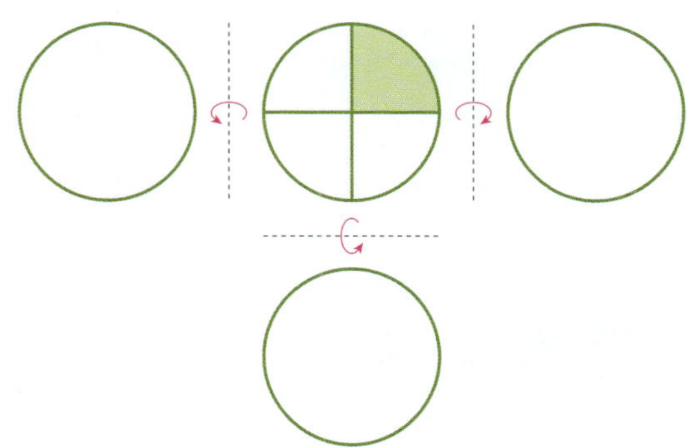

05 도형을 오른쪽으로 뒤집은 뒤 아래쪽으로 뒤집은 도형을 각각 그려 보시오.

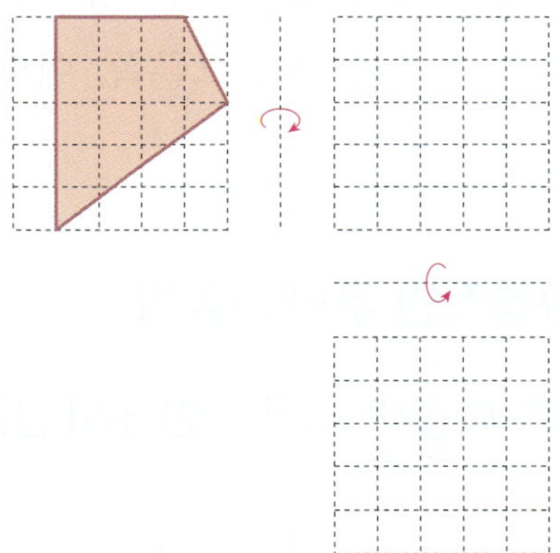

06 위쪽으로 뒤집은 도형이 처음 도형과 같은 것을 찾아 기호를 쓰시오.

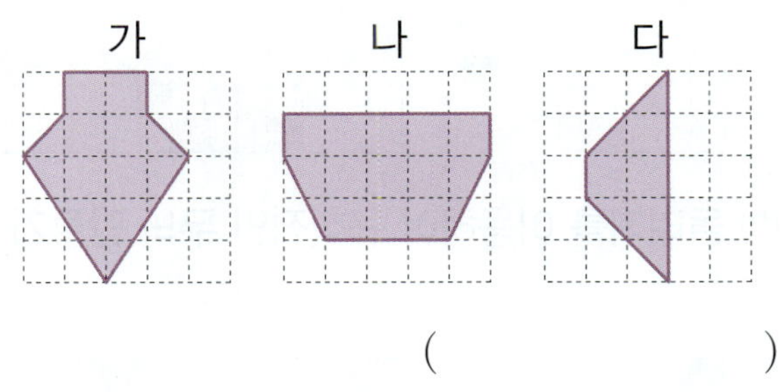

(   )

4 평면도형 돌리기

- 평면도형을 시계 방향으로 돌리기

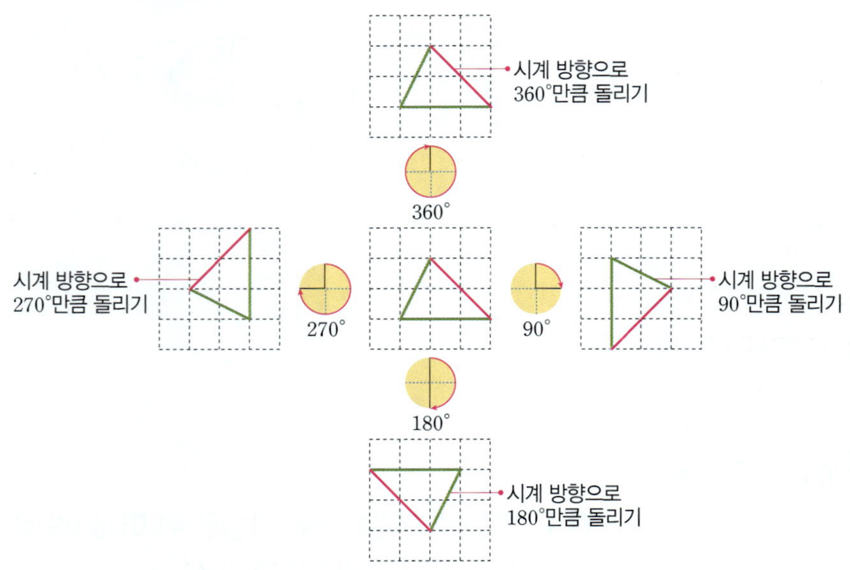

➡ 도형을 시계 방향으로 90°, 180°, 270°, 360°만큼 돌리면 도형의 위쪽 부분이 각각 오른쪽, 아래쪽, 왼쪽, 위쪽으로 이동합니다.

5 규칙적인 무늬 만들기

(1) 밀기를 이용하여 규칙적인 무늬 만들기

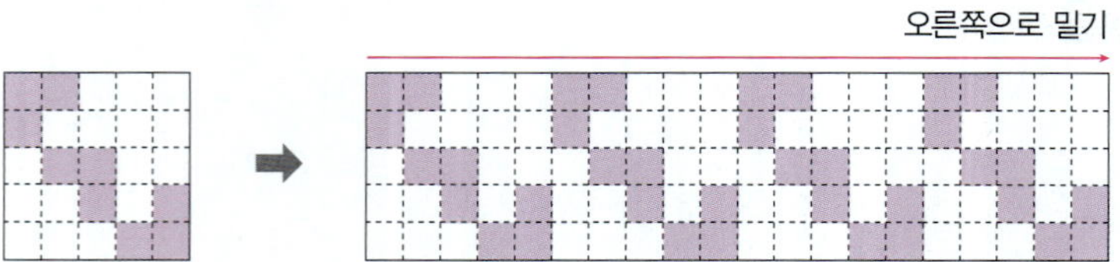

(2) 뒤집기를 이용하여 규칙적인 무늬 만들기

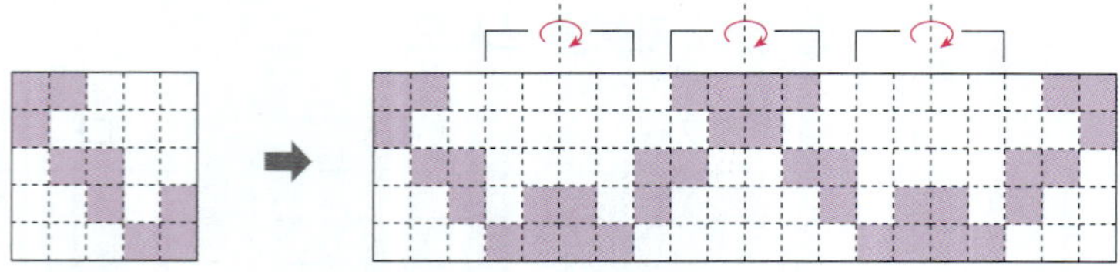

(3) 돌리기를 이용하여 규칙적인 무늬 만들기

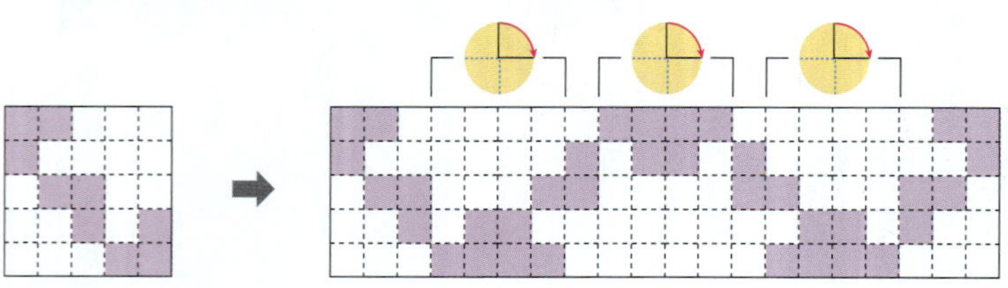

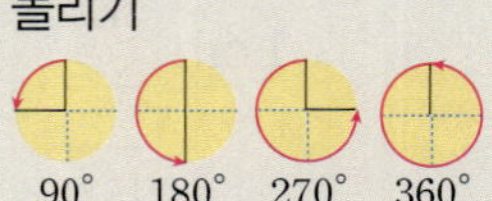

- 도형을 시계 반대 방향으로 돌리기

- 도형을 시계 방향이나 시계 반대 방향으로 360°만큼 돌리면 처음 도형과 같습니다.

- 무늬를 꾸밀 때 밀기, 뒤집기, 돌리기 중 한 가지만 이용하는 것이 아니라 뒤집고 돌리기, 돌리고 뒤집기 등 여러 가지 방법을 이용하여 무늬를 만들 수도 있습니다.

07 도형을 시계 방향으로 90°, 180°, 270°만큼 돌렸을 때의 도형을 각각 그려 보시오.

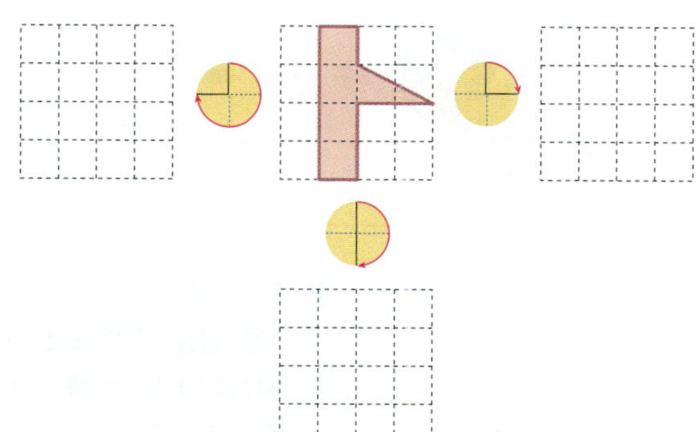

08 왼쪽 도형을 돌렸더니 오른쪽 도형이 되었습니다. 어느 방향으로 돌린 것입니까? (   )

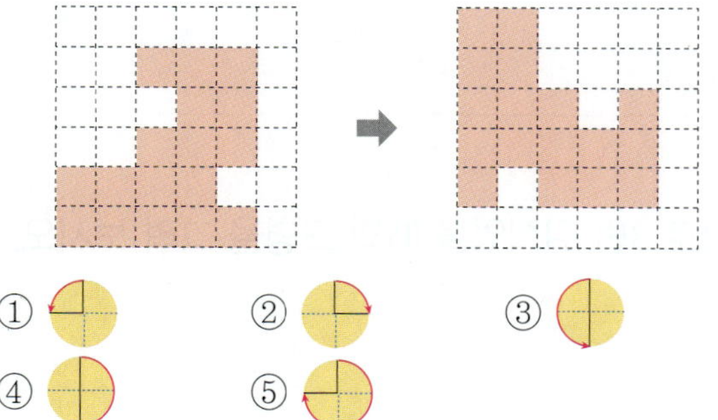

09 오른쪽 도형을 다음과 같은 방법으로 움직였을 때, 처음 도형과 같은 것은 어느 것입니까? (   )

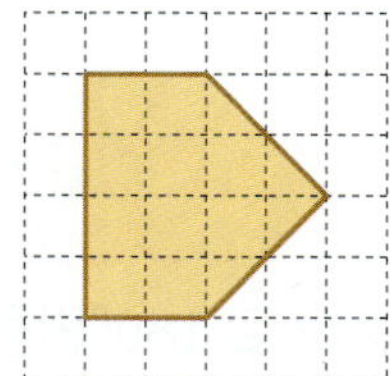

① 왼쪽으로 1번 뒤집기
② 위쪽으로 1번 뒤집기
③ 시계 반대 방향으로 180°만큼 돌리기
④ 시계 방향으로 270°만큼 돌리기
⑤ 왼쪽으로 2번 민 후 오른쪽으로 한 번 뒤집기

10 왼쪽 모양을 시계 방향으로 270°만큼 돌린 후, 다시 시계 방향으로 180°만큼 돌리면 어떤 모양이 되는지 오른쪽에 그려 보시오.

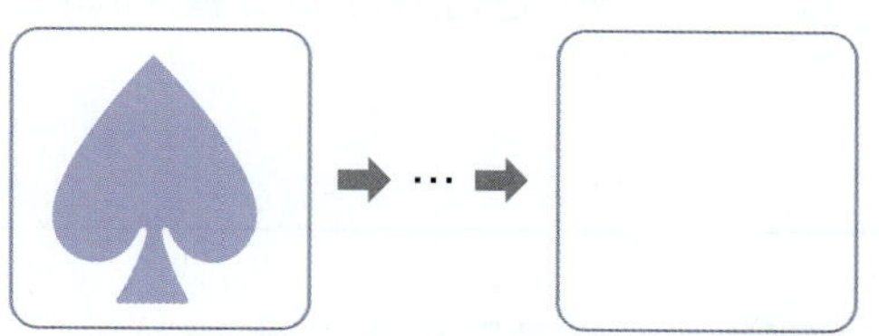

11 뒤집기를 이용하여 만들 수 <u>없는</u> 무늬를 찾아 기호를 쓰시오.

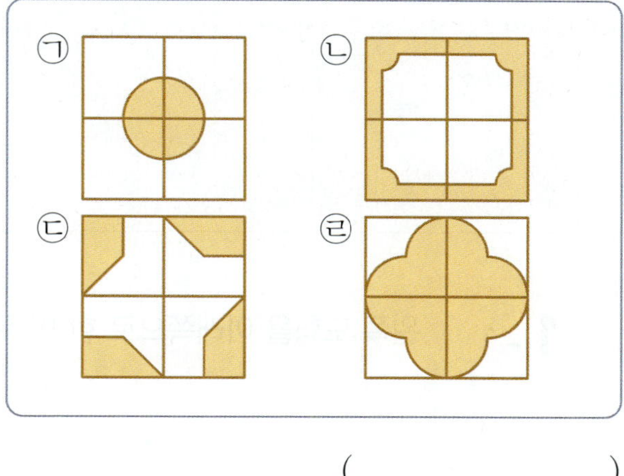

(   )

12 오른쪽 모양을 이용하여 만든 무늬입니다. 어떤 규칙으로 만든 것인지 설명해 보시오.

(   )

유형 1 여러 번 움직인 도형 그리기

도형을 오른쪽으로 2번 뒤집고 시계 방향으로 90°만큼 6번 돌렸을 때의 도형을 그려 보시오.

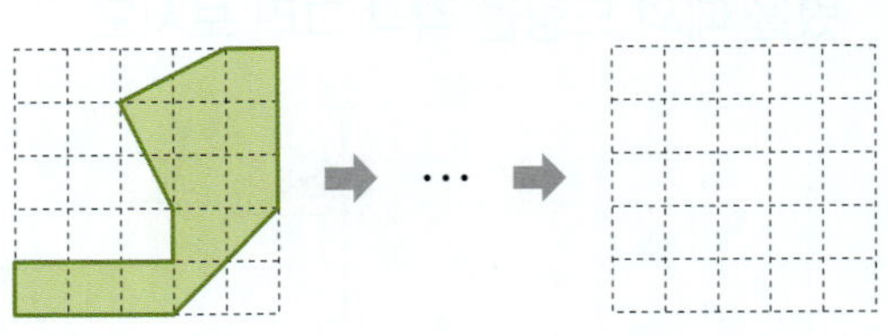

풀이

오른쪽으로 2번 뒤집기

이 도형을 시계 방향으로 90°만큼 6번 돌리기

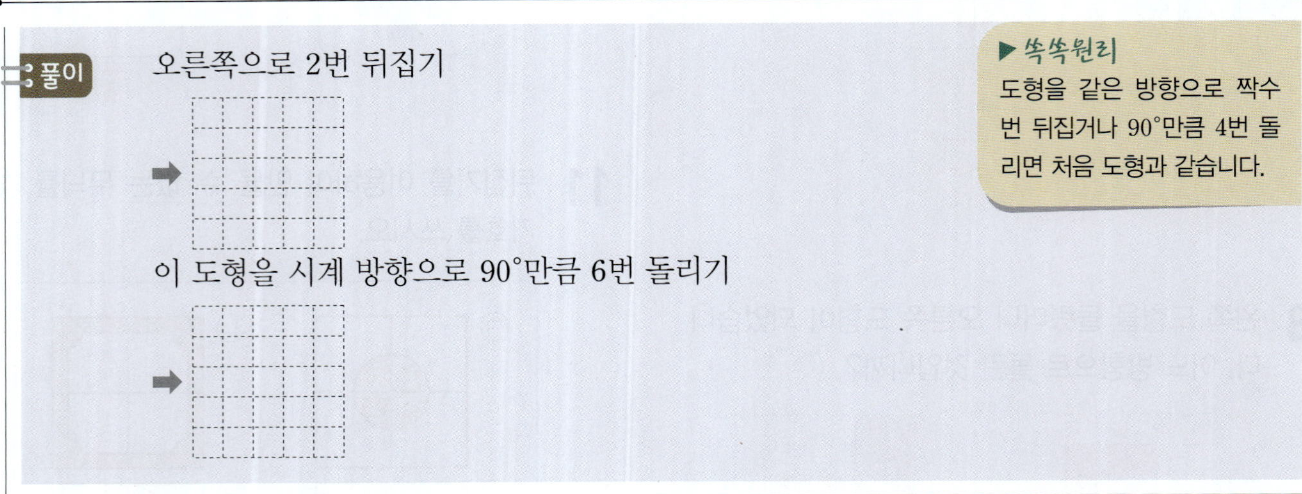

▶ 쏙쏙원리
도형을 같은 방향으로 짝수 번 뒤집거나 90°만큼 4번 돌리면 처음 도형과 같습니다.

1-1 왼쪽 도형을 아래쪽으로 한 번 뒤집고, 오른쪽으로 3번 뒤집었을 때의 도형을 그려 보시오.

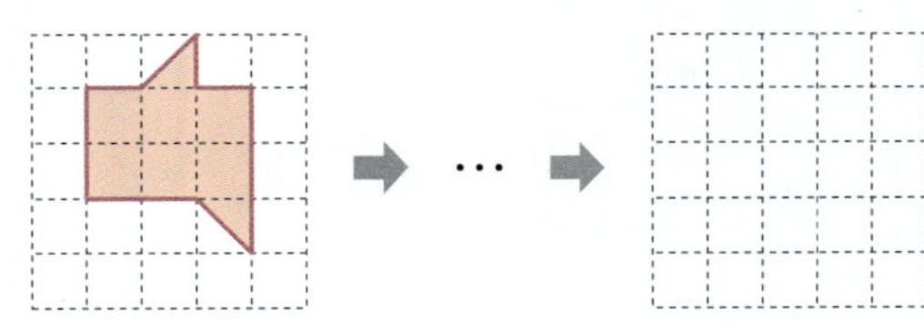

1-2 왼쪽 도형을 왼쪽으로 3번 뒤집고, 시계 방향으로 180°만큼 돌렸을 때의 도형을 그려 보시오.

유형2 처음 도형 그리기

어떤 도형을 시계 방향으로 180°만큼 돌리고 시계 반대 방향으로 90°만큼 돌렸더니 오른쪽 도형이 되었습니다. 처음 도형을 그려 보시오.

처음 도형

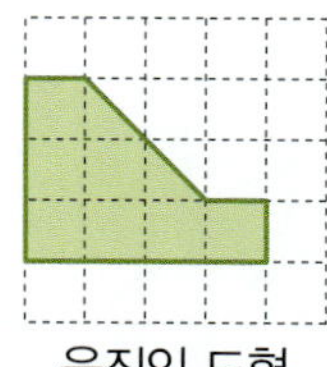

움직인 도형

풀이

시계 반대 방향으로 90°만큼 돌리기 전의 도형 ➡

처음 도형은 위의 도형을 시계 방향으로 180° 만큼 돌리기 전의 도형이므로 처음 도형은 오른쪽과 같습니다.

▶ **쏙쏙원리**
거꾸로 생각하여 움직이기 전의 도형을 그려 봅니다.

4
평면도형의 이동

2-1 어떤 도형을 왼쪽으로 뒤집고 시계 방향으로 180°만큼 돌렸더니 오른쪽 도형이 되었습니다. 처음 도형을 그려 보시오.

처음 도형

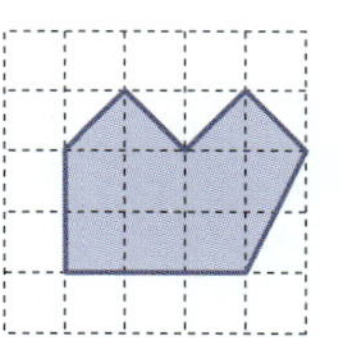

움직인 도형

2-2 어떤 도형을 아래쪽으로 뒤집고 시계 반대 방향으로 90°만큼 돌렸더니 오른쪽 도형이 되었습니다. 처음 도형을 그려 보시오.

처음 도형

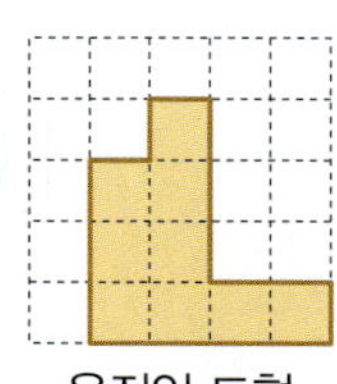

움직인 도형

유형 3 수 카드를 움직여서 만들어지는 수 구하기

세 자리 수가 적힌 투명 카드를 위쪽으로 뒤집었을 때 만들어지는 수와 시계 방향으로 180°만큼 돌렸을 때 만들어지는 수의 합을 구하시오.

풀이

[   ] 이므로 위쪽으로 뒤집었을 때 만들어지는 수는 [   ]

입니다. 이므로 시계 방향으로 180°만큼 돌렸을 때 만들어지는 수는 [   ]입니다.

따라서 두 수의 합은 [   ]입니다.

▶쏙쏙원리
수 카드를 위쪽으로 뒤집었을 때와 시계 방향으로 180°만큼 돌렸을 때의 모양을 각각 그려 봅니다.

답

3-1 세 자리 수가 적힌 투명 카드를 오른쪽으로 뒤집었을 때 만들어지는 수와 시계 반대 방향으로 180°만큼 돌렸을 때 만들어지는 수의 차를 구하시오.

(   )

3-2 4장의 수 카드 중 3장을 골라 한 번씩만 사용하여 두 번째로 큰 세 자리 수를 만들었습니다. 이 세 자리 수를 시계 방향으로 180°만큼 돌렸을 때 만들어지는 수를 구하시오. (단, 수 카드를 한 장씩 돌리지 않습니다.)

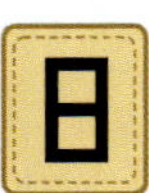

(   )

유형 **4** 규칙을 찾아 모양 그리기

일정한 규칙으로 글자를 돌리기 한 것입니다. 빈 곳에 알맞은 모양을 그려 보시오.

에 ➡ 오 ➡ ㅑㅣ ➡ ☐ ➡ 에 ➡ 오

풀이 모양을 시계 방향으로 ☐°만큼 또는 시계 반대 방향으로 ☐°만큼 돌리기 한 규칙입니다.

빈 곳에 알맞은 모양은 ☐ 입니다.

▶ **쏙쏙원리**
모양의 위쪽 부분이 이동한 위치를 알아봅니다.

4-1 일정한 규칙으로 도형을 움직인 것입니다. 빈 곳에 알맞은 도형을 그려 보시오.

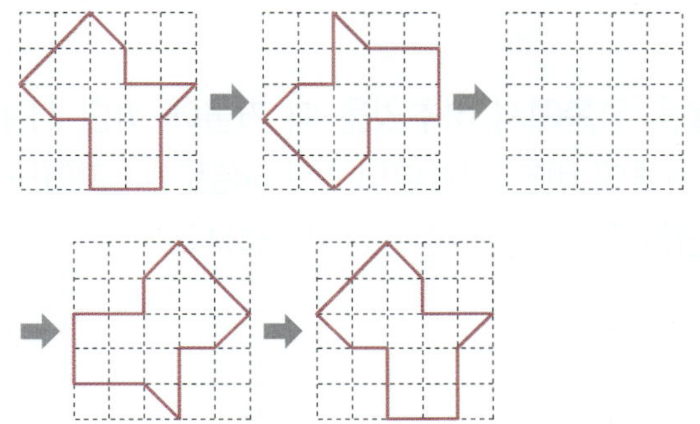

4-2 일정한 규칙으로 도형을 움직인 것입니다. 빈 곳에 알맞은 도형을 그려 보시오.

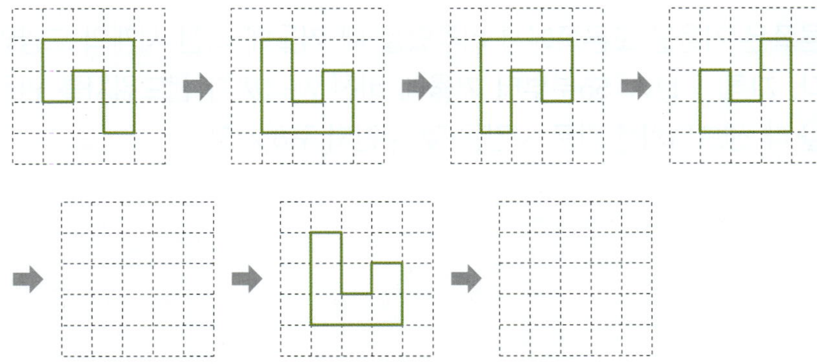

유형 5 거울에 비친 시계 보고 시각 구하기

오른쪽은 거울을 왼쪽에서 비추었을 때 거울에 비친 시계의 모양입니다. 선우가 3시부터 거울에 비친 시각까지 운동을 했을 때 운동을 한 시간은 몇 분인지 구하시오.

풀이 거울에 비친 모양은 시계를 (위쪽, 왼쪽)으로 뒤집은 모양과 같습니다.

시계가 실제로 나타내는 시각은 □시 □분이므로 선우가 운동을 한 시간은 □분입니다.

▶ **쏙쏙원리**
거울을 왼쪽에서 비추었을 때 거울에 비친 모양은 왼쪽으로 뒤집은 모양과 같습니다.

답

5-1 오른쪽은 거울을 위쪽에서 비추었을 때 거울에 비친 시계의 모양입니다. 다연이가 거울에 비친 시각부터 7시 50분까지 피아노 연습을 했을 때 피아노 연습을 한 시간은 몇 분인지 구하시오.

(   )

5-2 오른쪽은 거울을 오른쪽에서 비추었을 때 거울에 비친 시계의 모양입니다. 지호가 11시 55분부터 거울에 비친 시각까지 샌드위치를 만들었을 때 샌드위치를 만든 시간은 몇 분인지 구하시오.

(   )

유형 6 바르게 움직였을 때의 도형 그리기

어떤 도형을 왼쪽으로 뒤집어야 할 것을 잘못하여 위쪽으로 뒤집었더니 다음 도형이 되었습니다. 바르게 뒤집었을 때의 도형을 그려 보시오.

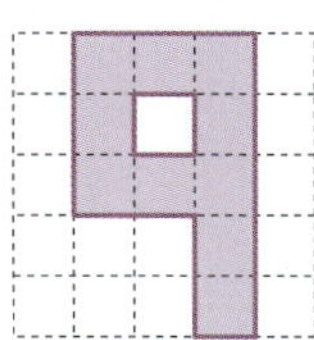

잘못 뒤집은 도형

바르게 뒤집은 도형

풀이 잘못 뒤집은 도형을 아래쪽으로 뒤집으면 처음 도형인

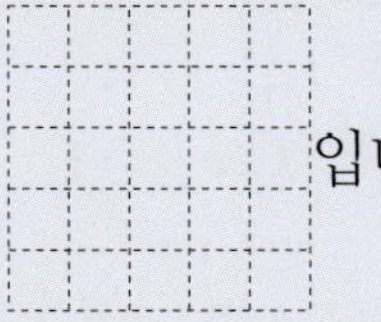

입니다.

처음 도형을 왼쪽으로 뒤집어 바르게 뒤집었을
때의 도형을 그리면 오른쪽과 같습니다.

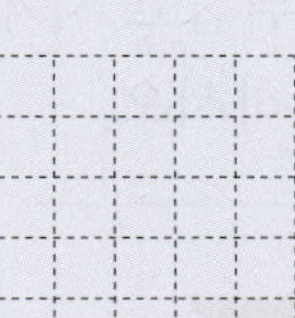

▶쏙쏙원리
잘못 뒤집은 도형을 거꾸로
움직여 처음 도형을 구합니
다.

6-1 어떤 도형을 위쪽으로 뒤집어야 할 것을 잘못하여 오른쪽으로 뒤집었더니 다음 도형이 되었습니다. 바르게 뒤집었을 때의 도형을 그려 보시오.

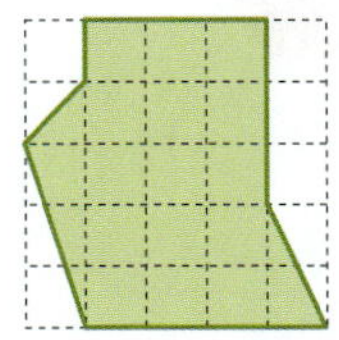

잘못 뒤집은 도형

바르게 뒤집은 도형

6-2 어떤 도형을 시계 방향으로 $90°$만큼 돌려야 할 것을 잘못하여 시계 반대 방향으로 $90°$만큼 돌렸더니 다음 도형이 되었습니다. 바르게 뒤집었을 때의 도형을 그려 보시오.

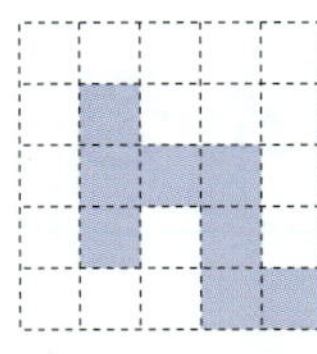

잘못 돌린 도형

바르게 돌린 도형

종합응용력완성

01 주어진 도형을 오른쪽으로 7 cm 밀고 아래쪽으로 3 cm 밀었을 때의 도형을 그려 보시오.

모눈 한 칸이 1 cm이므로 오른쪽으로 ■ cm 밀기는 오른쪽으로 모눈 ■칸 민 것입니다.

02 모양 조각을 왼쪽으로 뒤집고 시계 반대 방향으로 180°만큼 돌렸을 때의 모양을 찾아 ◯표 하시오.

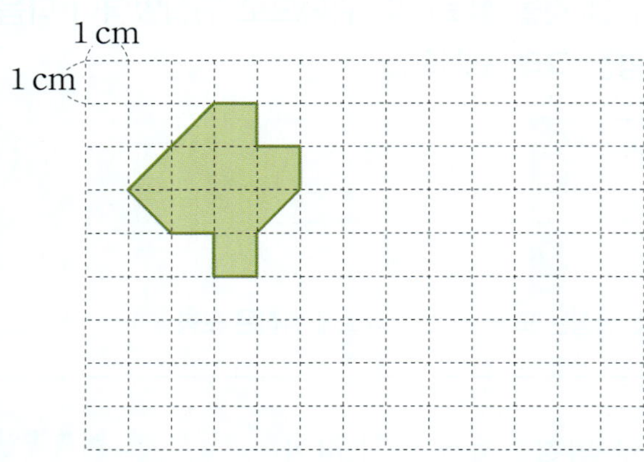

(   ) (   ) (   )

03 소정이는 도장을 새기려고 합니다. 도장을 찍었을 때 오른쪽과 같이 이름이 나타나도록 하려면 글자를 어떻게 새겨야 하는지 왼쪽에 그려 보시오.

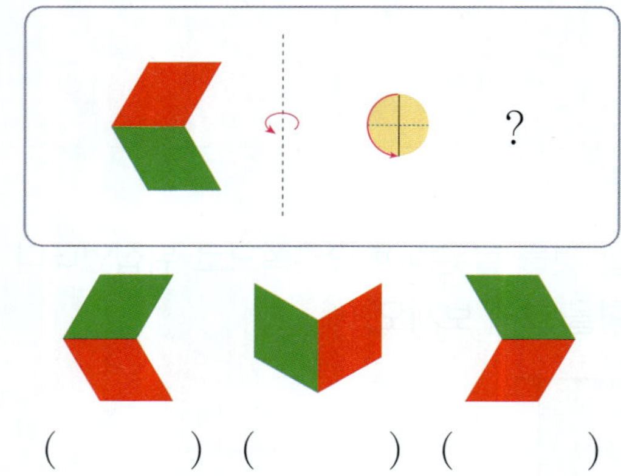

도장은 왼쪽(오른쪽)으로 뒤집기 한 모양과 같습니다.

04 다음 중 도형을 움직이기 전의 모양과 움직인 후의 모양이 같지 <u>않</u>은 것은 어느 것입니까? (   )

① 왼쪽으로 1번 민 후, 위쪽으로 3번 밀기를 한 모양

② 왼쪽으로 3번 뒤집은 후, 오른쪽으로 1번 뒤집은 모양

③ 위쪽으로 3번 뒤집은 후, 아래쪽으로 2번 뒤집은 모양

④ 시계 방향으로 90°만큼 8번 돌린 모양

⑤ 시계 반대 방향으로 180°만큼 2번 돌린 모양

같은 방향으로 짝수 번 뒤집으면 처음 도형과 같고
같은 방향으로 (4×■)번 돌리면 처음 도형과 같습니다.

05 도형을 다음과 같은 순서로 움직였을 때의 도형을 그려 보시오.

순서대로 도형을 움직여 봅니다.

> ① 오른쪽으로 뒤집기
> ② 시계 반대 방향으로 90°만큼 돌리기
> ③ 시계 방향으로 270°만큼 돌리기

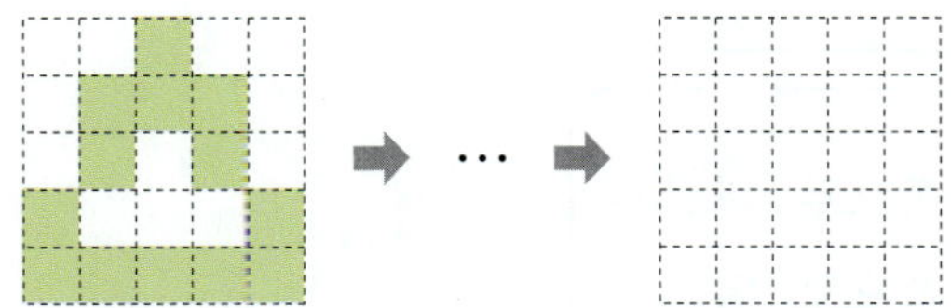

평면도형의 이동

06 오른쪽 도형은 왼쪽 도형을 어떻게 움직인 것인지 바르게 설명한 것은 어느 것입니까? (   )

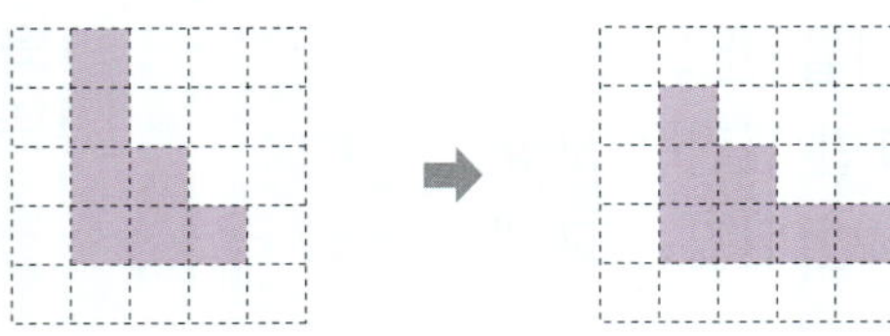

① 왼쪽으로 한 번 뒤집고 시계 방향으로 270°만큼 돌립니다.

② 오른쪽으로 한 번 뒤집고 시계 방향으로 90°만큼 돌립니다.

③ 시계 방향으로 90°만큼 돌리고 오른쪽으로 뒤집습니다.

④ 시계 반대 방향으로 90°만큼 돌리고 위쪽으로 뒤집습니다.

⑤ 아래쪽으로 한 번 뒤집고 시계 반대 방향으로 180°만큼 돌립니다.

도형을 돌릴 때 화살도 끝이 가리키는 곳이 같으면 도형을 돌렸을 때의 도형이 같습니다.

07 뒤집기에 대해 옳게 말한 사람은 누구입니까?

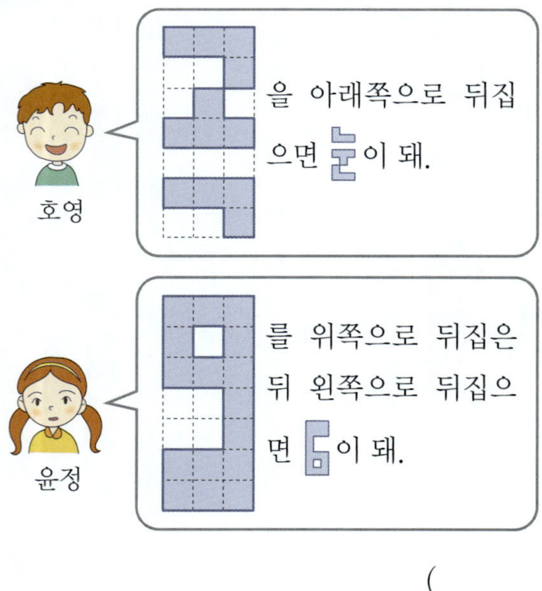

모양을 왼쪽(오른쪽)으로 뒤집으면 모양의 왼쪽과 오른쪽이 바뀝니다.

(   )

08 오른쪽 도형을 시계 방향으로 270°만큼 돌린 다음 오른쪽으로 뒤집은 도형은 어느 것입니까? (　　　　)

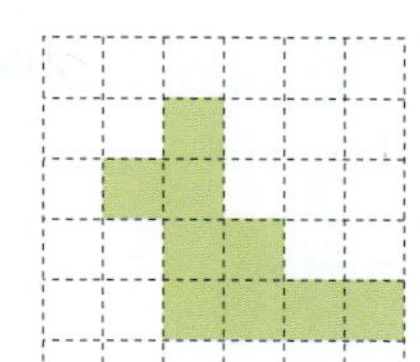

주어진 방법으로 차례로 움직여봅니다.

① 　② 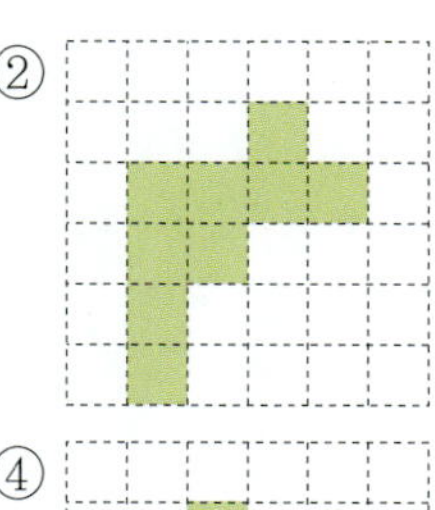

③ 　④ 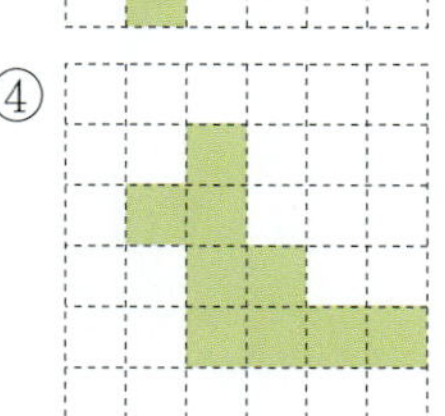　⑤ 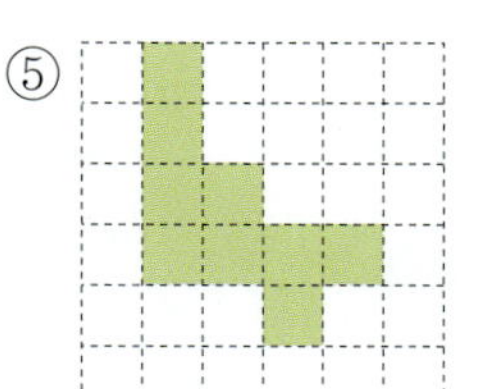

09 주어진 도형을 아래와 같은 순서로 돌릴 때 나오는 도형을 각각 그려 보시오.

도형의 위쪽 부분이 화살표 방향으로 이동하도록 그립니다.

순서

시계 방향으로 270°만큼 돌리기
➡ 시계 반대 방향으로 90°만큼 돌리기
➡ 시계 방향으로 360°만큼 돌리기
➡ 시계 반대 방향으로 180°만큼 돌리기

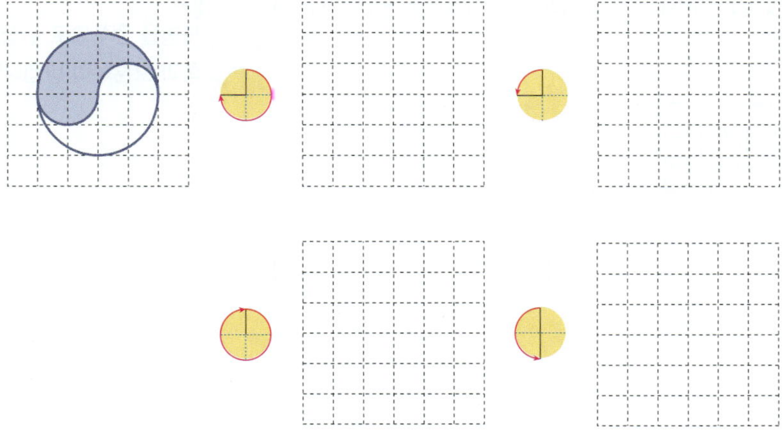

10 왼쪽 도형을 오른쪽으로 3번 뒤집은 다음 시계 방향으로 270°만큼 5번 돌린 도형을 그려 보시오.

시계 방향으로 270°만큼 돌린 것은 시계 반대 방향으로 90°만큼 돌린 것과 같습니다.

11 ㉮ 도형을 똑같은 방법으로 3번 움직였더니 ㉯ 도형이 되었습니다. 어떤 방법으로 3번 움직인 것입니까? (   )

도형을 돌릴 때 도형의 위쪽이 어떻게 움직이는지 생각해 봅니다.

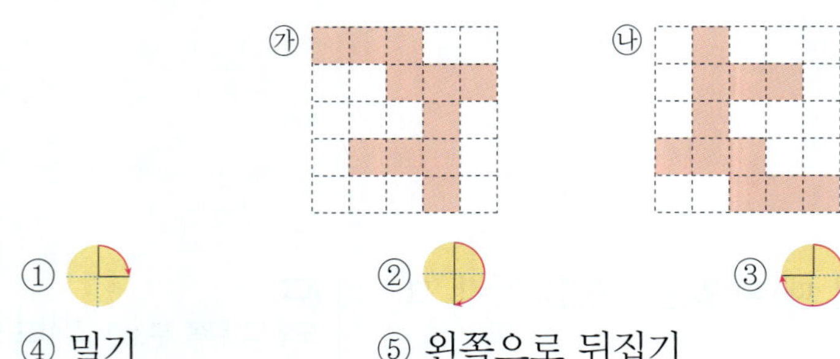

④ 밀기   ⑤ 왼쪽으로 뒤집기

12 아래 수 카드를 왼쪽으로 밀었을 때와 왼쪽으로 뒤집었을 때의 수의 합은 얼마입니까?

도형을 왼쪽으로 뒤집으면 도형의 왼쪽과 오른쪽이 바뀝니다.

(   )

13 왼쪽 모양을 오른쪽으로 한 번 뒤집고 다시 시계 방향으로 90°만큼 돌린 후, 왼쪽으로 한 번 뒤집은 도형을 그려 보시오.

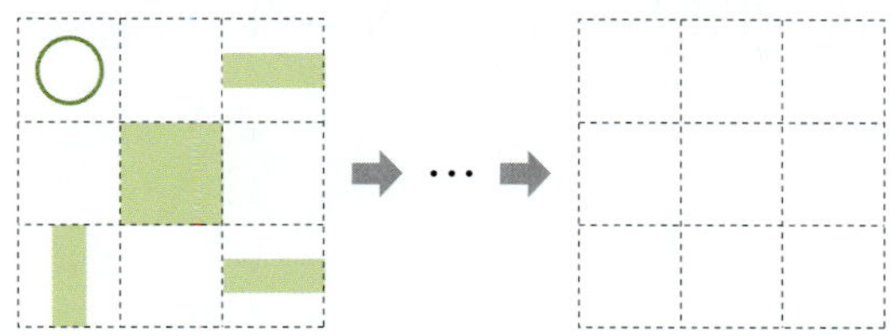

순서대로 움직인 도형을 그려 봅니다.

14 다음 모양을 보고 물음에 답하시오.

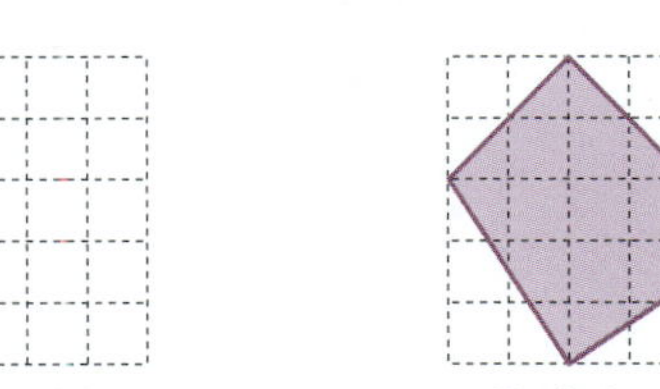

(1) 왼쪽으로 뒤집어도, 위쪽으로 뒤집어도 모양이 변하지 않는 것은 몇 개입니까?

(   )

(2) 도형을 시계 방향으로 180°만큼 돌려도 모양이 변하지 않는 것은 몇 개입니까?

(   )

15 어떤 도형을 왼쪽으로 3번 뒤집고 아래쪽으로 1번 뒤집었더니 오른쪽 도형이 되었습니다. 처음 도형을 그려 보시오.

처음 도형   움직인 도형

움직인 방법과 거꾸로 움직여 처음 도형을 구합니다.

16 어떤 도형을 시계 방향으로 90°만큼 돌리고 오른쪽으로 뒤집어야 할 것을 잘못하여 왼쪽으로 뒤집고 시계 방향으로 90°만큼 돌렸더니 왼쪽 도형이 되었습니다. 바르게 움직였다면 어떤 모양이 되는지 그려 보시오.

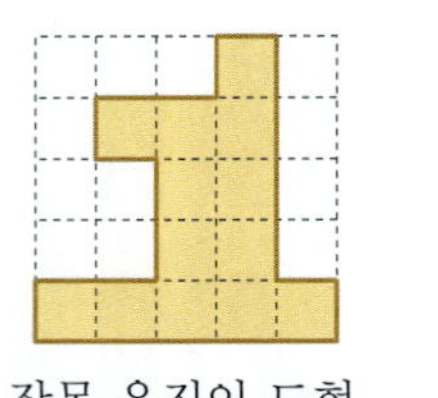 

잘못 움직인 도형　　바르게 움직인 도형

시계 반대 방향으로 90°만큼 돌리고 오른쪽으로 뒤집어 처음 도형을 그려 봅니다.

17 어떤 도형을 |**보기**|의 도형 위에 놓으면 겹치는 부분 없이 빈 부분이 채워집니다. 이 도형을 시계 방향으로 270°만큼 3번 돌린 도형을 오른쪽에 그려 보시오.

|**보기**|

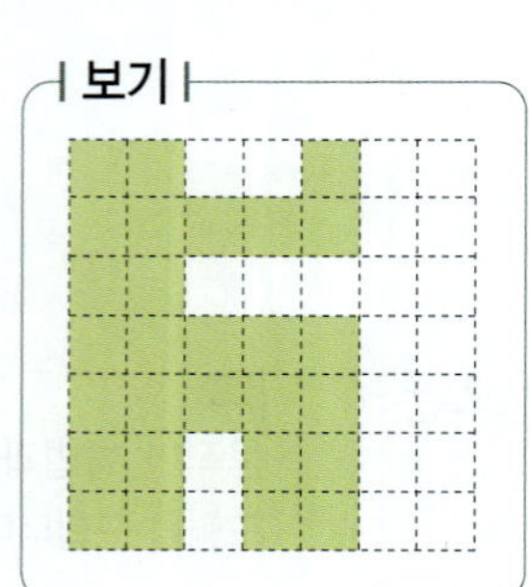 

어떤 도형은 |**보기**|의 도형에서 빈 부분만 채워진 도형입니다.

18 어떤 도형을 아래쪽으로 뒤집었더니 왼쪽 도형이 되었습니다. 처음 도형을 시계 반대 방향으로 90°만큼 6번 돌린 도형을 그려 보시오.

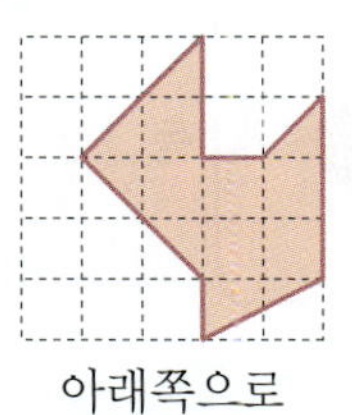

아래쪽으로
뒤집은 도형

시계 반대 방향으로
90°만큼 6번 돌린 도형

 주어진 도형을 위쪽으로 뒤집으면 처음 도형이 됩니다.

4

평면도형의 이동

19 오른쪽 도형은 왼쪽 도형을 위쪽으로 5번 뒤집은 후, 시계 방향으로 270°만큼 몇 번 돌리기 한 도형입니다. 최소 몇 번 돌려야 하는지 풀이 과정을 쓰고 답을 구하시오.

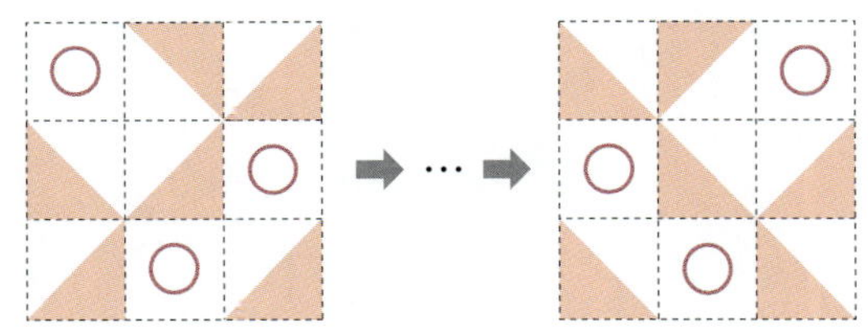

 시계 방향으로 270°만큼 돌리는 것은 시계 반대 방향으로 90°만큼 돌리는 것과 같습니다.

풀이

답

01 그림과 같이 화살표가 동쪽을 가리키며 놓여 있습니다. 이 모양을 시계 반대 방향으로 270°만큼 25번 돌리면 화살표는 어느 방향을 가리키겠습니까?

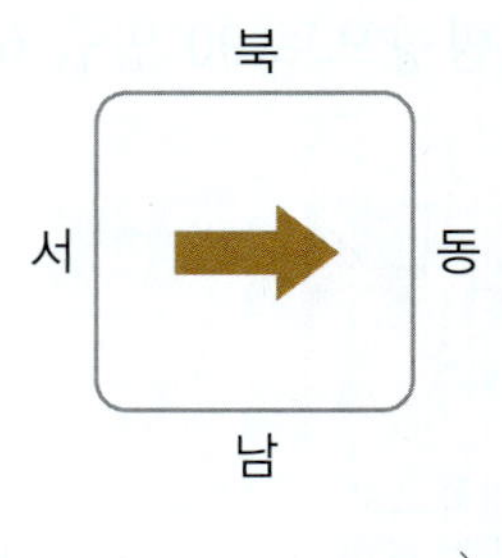

( )

02 다음 알파벳 중 왼쪽으로 뒤집은 뒤 시계 방향으로 90°만큼 10번 돌렸을 때의 모양이 처음과 같아지는 알파벳을 찾아 쓰시오.

A B C D E F L N

( )

03 오른쪽 도형을 오른쪽으로 5번 뒤집고 시계 방향으로 180°만큼 돌렸을 때의 도형은 오른쪽 도형을 어떤 방법으로 한 번 움직인 도형과 같습니까?

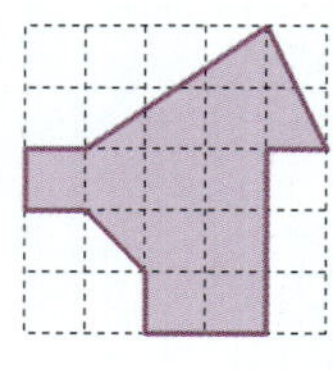

( )

04 왼쪽 도형을 오른쪽으로 3번 민 후, 위쪽으로 뒤집고 시계 방향으로 90°만큼 3번 돌리기 한 도형을 오른쪽에 색칠하시오.

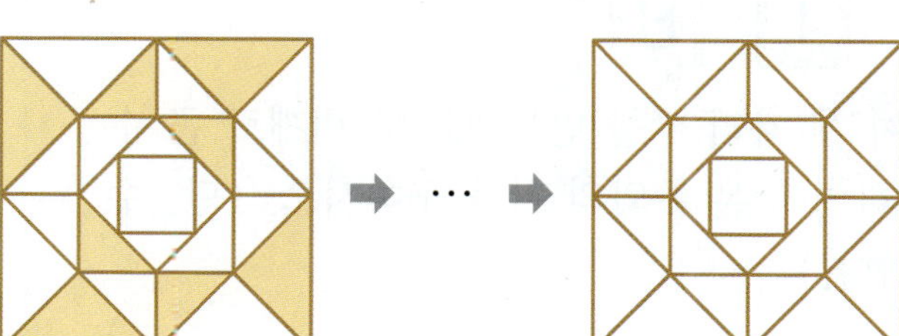

05 왼쪽과 같은 모양의 교통 표지판이 있습니다. 이 교통 표지판 모양을 시계 반대 방향으로 270°만큼 돌린 후, 오른쪽으로 뒤집고 다시 시계 방향으로 180°만큼 돌린 모양을 그려 보시오.

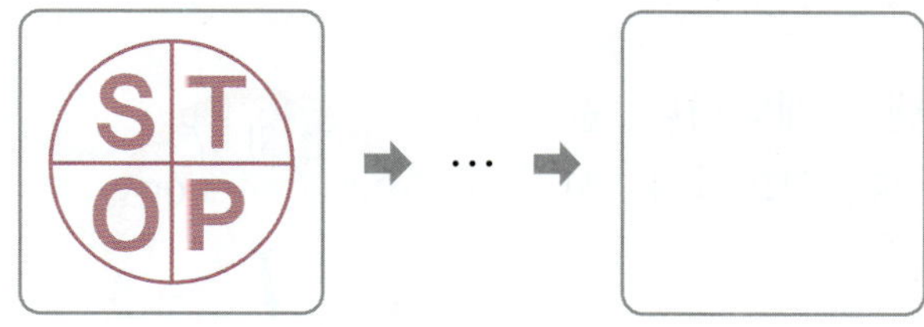

06 어떤 도형을 위쪽으로 뒤집은 후, 시계 방향으로 180°만큼 돌리고 시계 반대 방향으로 90°만큼 돌리려고 했는데 실수로 위쪽 대신 왼쪽으로 뒤집기를 하였더니 왼쪽과 같은 도형이 되었습니다. 바르게 움직였을 때의 도형을 그려 보시오.

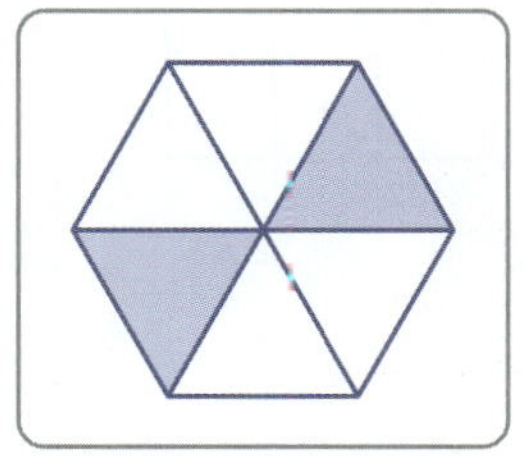

잘못 움직인 도형

바르게 움직인 도형

4

평면도형의 이동

07 다음 3장의 수 카드를 이용하여 물음에 답하시오.

(1) 수 카드를 한 번씩만 사용하여 세 자리 수를 만들 때, 두 번째로 큰 수와 이 수를 왼쪽으로 뒤집기 하여 나온 수와의 차를 구하시오. (단, 수 카드를 한 장씩 뒤집지 않습니다.)

(   )

(2) 수 카드를 모두 사용하여 세 번째로 작은 수를 만들어 아래쪽으로 한 번 뒤집은 수와 수 카드를 모두 사용하여 만들 수 있는 가장 작은 세 자리 수와의 합을 구하시오. (단, 수 카드를 한 장씩 뒤집지 않습니다.)

(   )

08 거울에 비친 현재의 시각을 나타낸 시계입니다. 윤지가 지금부터 8시까지 영화를 보았을 때, 영화를 본 시간은 몇 시간 몇 분입니까?

(   )

09 오른쪽 도형을 위쪽으로 7번 뒤집은 다음 시계 방향으로 270°만큼 13번 돌렸습니다. 다시 오른쪽으로 9번 뒤집은 도형을 그렸을 때, 위에서 두 번째 줄의 눈의 수의 합을 구하시오. (단, 오른쪽 도형의 위에서 첫 번째 줄의 눈의 수의 합은 1+2=3입니다.)

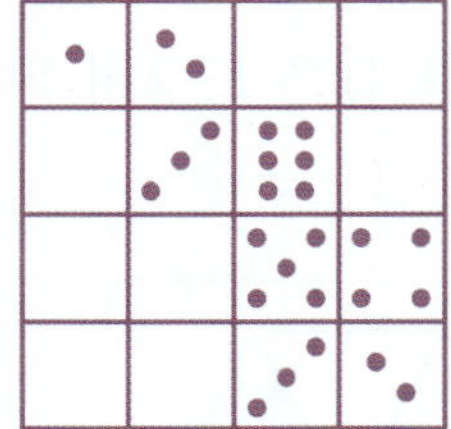

(   )

10 수 카드 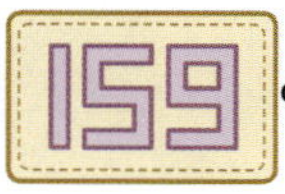

에 어떤 수를 더해야 할 것을 잘못하여 수 카드를 시계 반대 방향으로 180°만큼 돌렸을 때 생기는 수에 어떤 수를 더했더니 800이 되었습니다. 바르게 계산한 값은 얼마입니까?

(　　　　　　　　)

11 어떤 도형을 다음의 방법으로 움직인 것인데 도형의 일부가 잘려서 보이지 않습니다. 처음 도형을 그려 보시오.

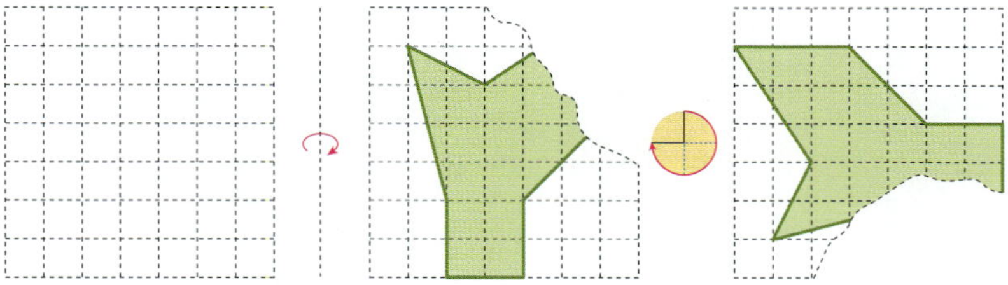
처음 도형

12 다음 그림과 같이 모양 (1)을 시계 방향으로 270°만큼 세 번 돌린 후 오른쪽으로 뒤집습니다. 다시 시계 방향으로 90°만큼 세 번 돌린 후 왼쪽으로 뒤집습니다. 이 과정을 계속하여 (1)에서 (50)까지의 모양을 그릴 때, 모양 (2)와 같은 모양은 모두 몇 개인지 구하시오.

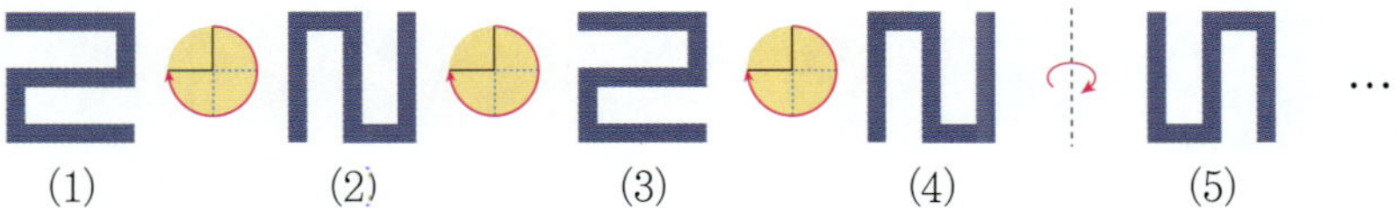

(　　　　　　　　)

A급 노트

4 평면도형의 이동

13 다음 그림을 시계 방향으로 180°만큼 돌리고 오른쪽으로 뒤집은 후 다시 시계 반대 방향으로 90°만큼 돌리고 아래쪽으로 뒤집었을 때, 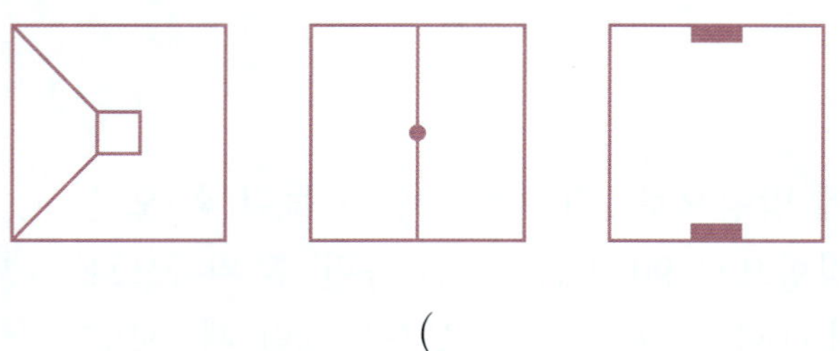와 같이 똑바로 서 있는 고양이 모양은 모두 몇 개인지 구하시오.

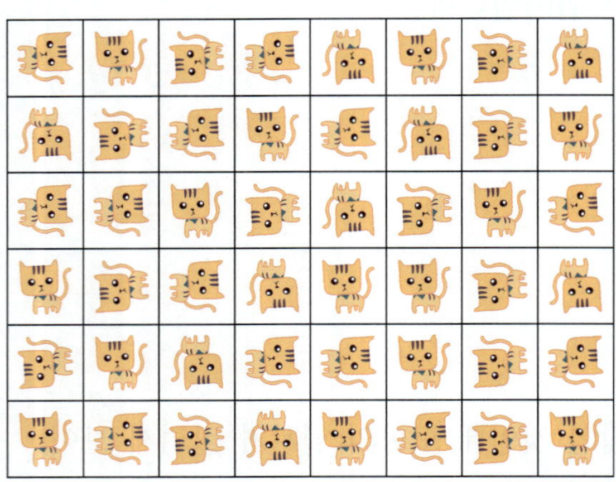

(   )

14 크기가 같은 투명 셀로판 종이에 서로 다른 그림이 그려져 있습니다. 이 세 장의 종이를 뒤집거나 돌려서 겹쳤을 때 나올 수 있는 모양을 모두 그려 보시오.(단, 겹쳤을 때 뒤집거나 돌려서 같은 모양이 나오면 같은 것으로 생각합니다.)

(   )

막대그래프 5

이 단원에서
완성할 내용

5. 막대그래프

1 막대그래프 알아보기

(1) 막대그래프 알아보기

조사한 자료의 수량을 막대 모양으로 나타낸 그래프를 막대그래프라고 합니다.

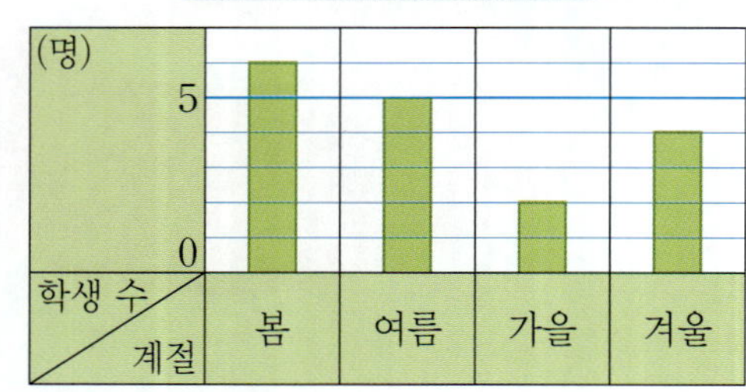

좋아하는 계절별 학생 수

계절	봄	여름	가을	겨울	합계
학생 수(명)	6	5	2	4	17

좋아하는 계절별 학생 수

① 가로: 계절, 세로: 학생 수

② 막대의 길이: 각 계절별 학생 수

③ 세로 눈금 한 칸: 1명

(2) 표와 막대그래프의 비교

① 표: 각 항목별 조사한 수와 합계를 알아보기 쉽습니다.

② 막대그래프: 항목별 수량을 한눈에 비교하기 쉽습니다.

2 막대그래프의 내용 알아보기

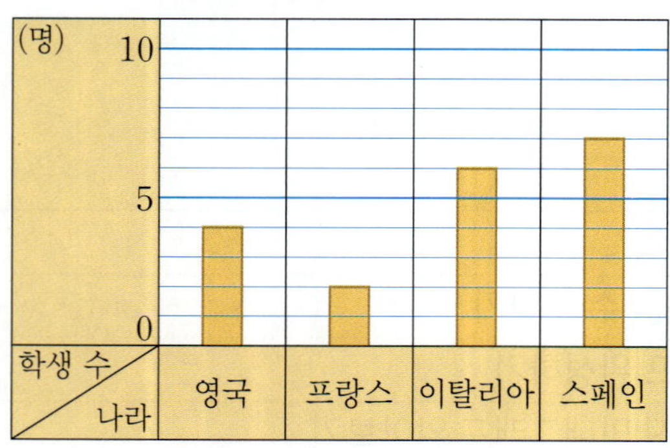

여행하고 싶은 나라별 학생 수

① 가로는 나라를, 세로는 학생 수를 나타냅니다.

② 영국을 여행하고 싶은 학생은 4명입니다.

③ 가장 많은 학생들이 여행하고 싶은 나라는 스페인입니다.

④ 가장 적은 학생들이 여행하고 싶은 나라는 프랑스입니다.

+ 개념

◎ 막대그래프의 막대를 가로 방향으로 나타낼 수도 있습니다.

◎ 막대그래프에서는 막대의 길이가 길수록 수량이 많고, 막대의 길이가 짧을수록 수량이 적습니다.

[01-04] 태인이네 반 학생들이 좋아하는 과일을 조사하여 나타낸 막대그래프입니다. 물음에 답하시오.

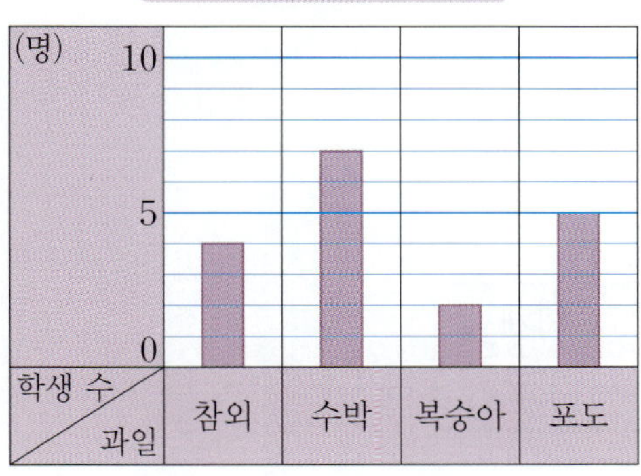

01 세로 눈금 한 칸은 몇 명을 나타냅니까?

( )

02 가장 많은 학생들이 좋아하는 과일은 무엇입니까?

( )

03 가장 적은 학생들이 좋아하는 과일은 무엇입니까?

( )

04 조사한 학생은 모두 몇 경입니까?

( )

[05-08] 꽃집에 있는 꽃을 조사하여 나타낸 막대그래프입니다. 물음에 답하시오.

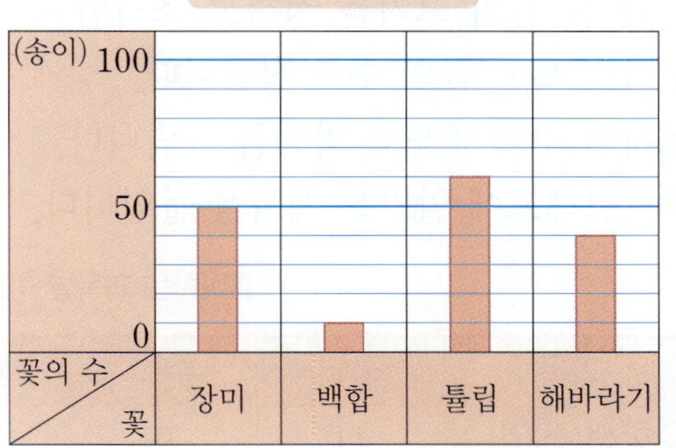

05 막대그래프에서 가로와 세로는 각각 무엇을 나타냅니까?

가로 ( )
세로 ( )

06 해바라기는 몇 송이 있습니까?

( )

07 가장 적은 꽃은 몇 송이입니까?

( )

08 장미와 튤립은 모두 몇 송이입니까?

( )

3 막대그래프 그리기

막대그래프를 그리는 방법은 다음과 같습니다.

① 가로와 세로 중 어느 쪽에 조사한 수를 나타낼 것인가를 정합니다.

② 눈금 한 칸의 크기를 정하고 조사한 수 중에서 가장 큰 수를 나타낼 수 있도록 눈금의 수를 정합니다.

③ 조사한 수에 맞도록 막대를 그립니다.

④ 막대그래프에 알맞은 제목을 붙입니다.

예

좋아하는 과목별 학생 수

과목	국어	수학	사회	과학	합계
학생 수(명)	11	9	6	8	34

① 가로에는 과목을, 세로에는 학생 수를 나타냅니다.

② 세로 눈금 한 칸은 1명으로 정하고, 조사한 수 중에서 가장 큰 수는 11이므로 세로 눈금을 1칸 또는 2칸 정도 더 나타낼 수 있도록 그립니다.

③ 조사한 수에 맞게 국어는 11칸, 수학은 9칸, 사회는 6칸, 과학은 8칸으로 그립니다.

④ 막대그래프의 제목은 '좋아하는 과목별 학생 수'라고 붙입니다.

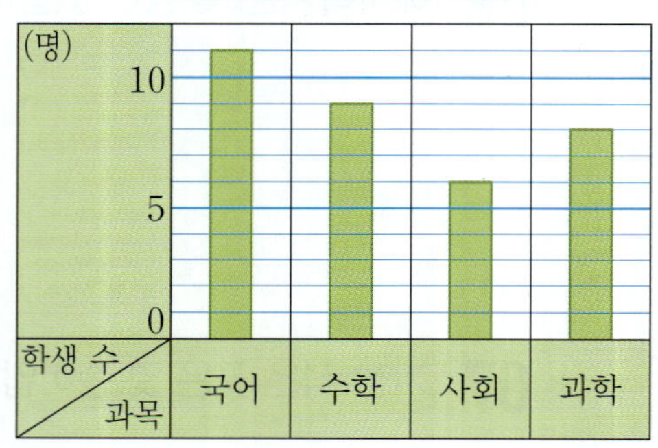

4 자료를 조사하여 막대그래프 그리기

① 조사하고 싶은 주제를 정하고 자료를 수집합니다.

자료의 조사 방법으로는 붙임딱지 붙이기, 손 들기, 설문하기 등이 있습니다.

② 조사한 자료를 표로 나타냅니다.

③ 표를 보고 막대그래프로 나타냅니다.

> ➕ 막대그래프에서 제목을 붙이는 것은 가장 마지막에 해도 되고, 가장 처음에 해도 됩니다.

> ➕ 표의 합계와 조사한 학생 수가 같은지 확인합니다.

정답 및 풀이 30쪽

[09-11] 성호네 반 학생들이 좋아하는 우유를 조사하여 나타낸 표입니다. 물음에 답하시오.

좋아하는 우유별 학생 수

우유	흰 우유	딸기맛 우유	초코맛 우유	바나나맛 우유	합계
학생 수(명)	7	4	9	5	25

09 위의 표를 막대그래프로 나타내려고 합니다. 가로에 우유를 나타내면 세로에는 무엇을 나타내야 합니까?

( )

10 세로 눈금 한 칸은 몇 명으로 하는 것이 좋겠습니까?

( )

11 표를 보고 막대그래프로 나타내시오.

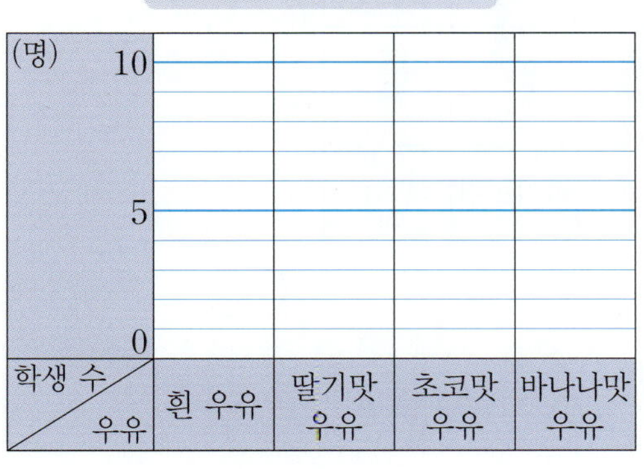

좋아하는 우유별 학생 수

[12-14] 어느 지역의 9월의 날씨를 조사하여 나타낸 것입니다. 물음에 답하시오.

9월의 날씨

1일	2일	3일	4일	5일	6일	7일	8일	9일	10일
맑음	흐림	맑음	맑음	비	비	맑음	흐림	흐림	맑음

11일	12일	13일	14일	15일	16일	17일	18일	19일	20일
맑음	흐림	비	비	맑음	맑음	흐림	비	맑음	맑음

21일	22일	23일	24일	25일	26일	27일	28일	29일	30일
맑음	흐림	흐림	맑음	맑음	흐림	비	비	맑음	흐림

맑음   흐림   비

12 조사한 자료를 보고 표를 완성하시오.

날씨별 날수

날씨	맑음	흐림	비	합계
날수(일)				

13 12의 표를 보고 막대그래프로 나타내려고 합니다. 가로는 날수, 세로는 날씨를 나타낼 때, 가로 눈금 한 칸이 1일을 나타낸다면 가로 눈금은 적어도 몇 칸을 그려야 합니까?

( )

14 12의 표를 보고 막대그래프로 나타내시오.

날씨별 날수

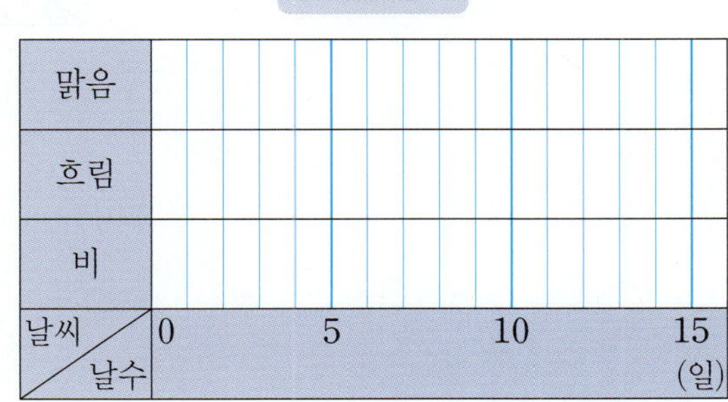

유형 1 **자료의 수 구하기**

어느 주스 가게에서 오늘 판매된 종류별 주스의 양을 조사하여 나타낸 막대그래프입니다. 딸기주스를 몇 mL 판매했습니까?

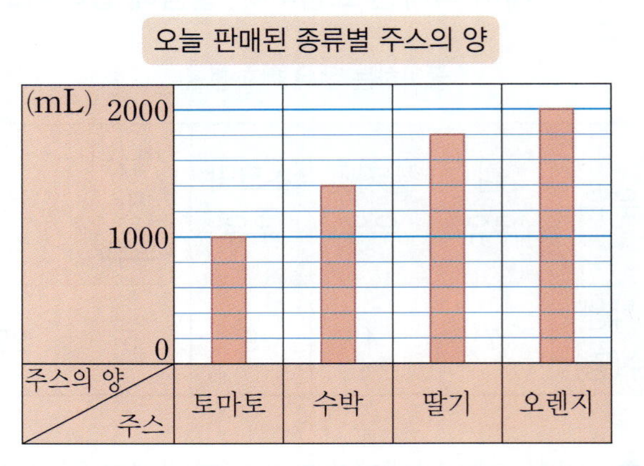

풀이 막대그래프에서 세로 눈금 5칸이 ☐ mL를 나타내므로

(세로 눈금 한 칸의 크기) = ☐ ÷ 5 = ☐ (mL)

딸기주스의 세로 눈금은 9칸이므로

(오늘 딸기주스 판매량) = ☐ × 9 = ☐ (mL)

▶ 쏙쏙원리
(항목의 수량)
= (눈금 한 칸의 크기)
  × (항목의 눈금 수)

답

1-1 태호네 반 학생들이 방과 후 수업에서 배우고 싶은 강좌를 조사하여 나타낸 막대그래프입니다. 방송댄스를 배우고 싶은 학생 수는 바이올린을 배우고 싶은 학생 수의 몇 배입니까?

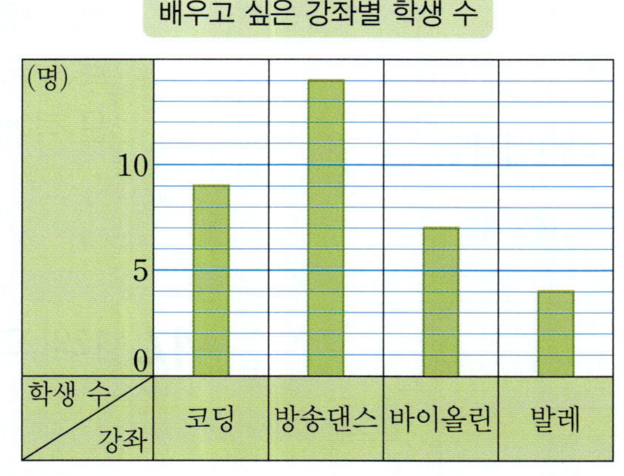

(   )

유형 2 필요한 세로 눈금 수 구하기

미주네 반 학생들이 좋아하는 운동을 조사하여 나타낸 표입니다. 표를 보고 세로가 학생 수인 막대그래프로 나타낸다면 세로 눈금은 적어도 몇 명까지 나타낼 수 있어야 합니까?

좋아하는 운동별 학생 수

운동	야구	농구	축구	배구	수영	합계
학생 수(명)	5	7	6		4	27

풀이

(배구를 좋아하는 학생 수) = ☐ − 5 − 7 − 6 − 4 = ☐ (명)

가장 많은 학생들이 좋아하는 운동은 ☐ 이고 좋아하는 학생은 ☐ 명이므로 막대그래프의 세로 눈금은 적어도 ☐ 명까지 나타낼 수 있어야 합니다.

▶ **쏙쏙원리**

세로 눈금은 적어도 조사한 자료의 가장 많은 수량까지 나타낼 수 있어야 합니다.

답

2-1 시우네 반 학생들이 소풍 가고 싶은 장소를 조사하여 나타낸 표입니다. 표를 보고 세로가 학생 수인 막대그래프로 나타낸다면 세로 눈금은 적어도 몇 명까지 나타낼 수 있어야 합니까?

소풍 가고 싶은 장소별 학생 수

장소	식물원	계곡	놀이동산	동물원	해수욕장	합계
학생 수(명)	1	5		6	7	28

(   )

2-2 가희네 학교 4학년 학생들이 좋아하는 생선을 조사하여 나타낸 표입니다. 표를 보고 세로 눈금 한 칸이 5명인 막대그래프로 나타낸다면 세로 눈금은 적어도 몇 칸 있어야 합니까?

좋아하는 생선별 학생 수

생선	갈치	가자미	고등어	삼치	꽁치	합계
학생 수(명)		30	35	25	20	155

(   )

유형 3 표와 막대그래프 완성하기

주은이네 반 학생들이 좋아하는 계절을 조사하여 나타낸 표와 막대그래프입니다. 가을을 좋아하는 학생 수가 겨울을 좋아하는 학생 수의 2배일 때, 봄을 좋아하는 학생은 몇 명입니까?

좋아하는 계절별 학생 수

계절	봄	여름	가을	겨울	합계
학생 수(명)			12		27

좋아하는 계절별 학생 수

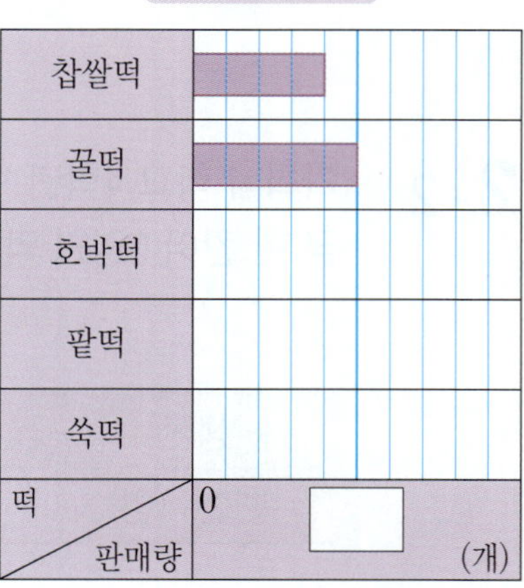

풀이 표에서 가을을 좋아하는 학생은 12명인데 막대그래프에서 가을의 막대가 세로 눈금 ☐칸입니다. 세로 눈금 ☐칸이 12명을 나타내므로 세로 눈금 한 칸은 12÷☐=☐(명)을 나타냅니다. 막대그래프에서 여름의 막대가 세로 눈금 2칸이므로 여름을 좋아하는 학생은 ☐×2=☐(명)입니다. 가을을 좋아하는 학생 수는 겨울을 좋아하는 학생 수의 2배이므로 겨울을 좋아하는 학생은 12÷☐=☐(명)입니다.

따라서 봄을 좋아하는 학생은 27−☐−12−6=☐(명)입니다.

▶ 쏙쏙원리
세로 눈금 한 칸이 몇 명을 나타내는지 구합니다.

답

3-1 어느 떡집에서 오늘 팔린 종류별 떡의 수를 조사하여 나타낸 표와 막대그래프입니다. 팥떡의 판매량이 찹쌀떡보다 8개 많을 때, 표와 막대그래프를 완성해 보시오.

종류별 떡의 수

떡	찹쌀떡	꿀떡	호박떡	팥떡	쑥떡	합계
판매량(개)		20			28	100

종류별 떡의 수

유형 4 일부분이 찢어진 막대그래프 알아보기

정이네 반 학생들이 좋아하는 간식을 조사하여 나타낸 막대그래프의 일부분입니다. 피자를 좋아하는 학생 수가 핫도그를 좋아하는 학생 수의 4배일 때, 정이네 반 학생은 모두 몇 명입니까?

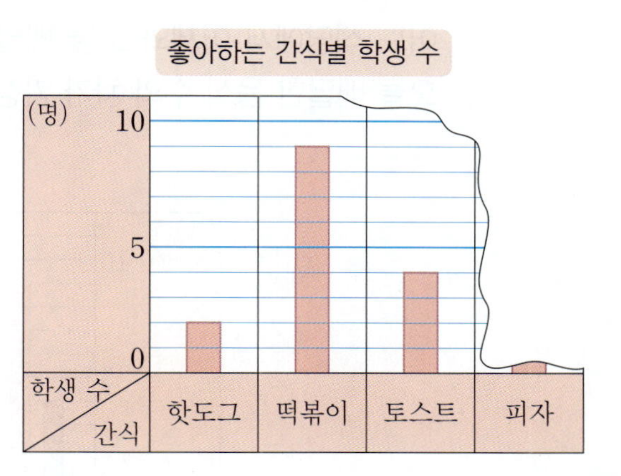

풀이 핫도그를 좋아하는 학생이 ☐명이므로 피자를 좋아하는 학생은 ☐×4=☐(명)입니다.

따라서 정이네 반 학생은 모두 2+9+4+☐=☐(명)입니다.

▶ 쏙쏙원리
피자를 좋아하는 학생 수를 먼저 구합니다.

답

4-1 성주네 반 학급문고의 종류별 책의 수를 조사하여 나타낸 막대그래프의 일부분입니다. 소설책은 시집보다 2권 많고, 전체 책은 24권일 때, 시집은 몇 권인지 구하시오.

(   )

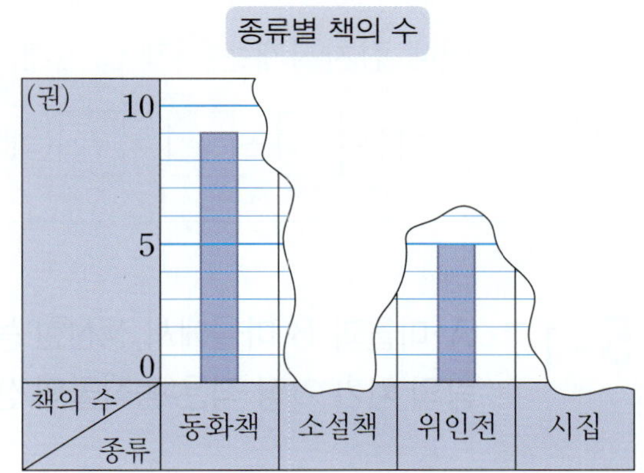

4-2 미니동물마을의 100마리 동물을 조사하여 나타낸 막대그래프의 일부분입니다. 프레리독은 미어캣보다 4마리 많을 때, 가장 많은 동물과 가장 적은 동물의 마리 수의 차를 구하시오.

(   )

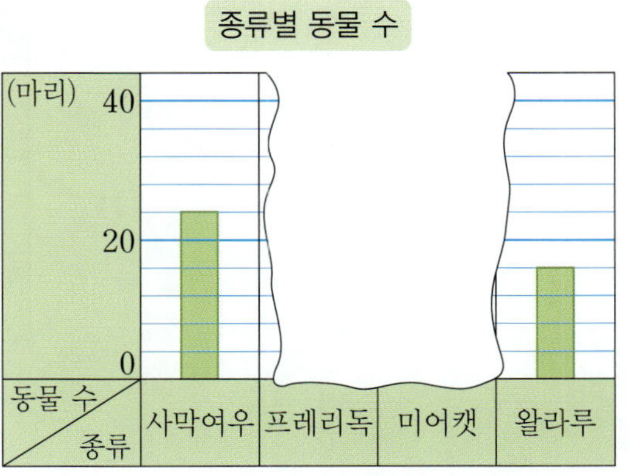

유형 5 두 자료의 차가 가장 큰(작은) 항목 구하기

어느 식당에서 어제와 오늘 배달한 음식의 수를 조사하여 나타낸 막대그래프입니다. 어제와 오늘 배달한 음식 수의 차가 가장 큰 음식은 무엇이고, 그 차는 몇 개입니까?

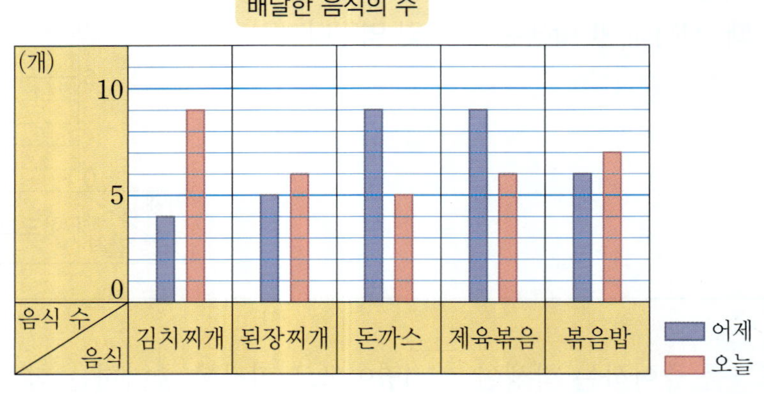

풀이 음식별 어제와 오늘 막대의 길이의 차를 구하면

김치찌개: ☐칸, 된장찌개: ☐칸, 돈까스: ☐칸, 제육볶음: ☐칸, 볶음밥: ☐칸으로 어제와 오늘 배달한 음식 수의 차가 가장 큰 음식은 ☐입니다.

이때 김치찌개는 어제 ☐개, 오늘 ☐개 배달했으므로

그 차는 ☐ − ☐ = ☐ (개)입니다.

▶ 쏙쏙원리
음식별 두 막대의 길이를 비교하여 막대의 칸수의 차를 알아봅니다.

답

5-1 A 마을과 B 마을에서 생산한 농작물을 조사하여 나타낸 막대그래프입니다. 두 마을의 생산량의 차가 가장 적은 농작물의 생산량은 모두 몇 kg입니까?

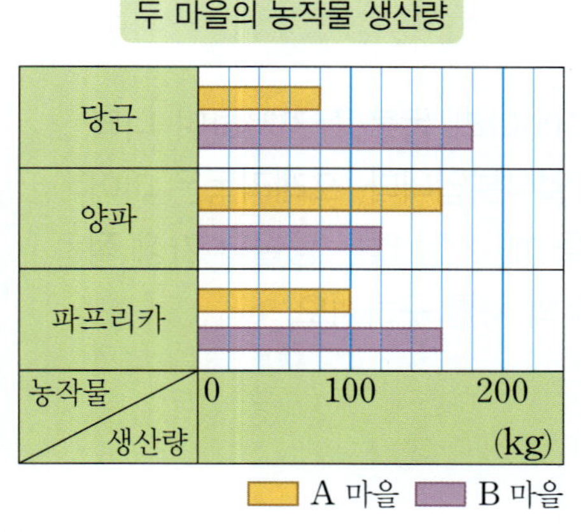

( )

유형 6 눈금의 크기가 주어지지 않은 자료의 수 구하기

과수원에 있는 종류별 나무의 수를 조사하여 나타낸 막대그래프입니다. 사과나무가 30그루일 때, 가장 적은 수의 나무는 몇 그루입니까?

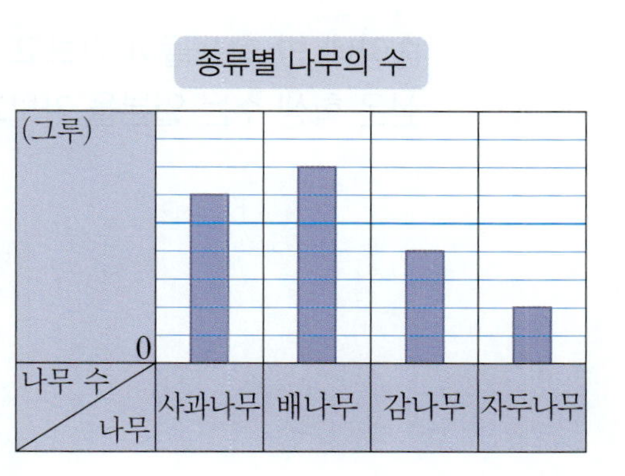

풀이 막대그래프에서 사과나무의 세로 눈금 6칸이 30그루를 나타내므로

(세로 눈금 한 칸의 크기) = ☐ ÷ ☐ = ☐ (그루)

가장 적은 나무는 막대의 길이가 가장 짧은 ☐ 이고 세로 눈금은 ☐ 칸이므로 자두나무의 수는 ☐ ×2= ☐ 그루입니다.

▶ **쏙쏙원리**
세로 눈금 한 칸의 크기를 구하여 막대의 길이가 가장 짧은 나무의 수를 구합니다.

답

5
막대그래프

6-1 지섭이네 가족들이 추석에 모여 만든 송편의 개수를 조사하여 나타낸 막대그래프입니다. 송편을 모두 34개 만들었을 때, 지섭이가 만든 송편의 개수는 몇 개입니까?

( )

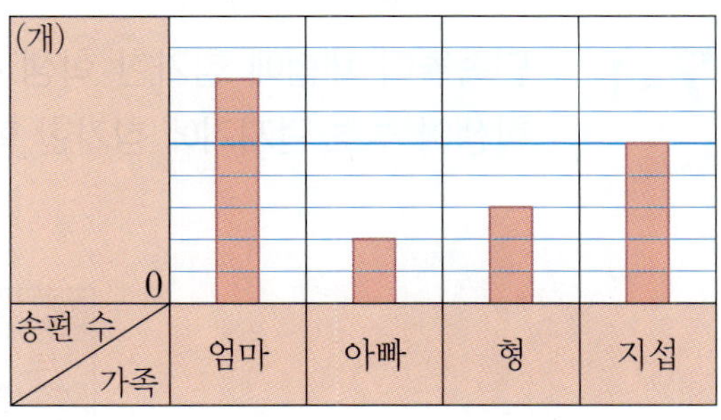

6-2 윤기와 친구들이 주말 동안 줄넘기를 한 시간을 조사하여 나타낸 막대그래프입니다. 윤기가 줄넘기를 42분 했다면 줄넘기를 가장 많이 한 사람은 누구이고 몇 분을 했습니까?

( ), ( )

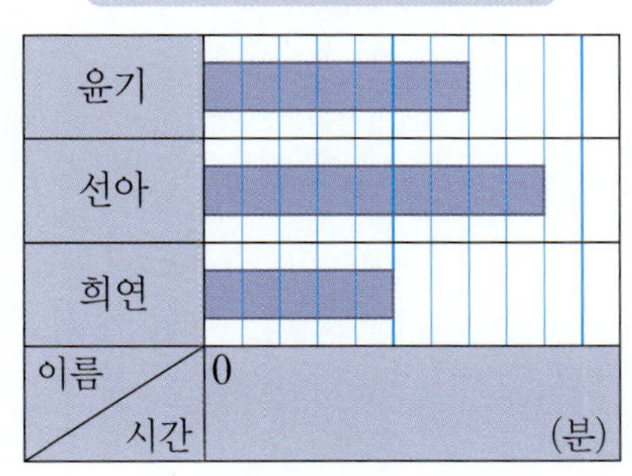

유형 7 막대그래프 완성하기

승아네 반 학생들이 가보고 싶은 나라를 조사하여 나타낸 막대그래프입니다. 영국을 가보고 싶은 학생 수는 일본을 가보고 싶은 학생 수의 2배일 때, 막대그래프를 완성하시오.

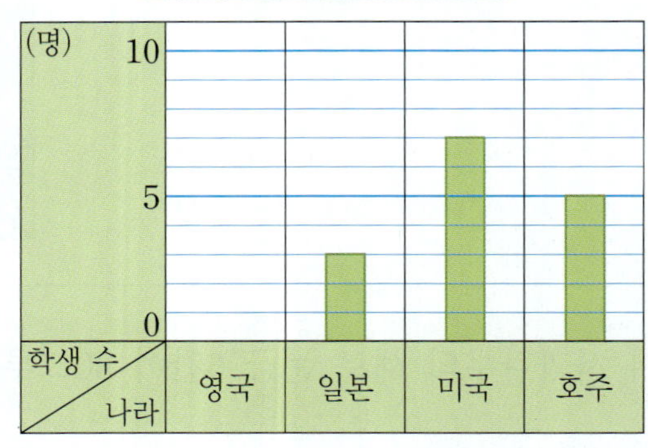

풀이 세로 눈금 한 칸의 크기는 ☐ 명이므로 일본을 가보고 싶은 학생은 ☐ 명입니다.

따라서 (영국을 가보고 싶은 학생 수)＝ ☐ ×2＝ ☐ (명)

이므로 세로 눈금이 ☐ 칸인 막대를 그립니다.

▶ 쏙쏙원리
세로 눈금 한 칸의 크기를 먼저 알아봅니다.

7-1 민속놀이 체험에 참가한 학생 수를 조사하여 나타낸 막대그래프입니다. 제기차기에 참가한 학생이 투호 던지기에 참가한 학생 수보다 12명이 더 많을 때 막대그래프를 완성하시오.

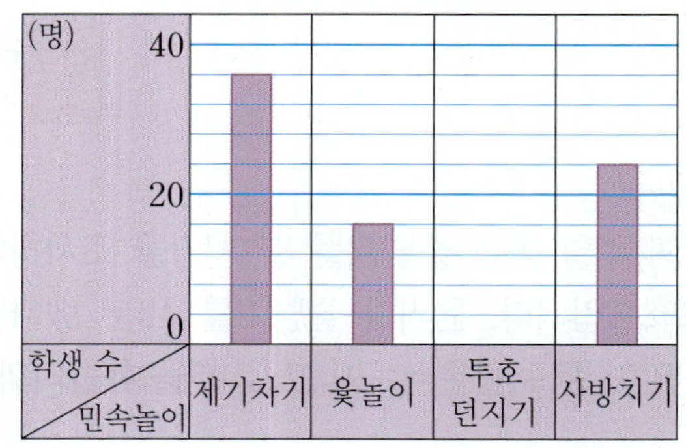

STEP B. 종합응용력완성

[01-04] 준영이와 친구들이 가지고 있는 스티커 수를 조사하여 나타낸 표입니다. 물음에 답하시오.

스티커 수

이름	준영	민기	예림	민영	태욱	합계
스티커 수(장)	27	15		30	21	117

스티커 수

01 예림이가 가지고 있는 스티커는 몇 장입니까?

( )

전체 스티커 수에서 친구들이 가진 스티커 수를 빼서 구합니다.

02 막대그래프의 세로 눈금 한 칸은 적어도 몇 장을 나타내야 합니까?

( )

가장 많이 가진 친구의 스티커 수를 먼저 찾아봅니다.

03 세로 눈금 한 칸을 **02**와 같이 하여 막대그래프를 완성하시오.

세로 눈금 한 칸의 크기에 주의하여 그려 봅니다.

04 막대그래프에서 막대의 길이가 가장 긴 것은 누구입니까?

( )

[05-06] 어느 테마파크의 놀이기구별 한 번에 탈 수 있는 사람 수를 조사하여
나타낸 막대그래프입니다. 물음에 답하시오.

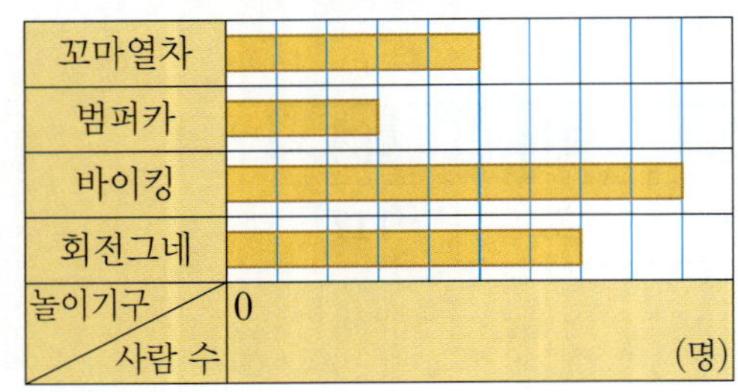

05 가로 눈금 한 칸이 5명을 나타낼 때, 가장 많은 사람이 탈 수 있는
놀이기구에는 몇 명이 탈 수 있습니까?

( )

가장 긴 막대를 골라 봅니다.

06 네 가지 놀이기구에 한꺼번에 탈 수 있는 사람이 모두 144명일 때,
각 놀이기구에 탈 수 있는 사람 수를 구하시오.

꼬마열차 ( ), 범퍼카 ( )
바이킹 ( ), 회전그네 ( )

가로 눈금 한 칸의 크기를 구해 봅니다.

07 민우가 월별로 게임을 한 날수를 조사하여 나타낸 막대그래프입니
다. 7월에 게임을 하지 <u>않은</u> 날은 며칠입니까?

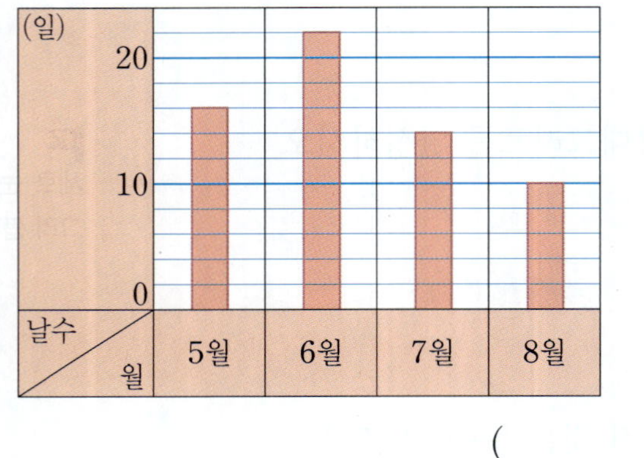

( )

[08-10] ㉮, ㉯, ㉰, ㉱, ㉲ 5개 그릇의 들이를 조사하여 나타낸 막대그래프입니다. 물음에 답하시오.

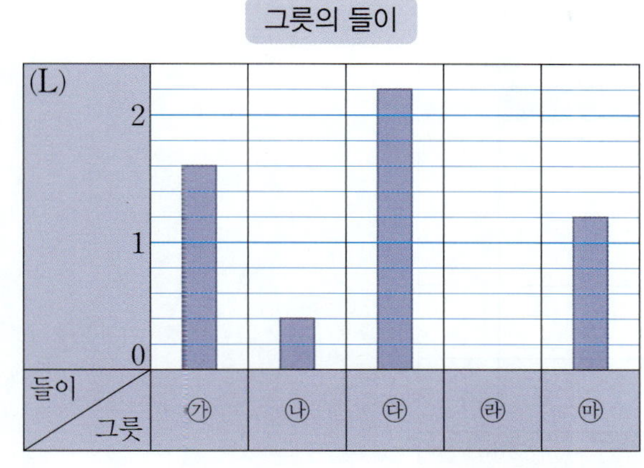

08 ㉯ 그릇으로 ㉲ 그릇에 물을 가득 채우려면 적어도 몇 번 부어야 합니까?

(   )

세로 눈금 한 칸의 크기를 구해 봅니다.

09 ㉮ 그릇과 ㉰ 그릇에 물을 가득 채웠습니다. 두 그릇의 물을 화분 5개에 똑같이 나누어 주었다면 화분 1개에 준 물의 양은 몇 mL입니까?

(   )

㉮ 그릇과 ㉰ 그릇의 들이를 합해 봅니다.

10 그릇 5개의 들이를 합하면 모두 6 L 200 mL입니다. ㉱ 그릇의 들이를 막대그래프에 나타내시오.

[11-12] 다음은 어느 습지에서 하루 동안 관찰된 철새들의 마릿수를 조사하여 나타낸 막대그래프입니다. 물음에 답하시오.

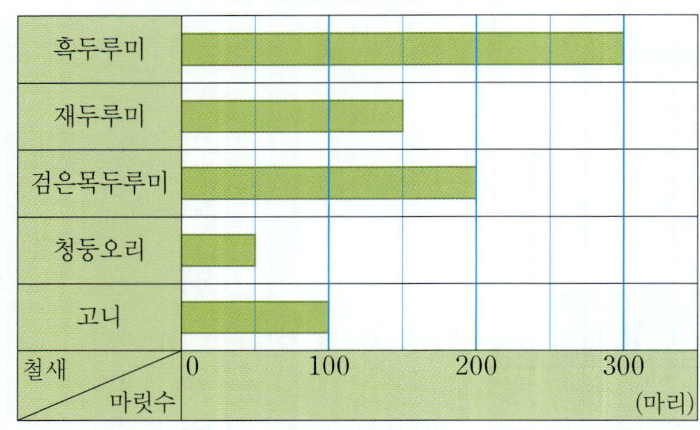

11 위의 막대그래프에서 가장 적게 관찰된 철새는 무엇입니까?

( )

막대의 길이가 가장 짧은 것을 찾습니다.

12 오늘 관찰된 철새는 모두 몇 마리입니까?

( )

관찰된 철새들의 마릿수를 각각 구해서 모두 더해 봅니다.

13 위의 막대그래프에 대한 설명으로 **틀린** 것은 어느 것입니까?

( )

① 흑두루미가 가장 많이 관찰됐습니다.
② 고니는 청둥오리의 2배만큼 관찰됐습니다.
③ 재두루미는 청둥오리보다 150마리 더 많이 관찰됐습니다.
④ 흑두루미는 고니보다 200마리 더 많이 관찰됐습니다.
⑤ 고니는 검은목두루미보다 100마리 적게 관찰됐습니다.

[14-17] 다음은 태하네 학년 학생들이 시청하고 싶어하는 올림픽 종목을 조사하여 나타낸 막대그래프입니다. 물음에 답하시오.

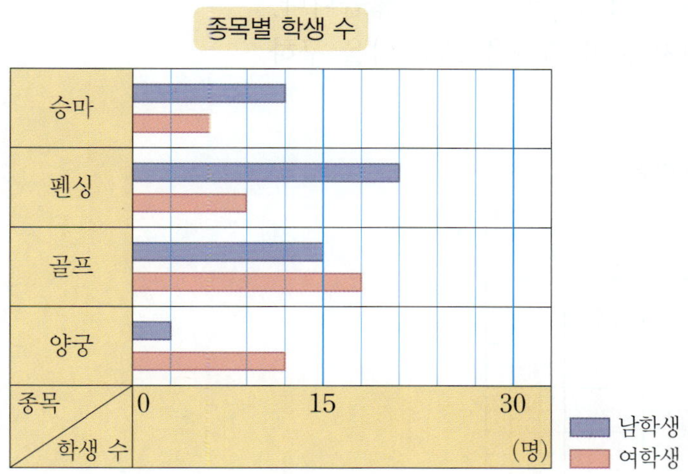

14 학생 수가 9명인 것은 남학생과 여학생 중 어느 쪽이며 어떤 종목입니까?

(   ), (   )

> 가로 눈금 한 칸이 나타내는 크기를 먼저 구해 봅니다.

15 태하네 학년 학생 수는 남학생과 여학생 중 어느 쪽이 몇 명 더 많습니까?

(   ), (   )

16 남학생과 여학생의 학생 수의 차가 가장 적은 종목은 무엇입니까?

(   )

> 각 종목별 학생 수의 차를 구해 봅니다.

17 위의 막대그래프를 보고 표를 완성하시오.

종목별 학생 수

학생 수 \ 종목	승마	펜싱	골프	양궁	합계
남학생(명)	12				
여학생(명)			18		
합계					

서술형

18 하영이네 농장에서 기르는 말, 염소, 양, 닭의 마릿수를 조사하여
나타낸 막대그래프입니다. 가장 많은 동물은 염소이고, 가장 적은
동물은 닭입니다. 또 말의 마릿수보다 양의 마릿수가 더 많습니다.
말, 염소, 양, 닭은 각각 몇 마리인지 풀이 과정을 쓰고 답을 구하
시오.

마릿수가 많은 동물부터 생각해 봅니
다.

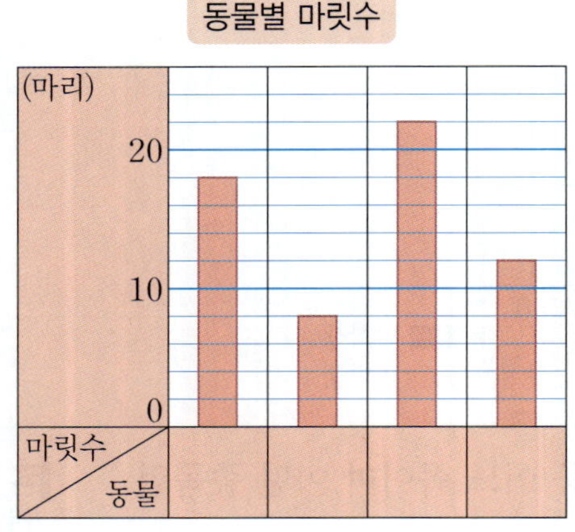

풀이

답

19 어느 제과점에서 한 봉지에 담겨있는 쿠키의 개수를 조사하여 나타
낸 막대그래프입니다. 지승이가 호두쿠키를 3봉지, 버터쿠키를 2봉
지 샀다면 산 쿠키는 모두 몇 개인지 구하시오.

막대그래프를 보고 호두쿠키와 버터
쿠키 한 봉지에 담겨있는 쿠키의 수
를 구합니다.

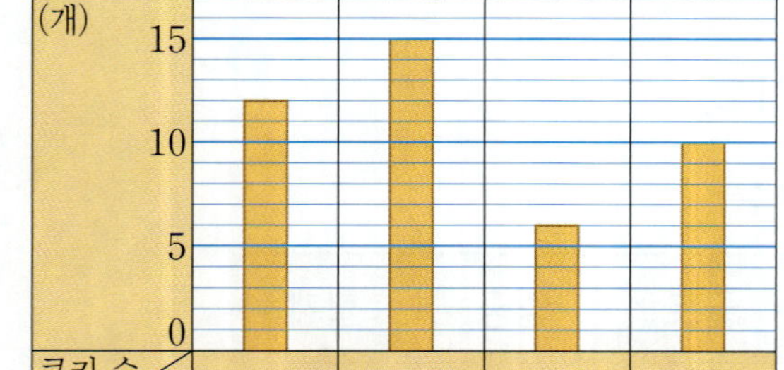

(   )

20 4명의 해녀가 채취한 성게알의 무게를 나타낸 막대그래프입니다. 이 성게알을 모두 합하여 한 상자에 500 g씩 담아 판다면 몇 상자가 필요합니까?

4명이 채취한 성게알의 합을 먼저 구합니다.

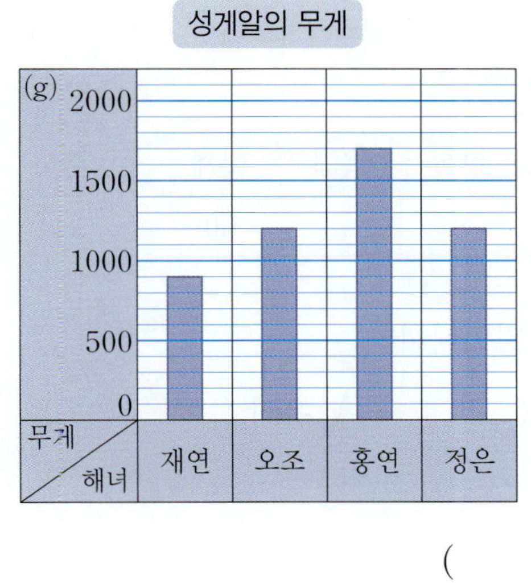

(   )

21 유빈이네 반 학생들이 생각하는 우리 동네의 문제점을 조사하여 막대그래프로 나타낸 것입니다. 주어진 조건에 맞도록 막대그래프를 완성하시오.

공기 오염을 고른 학생 수를 □명으로 놓고 생각해 봅니다.

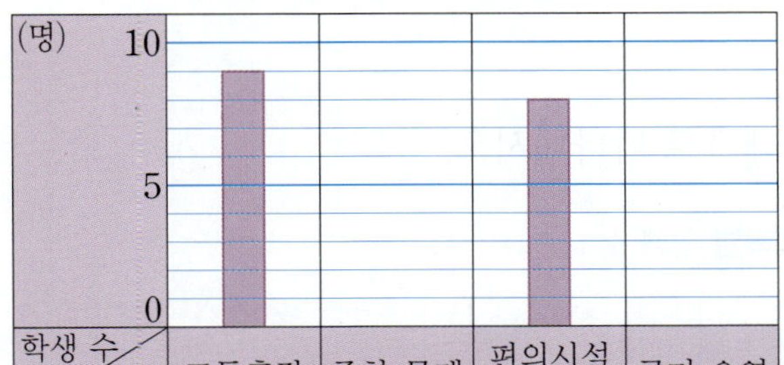

- 주차 문제를 고른 학생 수는 공기 오염을 고른 학생 수의 2배입니다.
- 유빈이네 반 전체 학생 수는 26명입니다.

[01-03] 지운이네 학교 4학년 학생들이 좋아하는 과목을 조사하여 나타낸 표입니다. 음악을 좋아하는 학생이 사회를 좋아하는 학생보다 4명 더 많을 때, 물음에 답하시오.

좋아하는 과목별 학생 수

과목	국어	수학	사회	과학	음악	합계
학생 수(명)	20	16		8		60

01 사회와 음악을 좋아하는 학생은 각각 몇 명입니까?

사회 (   ), 음악 (   )

02 위의 표를 막대그래프로 나타내려고 합니다. 학생 수가 가장 많은 과목과 가장 적은 과목의 학생 수의 차가 눈금 7칸일 때, 눈금 한 칸은 몇 명을 나타냅니까?

(   )

03 눈금 한 칸을 **02**와 같게 하여 막대그래프로 나타내시오.

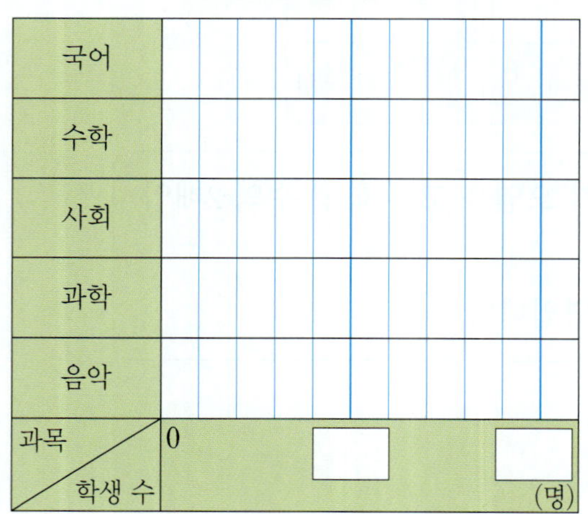

[04-06] 연서와 친구들의 집에서 학교까지의 거리를 조사하여 나타낸 막대그래프입니다. 물음에 답하시오.

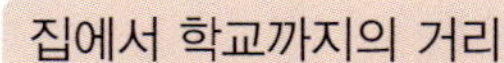
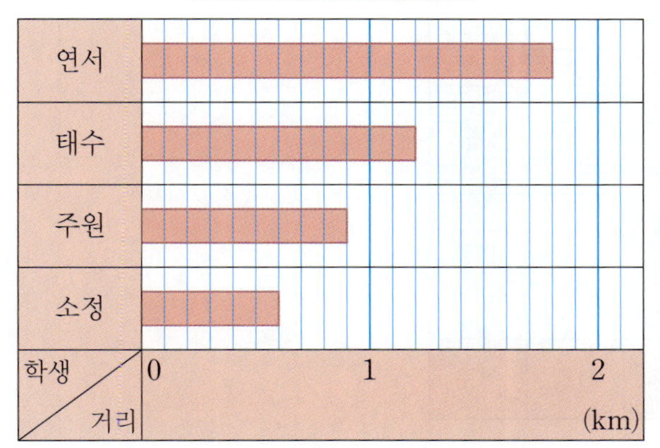

04 연서네 집에서 학교까지의 거리와 소정이네 집에서 학교까지의 거리의 차는 몇 km 몇 m입니까?

(   )

05 연서네 집에서 학교까지의 거리는 주원이네 집에서 학교까지의 거리의 몇 배입니까?

(   )

서술형

06 태수는 5분에 300 m를 걷습니다. 걸어서 오전 8시에 학교에 도착하려면 집에서 오전 몇 시 몇 분에 출발해야 하는지 풀이 과정을 쓰고 답을 구하시오. (단, 태수는 일정한 빠르기로 걷습니다.)

풀이

답

5

막대그래프

[07-08] 지민이네 학교 학생들을 대상으로 지구촌 문제를 조사하여 나타낸 막대그래프입니다. 기후 문제에 대한 관심이 가장 많을 때, 물음에 답하시오.

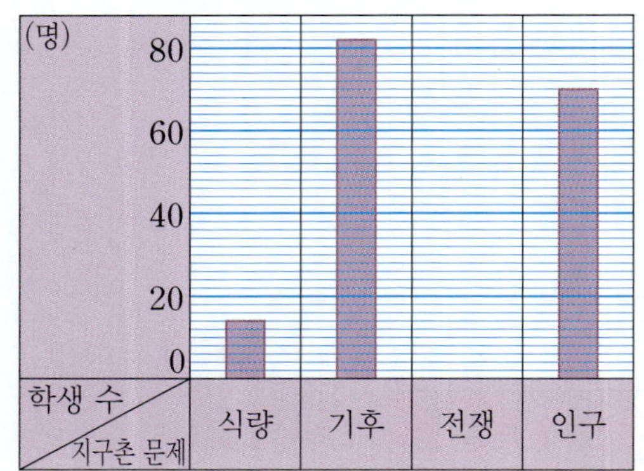

07 기후와 인구 문제에 관심 있는 학생 수는 각각 몇 명입니까?

기후 (   ), 인구 (   )

08 전쟁 문제와 기후 문제에 관심 있는 학생 수의 차가 22명일 때, 막대그래프를 완성하시오.

09 희정이네 농장에 있는 가축 수를 조사하여 나타낸 막대그래프입니다. 전체 가축의 암컷과 수컷의 수가 같다면 토끼는 모두 몇 마리입니까?

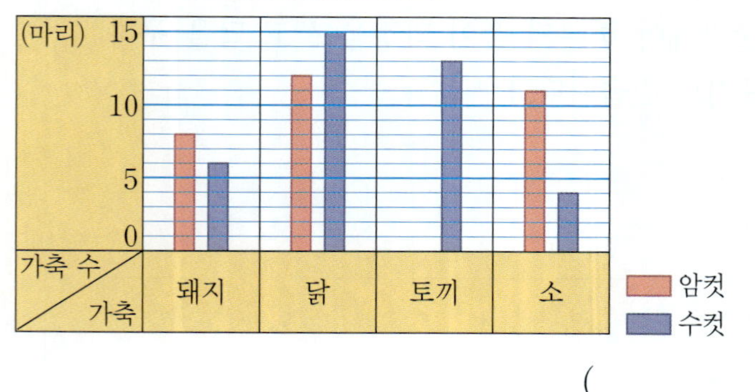

(   )

[10-11] 솔비가 일주일 동안 책을 읽은 시간을 조사하여 나타낸 막대그래프입니다. 화요일에는 일요일에 읽은 시간의 $\dfrac{2}{5}$ 만큼을 읽었고, 일주일 동안 총 3시간 10분 책을 읽었습니다. 물음에 답하시오.

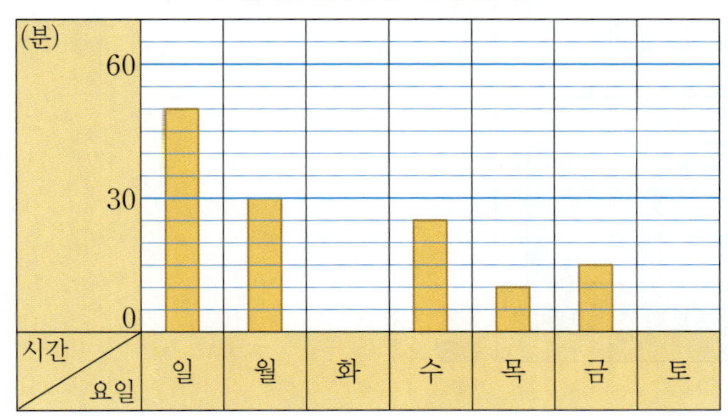

10 화요일에 몇 분 동안 책을 읽었습니까?

( )

11 책을 읽은 시간이 긴 요일부터 차례대로 쓰시오.

( )

12 마술쇼 관람을 위해 공연장에 온 학생 수를 조사하였습니다. ㉮ 학교 학생 수는 ㉯ 학교 학생 수의 $\dfrac{5}{6}$, ㉯ 학교 학생 수는 ㉰ 학교 학생 수의 $\dfrac{4}{7}$ 였고, ㉱ 학교 학생 수는 ㉰ 학교 학생 수보다 4명이 더 많은 88명이었습니다. 각 학교 학생 수를 구하여 막대그래프로 나타내시오.

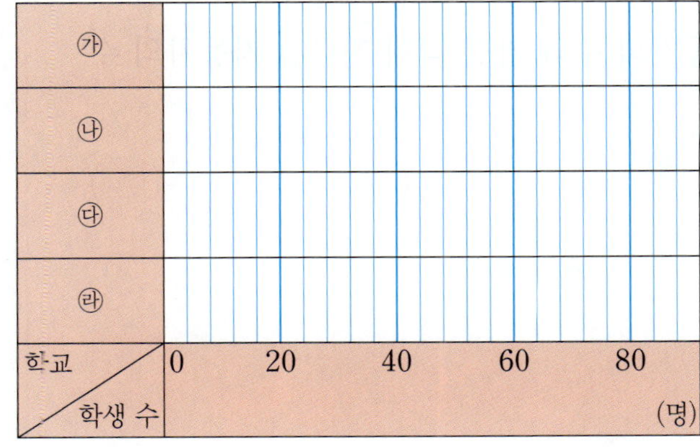

[13-15] 오늘 하루 동안 은별이네 집 앞을 지나간 자동차는 오전에 180대, 오후에 165대였습니다. 그중 버스는 100대가 지나갔을 때, 물음에 답하시오.

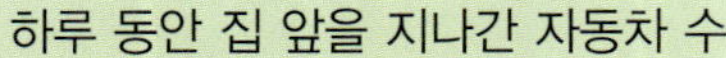

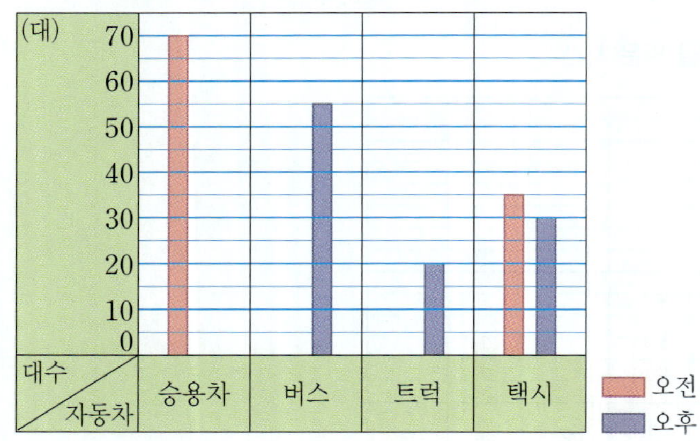

13 막대그래프를 완성하시오.

14 오전보다 오후에 더 많이 지나간 자동차의 종류를 쓰시오.

( )

15 하루 동안 가장 많이 지나간 자동차의 수와 가장 적게 지나간 자동차의 수는 몇 대 차이가 납니까?

( )

규칙 찾기

6

6. 규칙 찾기

1 수의 배열에서 규칙 찾기

101	111	121	131
201	211	221	231
301	311	321	331
401	411	421	431

(1) 101부터 → 방향으로 10씩 커집니다.

(2) 101부터 ↓ 방향으로 100씩 커집니다.

(3) 101부터 ↘ 방향으로 110씩 커집니다.

○ 방향을 바꾸어 규칙을 나타낼 수 있습니다.
- ← 방향으로 10씩 작아집니다.
- ↑ 방향으로 100씩 작아집니다.
- ↖ 방향으로 110씩 작아집니다.

2 모양의 배열에서 규칙을 찾아 수로 나타내기

첫째　　둘째　　셋째　　넷째

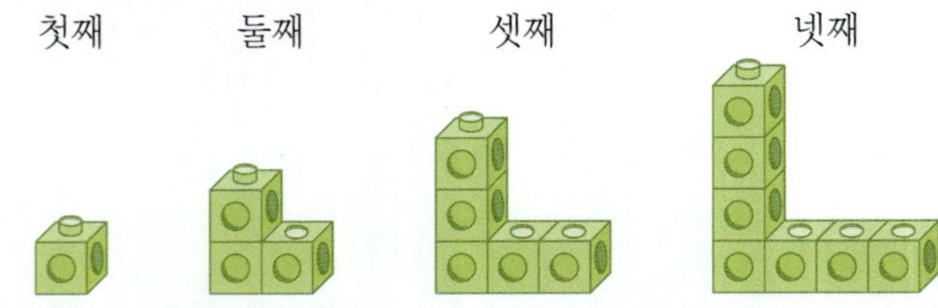

	첫째	둘째	셋째	넷째
모형의 수(개)	1	3	5	7

규칙 도형이 1개에서 시작하여 위쪽과 오른쪽으로 각각 1개씩 늘어나는 모양입니다.

3 모양의 배열에서 규칙을 찾아 식으로 나타내기

첫째　　둘째　　셋째　　넷째

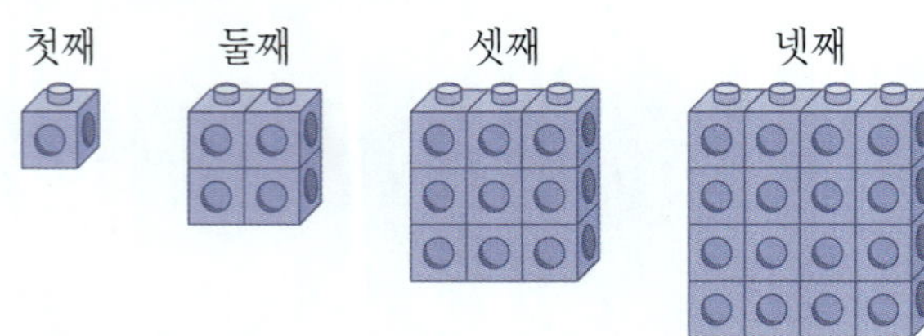

순서	첫째	둘째	셋째	넷째
식	1	1+3=4	1+3+5=9	1+3+5+7=16

○ 도형이 어떻게 변하는지 알아보고 모형의 개수와 모양의 규칙을 찾아 다음에 놓이는 도형을 예상합니다.

규칙 모형의 개수가 1개에서 시작하여 늘어나는 모형의 개수가 3개, 5개, 7개, …로 2개씩 더 늘어나는 모양입니다.

➡ 다섯째 모형의 개수는 넷째 모형의 개수보다 9개가 늘어나므로 16+9=25(개)입니다.

01 수의 배열에서 ➡ 방향으로 어떤 규칙이 있는지 찾아 쓰시오.

214	314	414	514	614	714	814
224	324	424	524	624	724	824
234	334	434	534	634	734	834

규칙 ______________________________

02 수 배열표에서 ㉠, ㉡에 알맞은 수를 구하시오.

	1391	1392	1393	1394	1395
15	6	7	8	9	0
16	7	8	9	0	1
17	8	9	0	1	2
18	9	0	1	2	㉠
19	0	㉡	2	3	4

㉠ (   )

㉡ (   )

03 수의 배열에서 규칙을 찾아 빈칸에 알맞은 수를 써넣으시오.

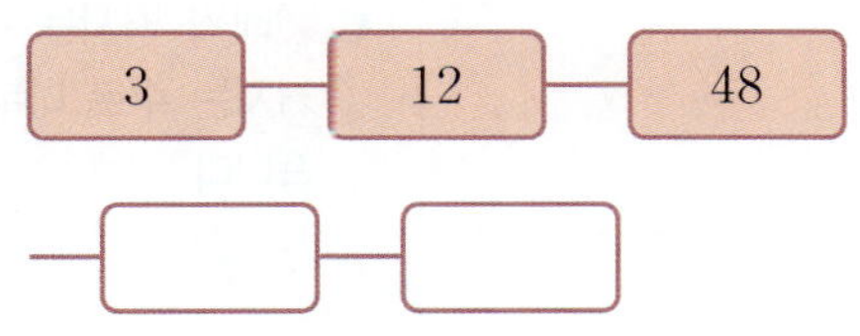

[04-05] 도형의 배열을 보고 물음에 답하시오.

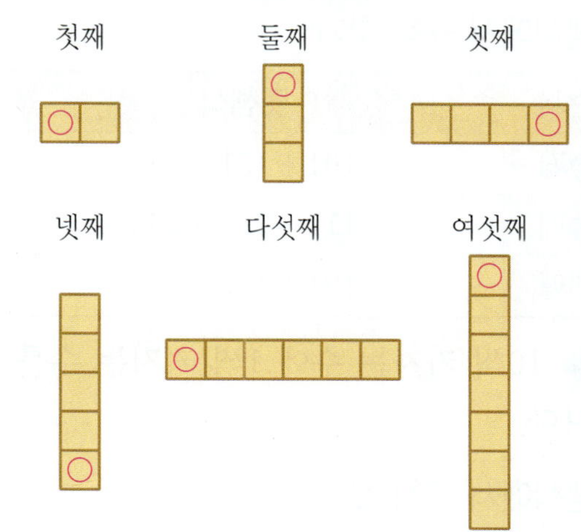

04 일곱째에 올 도형에는 사각형이 몇 개입니까?

(   )

05 아홉째에 올 도형에서 ◯ 표시된 부분은 어느 쪽에 있습니까? (   )

① 왼쪽   ② 오른쪽   ③ 가운데

④ 위쪽   ⑤ 아래쪽

06 규칙을 찾아 빈칸에 색칠하고, ☐ 안에 알맞은 수를 써넣으시오.

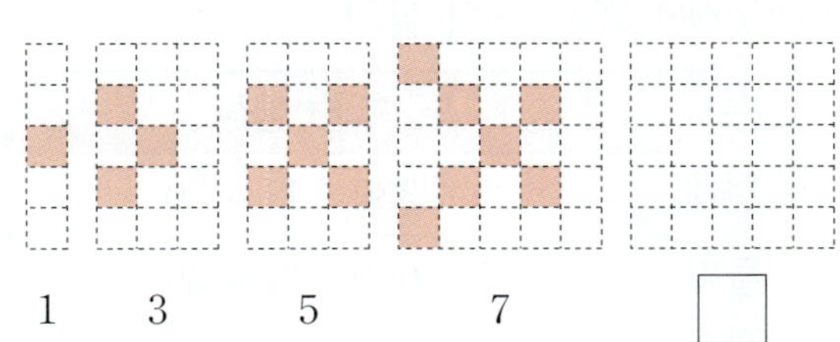

4 **덧셈식과 뺄셈식에서 규칙 찾기**

(1) 덧셈식에서 규칙 찾기

순서	덧셈식
첫째	$101+151=252$
둘째	$111+152=263$
셋째	$121+153=274$

규칙 10씩 커지는 수에 1씩 커지는 수를 더하면 계산 결과는 11씩 커집니다.

(2) 뺄셈식에서 규칙 찾기

순서	뺄셈식
첫째	$245-130=115$
둘째	$255-140=115$
셋째	$265-150=115$

규칙 10씩 커지는 수에서 10씩 커지는 수를 빼면 계산 결과는 같습니다.

5 **곱셈식과 나눗셈식에서 규칙 찾기**

(1) 곱셈식에서 규칙 찾기

순서	곱셈식
첫째	$15\times11=165$
둘째	$16\times11=176$
셋째	$17\times11=187$

규칙 1씩 커지는 수에 11을 곱하면 계산 결과가 11씩 커집니다.

(2) 나눗셈식에서 규칙 찾기

순서	나눗셈식
첫째	$330\div11=30$
둘째	$660\div22=30$
셋째	$990\div33=30$

규칙 나누어지는 수와 나누는 수를 각각 2배, 3배, ...씩 하면 나눗셈의 결과는 모두 같습니다.

+ 개념

● ●씩 커지는 수에 ■씩 커지는 수를 더하면 계산 결과는 (●+■)씩 커집니다.

● ●씩 커지는 수에 ●씩 커지는 수를 빼면 계산 결과는 같습니다.

● ●씩 커지는 수에 ■를 곱하면 계산 결과는 (●×■)씩 커집니다.

● ■배씩 커지는 수를 ■배씩 커지는 수로 나누면 몫은 같습니다.

07 덧셈식의 배열에서 규칙을 찾아 다섯째에 알맞은 덧셈식을 써넣으시오.

순서	덧셈식
첫째	$226+121=347$
둘째	$236+221=457$
셋째	$246+321=567$
넷째	$256+421=677$
다섯째	

08 선아가 말하는 규칙적인 계산식을 찾아 기호를 쓰시오.

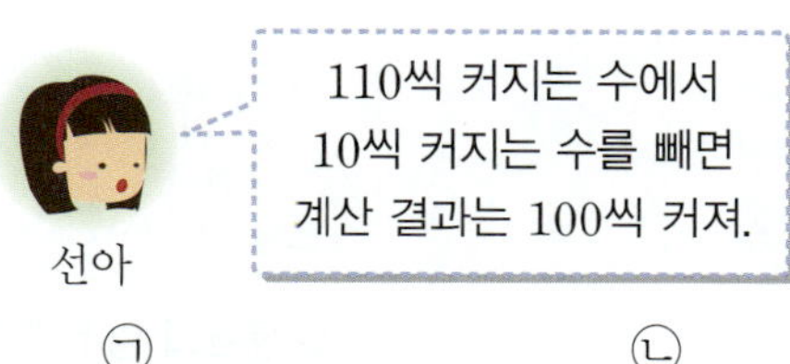

㉠	㉡
$500-80=420$	$1001-770=231$
$610-90=520$	$1101-770=331$
$720-100=620$	$1201-770=431$
$830-110=720$	$1301-770=531$

(   )

09 곱셈식의 배열에서 규칙을 찾아 □ 안에 알맞은 식을 써넣으시오.

$11\times10=110$
$11\times20=220$
$11\times30=330$

10 나눗셈식의 배열에서 규칙을 찾아 넷째에 알맞은 나눗셈식을 써넣으시오.

순서	나눗셈식
첫째	$99\div9=11$
둘째	$198\div18=11$
셋째	$297\div27=11$
넷째	

11 계산식의 규칙을 찾아 □ 안에 알맞은 식을 써넣으시오.

$9\times9+8=89$
$9\times99+8=899$
$9\times999+8=8999$

$$\boxed{}=89999$$

12 수 배열표를 보고 규칙적인 계산식을 만들었습니다. □ 안에 알맞은 수를 써넣으시오.

351	354	357	360	363	366	369
352	355	358	361	364	367	370
353	356	359	362	365	368	371
354	357	360	363	366	369	372

$352+355+358=355\times\boxed{}$

$355+358+361=358\times\boxed{}$

$358+361+364=\boxed{}\times3$

6. 등호를 사용한 식으로 나타내기

(1) 크기가 같은 두 양을 식으로 나타내기

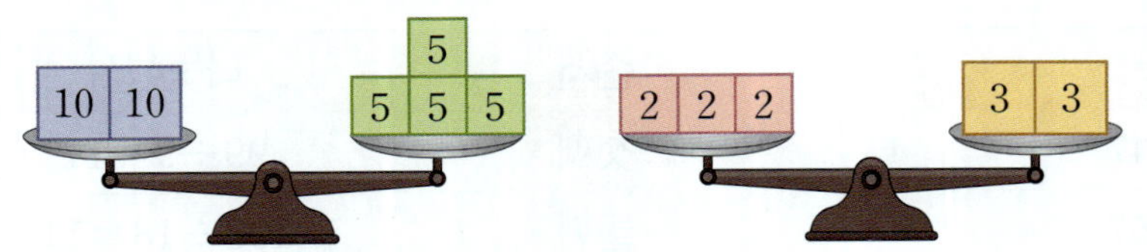

➡ 크기가 같은 두 양의 관계는 등호 '='를 사용하여 나타냅니다.

[예] $9-2$와 $6+1$의 관계를 등호를 사용한 식으로 나타내기

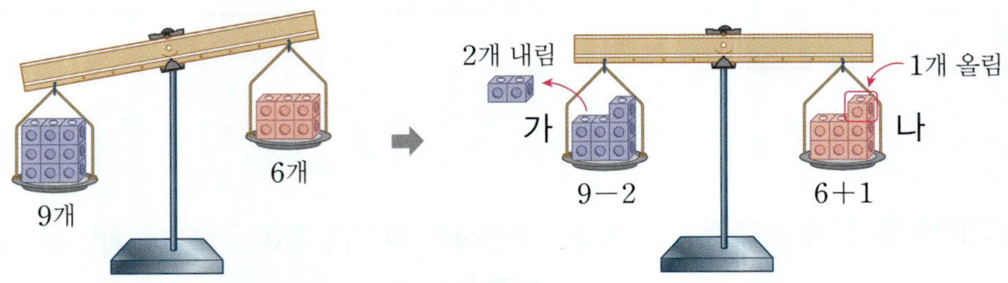

가와 **나** 모두 7개씩이므로 저울은 수평을 이룹니다.

➡ $9-2$와 $6+1$의 크기가 같습니다.

➡ $9-2=6+1$

(2) 등호를 사용한 식이 옳은 식인지 알아보기

・ $50 + 18 = 18 + 50$

➡ 순서만 바꾸어 더했습니다.

➡ 등호의 양쪽에 있는 두 양의 크기가 같으므로 옳은 식입니다.

2만큼 커집니다

・ $23 + 16 = 25 + 14$

2만큼 작아집니다

➡ 더해지는 수가 2만큼 커지고 더하는 수가 2만큼 작아졌습니다.

➡ 등호의 양쪽에 있는 두 양의 크기가 같으므로 옳은 식입니다.

4만큼 작아집니다

・ $45 - 20 = 41 - 16$

4만큼 작아집니다

➡ 빼지는 수와 빼는 수가 각각 4만큼 작아졌습니다.

➡ 등호의 양쪽에 있는 두 양의 크기가 같으므로 옳은 식입니다.

➕ 등호(=)의 양쪽에 있는 두 양의 크기는 서로 같습니다.

➕ 등호의 양쪽에 있는 두 양의 크기를 비교하여 □의 값 구하기
(1) $7+9=9+□$ ➡ $□=7$
(2) $11+16=15+□$
　➡ $□=12$
(3) $20-6=18-□$
　➡ $□=4$

13 등호가 있는 식이 옳은 것은 ◯표, 옳지 <u>않은</u> 것은 ×표 하시오.

$$21+13=23+12 \quad (\qquad)$$

$$35-14=29-8 \quad (\qquad)$$

$$13\times7=17\times3 \quad (\qquad)$$

14 등호가 있는 식을 만들려고 합니다. ■와 ●에 알맞은 수의 합을 구하시오.

$$14+19=17+■$$
$$23-10=●-14$$

$$(\qquad)$$

15 저울의 양쪽 무게가 같도록 □ 안에 알맞은 수를 써넣고, 등호를 사용한 식으로 나타내어 보시오.

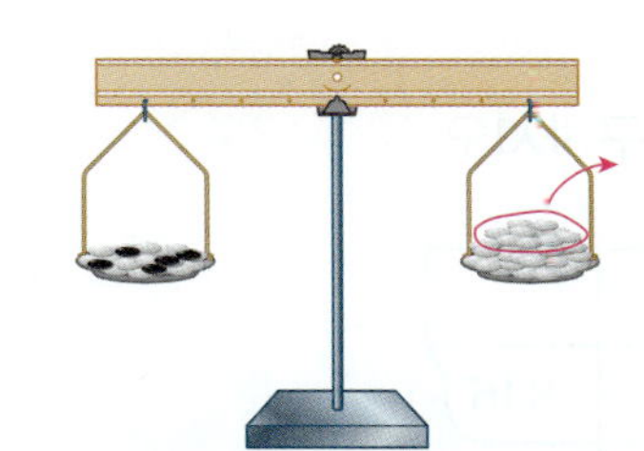

| 흰 돌: □ 개 | 흰 돌: 33개 |
| 검은 돌: 5개 | 덜어낸 돌: 12개 |

식

16 □ 안에 알맞은 수를 써넣으시오.

(1) □ $+34=34+15$

(2) $50-18=42-$ □

(3) $40\times12=12\times$ □

17 다음 식이 옳으면 ◯표, 옳지 않으면 ×표를 하고, 그 이유를 써 보시오.

$$36\times4=18\times2 \quad (\qquad)$$

이유

18 달력을 보고 □에서 찾을 수 있는 규칙적인 계산식에 ◯표 하시오.

일	월	화	수	목	금	토
		1	2	3	4	5
6	7	8	9	10	11	12
13	14	15	16	17	18	19
20	21	22	23	24	25	26
27	28	29	30	31		

| $8+16=9+15$ | $7\times16=9\times14$ |
| $(\qquad)$ | $(\qquad)$ |

유형 1 수 배열표에서 알맞은 수 구하기

수 배열표의 일부분입니다. 규칙을 찾아 ■에 알맞은 수를 구하시오.

5195	5296	5397	5498
6195	6296	6397	6498
7195	7296	7397	7498
8195	8296	8397	8498

■

풀이 5195부터 시작하여 ＼ 방향으로 ☐ 씩 커집니다.

따라서 ■에 알맞은 수는 8498보다 ☐ 만큼 더 큰 수인

☐ 입니다.

▶ 쏙쏙원리
어느 자리 수가 얼마만큼씩 변하는지 규칙을 찾아봅니다.

답

1-1 수 배열표의 일부분입니다. 규칙을 찾아 ●에 알맞은 수를 구하시오.

●

40543	40553	40563	40573
50543	50553	50563	50573
60543	60553	60563	60573
70543	70553	70563	70573

(   )

1-2 수 배열표의 일부분이 찢어졌습니다. ★에 알맞은 수를 구하시오.

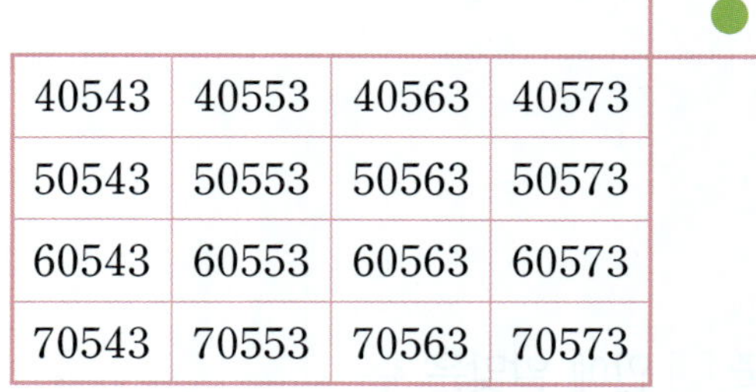

906	916			
	816			846
			736	
			★	

(   )

유형 2 　도형에서 규칙을 찾아 개수 구하기

모형(　)으로 만든 모양의 배열을 보고 일곱째 모양에서 모형은 몇 개인지 구하시오.

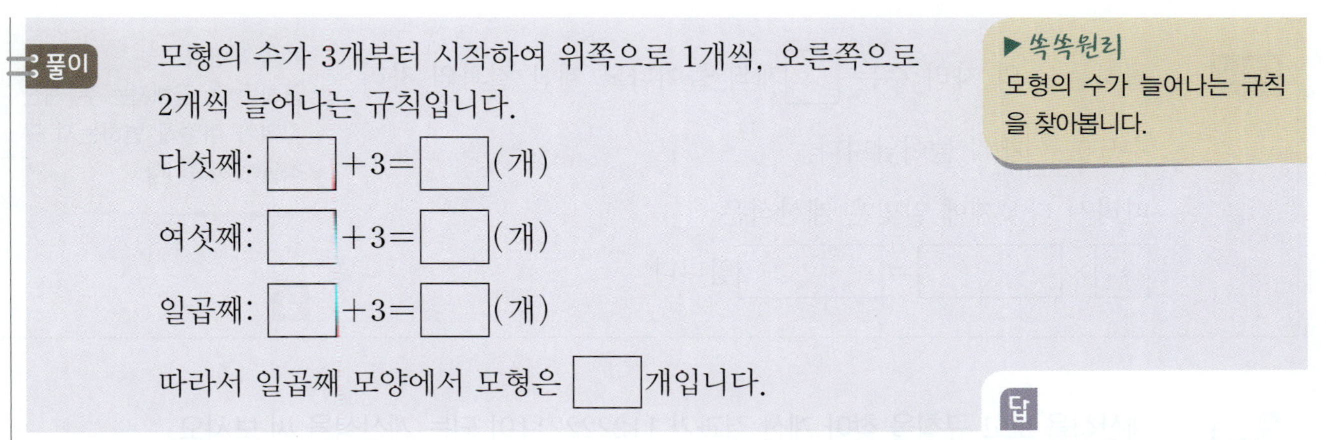

풀이

모형의 수가 3개부터 시작하여 위쪽으로 1개씩, 오른쪽으로 2개씩 늘어나는 규칙입니다.

다섯째: □+3=□ (개)

여섯째: □+3=□ (개)

일곱째: □+3=□ (개)

따라서 일곱째 모양에서 모형은 □개입니다.

▶ 쏙쏙원리
모형의 수가 늘어나는 규칙을 찾아봅니다.

답

2-1　사각형(　)으로 만든 모양의 배열을 보고 여섯째 모양에서 사각형은 몇 개인지 구하시오.

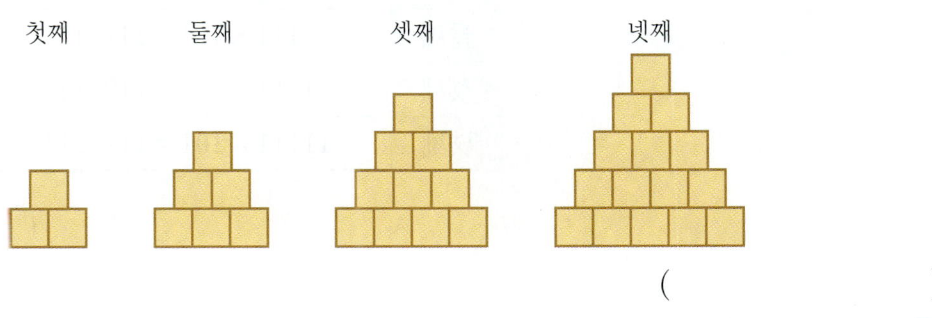

(　　　　　　　　　　)

2-2　도형의 배열을 보고 일곱째 모양에서 보라색 사각형(　)과 초록색 사각형(　)의 개수의 차를 구하시오.

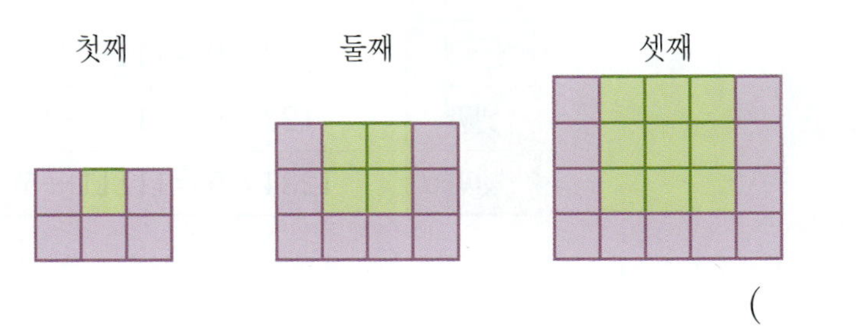

(　　　　　　　　　　)

유형 3 계산식에서 규칙 찾기

계산식을 보고 규칙을 찾아 다섯째에 알맞은 식을 써 보시오.

순서	계산식
첫째	$8 \times 103 = 824$
둘째	$8 \times 1003 = 8024$
셋째	$8 \times 10003 = 80024$
넷째	$8 \times 100003 = 800024$

풀이 곱하는 수의 자리 수는 ☐개씩 늘어나고 계산 결과의 자리

수도 ☐개씩 늘어납니다.

따라서 다섯째에 알맞은 계산식은

☐ × ☐ = ☐ 입니다.

▶ 쏙쏙원리
곱하는 수, 곱해지는 수, 계산 결과가 어떻게 변하는지 규칙을 찾아봅니다.

답

3-1 계산식을 보고 규칙을 찾아 계산 결과가 1122222211이 되는 계산식을 써 보시오.

순서	계산식
첫째	$11 \times 101 = 1111$
둘째	$111 \times 101 = 11211$
셋째	$1111 \times 101 = 112211$
넷째	$11111 \times 101 = 1122211$

(   )

3-2 계산식을 보고 규칙을 찾아 여덟째에 알맞은 계산식을 써 보시오.

순서	계산식
첫째	$1 \times 9 = 11 - 2$
둘째	$12 \times 9 = 111 - 3$
셋째	$123 \times 9 = 1111 - 4$
넷째	$1234 \times 9 = 11111 - 5$

(   )

유형 4 등호를 사용한 식으로 나타내기

저울에 물건을 다음 개수만큼 올려놓았더니 양쪽의 무게가 같았습니다. 같은 물건끼리는 모두 무게가 같고, 누름 못 1개의 무게가 2 g일 때 집게 1개의 무게는 몇 g입니까?

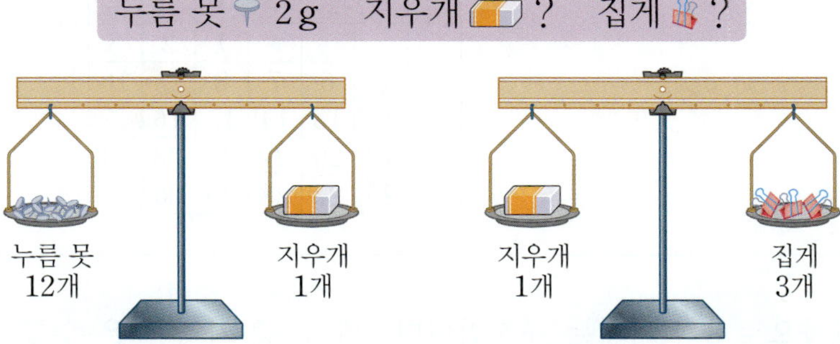

풀이 왼쪽 저울에서 누름 못 12개의 무게는 지우개 1개의 무게와 같으므로 (지우개 1개의 무게)$=12\times\boxed{}=\boxed{}$ (g)입니다.

오른쪽 저울에서 지우개 1개의 무게는 집게 3개의 무게와 같으므로 (집게 1개의 무게)$=\boxed{}\div3=\boxed{}$ (g)입니다.

▶ **쏙쏙원리**
저울을 보고 크기가 같은 양을 알아봅니다.

답

4-1 저울에 과일을 다음 개수만큼 올려놓았더니 양쪽의 무게가 같았습니다. 같은 과일끼리는 모두 무게가 같고, 귤 1개의 무게가 70 g일 때 망고 1개의 무게는 몇 g입니까?

(   )

유형 5 달력에서 규칙 찾기

달력에서 ＼ 방향으로 놓인 세 수의 합은 27입니다. 같은 모양으로 놓인 세 수의 합이 66일 때, 세 수 중 가장 작은 수를 구하시오.

일	월	화	수	목	금	토
				1	2	3
4	5	6	7	8	9	10
11	12	13	14	15	16	17
18	19	20	21	22	23	24
25	26	27	28	29	30	

풀이

＼ 방향으로 8씩 커지는 규칙입니다. 세 수 중 가장 작은 수를 ■라 하여 식을 만들면

■＋(■＋8)＋(■＋16)＝ ☐ 입니다.

■×☐＋24＝66, ■×3＝☐, ■＝☐÷3＝☐

따라서 세 수 중 가장 작은 수는 ☐ 입니다.

▶ 쏙쏙원리
같은 색으로 색칠된 방향에서 어떤 규칙이 있는지 찾아 봅니다.

답

5-1 달력의 ☐ 안에 있는 9개의 수를 모두 더하면 144입니다. 같은 모양으로 9개의 수를 더했을 때, 189가 되는 9개의 수 중 가장 큰 수를 구하시오.

(   )

일	월	화	수	목	금	토
			1	2	3	4
5	6	7	8	9	10	11
12	13	14	15	16	17	18
19	20	21	22	23	24	25
26	27	28	29	30	31	

5-2 달력을 보고 조건을 만족시키는 수를 찾아 쓰시오.

조건
- ☐ 안에 있는 9개의 수 중 하나입니다.
- ☐ 안에 있는 수의 합을 9로 나눈 몫과 같습니다.

(   )

일	월	화	수	목	금	토
			1	2	3	4
5	6	7	8	9	10	11
12	13	14	15	16	17	18
19	20	21	22	23	24	25
26	27	28	29	30	31	

유형 6 바둑돌에서 규칙 찾기

그림과 같은 규칙으로 바둑돌을 놓고 있습니다. 45째에 놓이는 바둑돌은 무슨 색인지 구하시오.

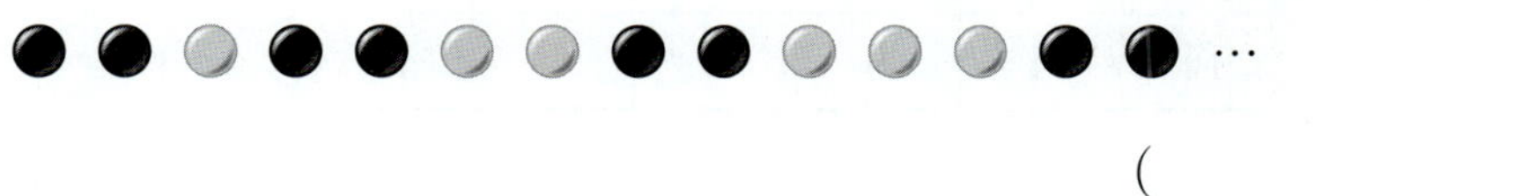

풀이 바둑돌이 반복되는 부분은 ○○●○●●○입니다.

$45 \div 7 = \boxed{} \cdots \boxed{}$ 이므로 45째에 놓이는 바둑돌은 $\boxed{}$째에 놓이는 바둑돌과 같은 $\boxed{}$입니다.

▶ **쏙쏙원리**
바둑돌이 반복되는 규칙을 찾아봅니다.

답

6-1 그림과 같은 규칙으로 바둑돌을 놓고 있습니다. 50째에 놓이는 바둑돌은 무슨 색인지 구하시오.

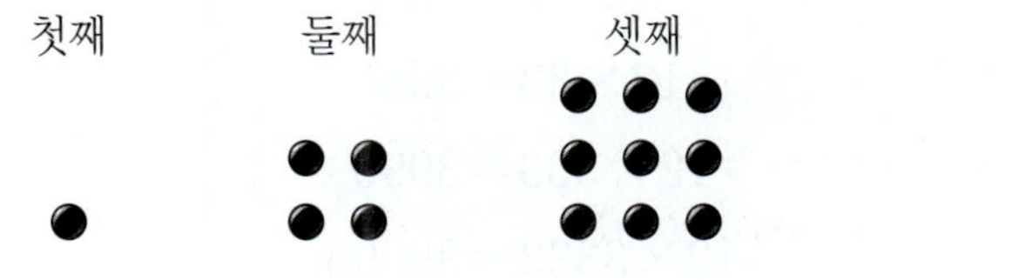

(   )

6-2 그림과 같은 규칙으로 바둑돌을 놓았습니다. 첫째부터 열째까지 놓은 바둑돌의 수는 모두 몇 개입니까?

첫째　　　둘째　　　셋째

(   )

01 수 배열에서 규칙을 찾아 ㉠과 ㉡에 들어갈 수의 차를 구하시오.

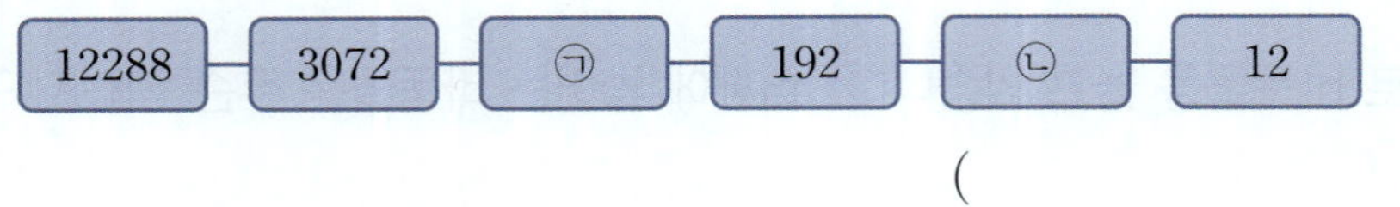

| 12288 | 3072 | ㉠ | 192 | ㉡ | 12 |

( )

$+$, $-$, $\times$, $\div$를 이용하여 수가 얼마만큼 변하는지 알아봅니다.

02 수 배열표에서 규칙을 찾아 ■＋●의 값을 구하시오.

	11	12	13	14	15
8	16	15	5	4	3
9	18	■	9	9	9
10	2	3	4	5	6
11	4	6	8	●	12

( )

두 수의 곱을 먼저 구합니다.

03 곱셈식의 배열에서 규칙을 찾아 계산 결과가 39999996이 되는 곱셈식을 쓰시오.

$$12 \times 3 = 36$$
$$12 \times 33 = 396$$
$$12 \times 333 = 3996$$
$$12 \times 3333 = 39996$$

식 ____________________

04 바둑돌을 다음과 같이 놓았습니다. 12째에 놓인 검은색 바둑돌은 몇 개인지 풀이 과정을 쓰고 답을 구하시오.

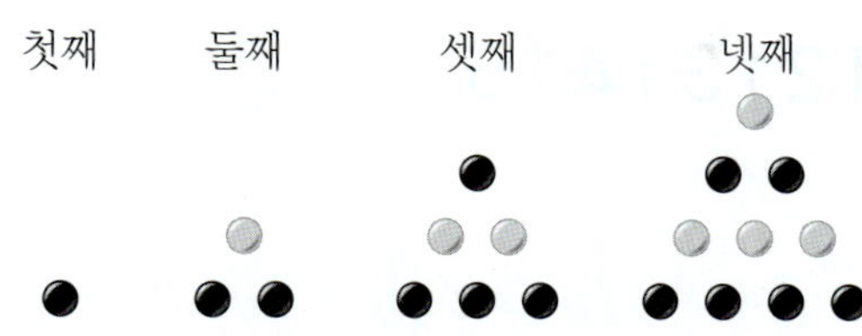

| 첫째 | 둘째 | 셋째 | 넷째 |

풀이 ____________________

____

____

답 ____________________

05 규칙을 찾아 ●, ▲에 알맞은 수를 각각 구하시오.

→ 방향과 ↓ 방향의 수의 변화를 살펴봅니다.

1359	1460		1662	
			1762	1863
1659	●		1962	
		2161		
2359				▲

● (   )

▲ (   )

06 수 카드 5 , 25 , 30 , 50 , 60 중에서 4장을 뽑아 한 번씩만 사용하여 아래의 식을 완성하려고 합니다. 모두 몇 가지 식을 완성할 수 있는지 구하시오. (단, 더하는 순서만 바뀐 식은 한 가지로 생각합니다.)

먼저 나올 수 있는 뺄셈의 계산을 해 봅니다.

$$\boxed{} - \boxed{} = \boxed{} + \boxed{}$$

(   )

07 일정한 규칙으로 수를 놓았습니다. 65째에 놓이는 숫자는 무엇입니까?

1 2 3 4 5 6 7 8 9 10 11 12 13 14 15 …

(   )

두 자리 수의 개수를 먼저 구합니다.

08 [표 1]은 규칙에 따라 수를 써넣은 것입니다. 이와 같은 규칙으로 [표 2]의 색칠한 칸에 알맞은 수를 구하시오.

12481	12489	12497		
	13537	13545		
		14593	14601	14609

[표 1]

5828	5836	5844		

[표 2]

(   )

→, ↓, ↘ 방향 중 규칙을 쉽게 찾을 수 있는 방향의 수의 규칙을 이용합니다.

09 규칙에 따라 바둑돌을 놓았습니다. 한 변에 놓인 바둑돌의 개수를 ▲개, 전체 개수를 ■개라 할 때 물음에 답하시오.

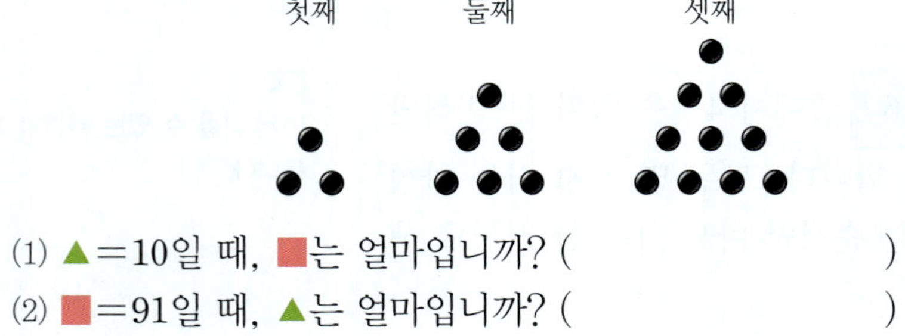

(1) ▲＝10일 때, ■는 얼마입니까? (   )
(2) ■＝91일 때, ▲는 얼마입니까? (   )

10 그림과 같은 규칙으로 성냥개비를 놓았습니다. 정삼각형 15개를 만들려면 성냥개비는 모두 몇 개가 필요합니까?

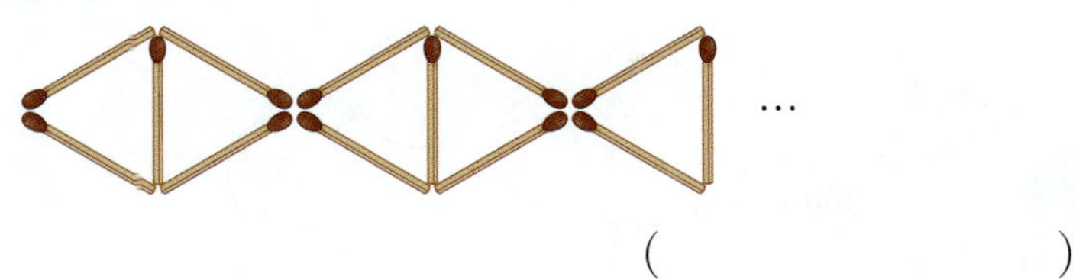

(   )

11 수의 배열에서 규칙을 찾아 ㉠과 ㉡에 들어갈 수의 차를 구하시오.

㉠	5737	6967			
	5847	7077	8307		
			㉡	9647	10877

(   )

→, ↓ 방향으로 얼마만큼 변하는지 알아봅니다.

12 그림과 같은 규칙으로 ●, ◆, ♣를 놓았습니다. 모두 157개를 놓았을 때 ●의 수와 ◆의 수의 차는 몇 개인지 구하시오.

(   )

모양이 반복되는 규칙을 찾습니다.

13 수의 배열에서 규칙을 찾아 ㉠에 알맞은 수와 색깔을 차례로 구하시오.

수의 규칙과 색깔이 반복되는 규칙을 각각 찾습니다.

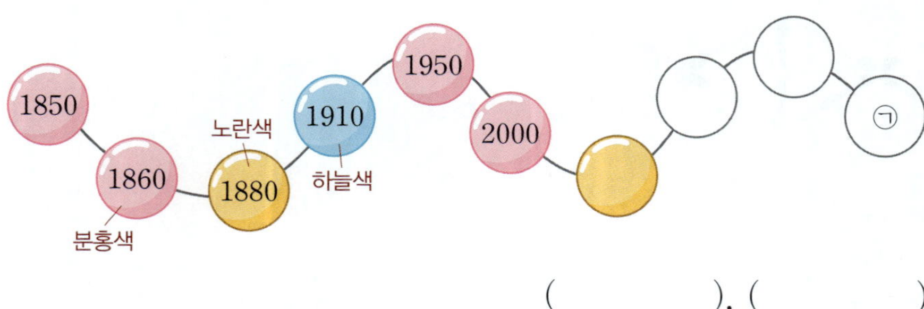

(   ), (   )

14 삼각형의 한 꼭짓점에서 마주 보는 변에 그림과 같이 선분을 그었습니다. 여덟째 모양에서 찾을 수 있는 크고 작은 삼각형은 몇 개입니까?

크고 작은 삼각형의 개수를 빠짐없이 찾습니다.

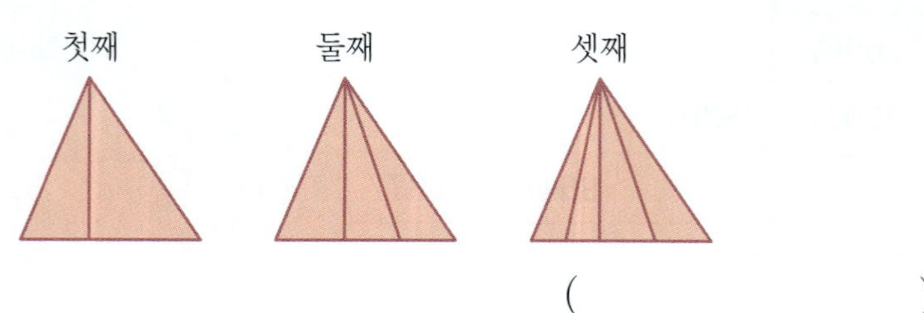

(   )

15 바둑돌의 배열을 보고 흰색 바둑돌이 36개 놓인 모양에서 검은색 바둑돌은 몇 개인지 구하시오.

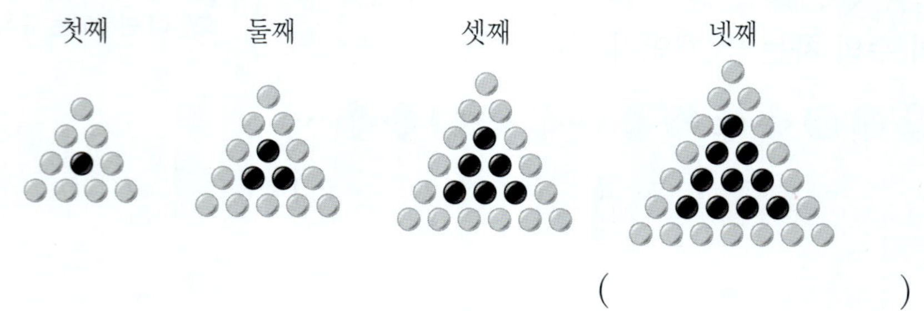

(   )

16 어느 해 9월의 달력입니다. 색칠한 부분의 날짜의 합이 55일 때, 10월 1일은 무슨 요일인지 풀이 과정을 쓰고 답을 구하시오.

9월

일	월	화	수	목	금	토

색칠한 부분 중 가운데 있는 화요일의 날짜를 □로 놓고 계산식을 세웁니다.

풀이

답

17 그림과 같이 오각형 모양의 탁자를 붙여 의자를 놓았습니다. 이 탁자를 15개 붙여 놓으면 의자를 모두 몇 개 놓을 수 있는지 구하시오.

탁자가 1개씩 늘어날 때마다 놓을 수 있는 의자 수를 알아봅니다.

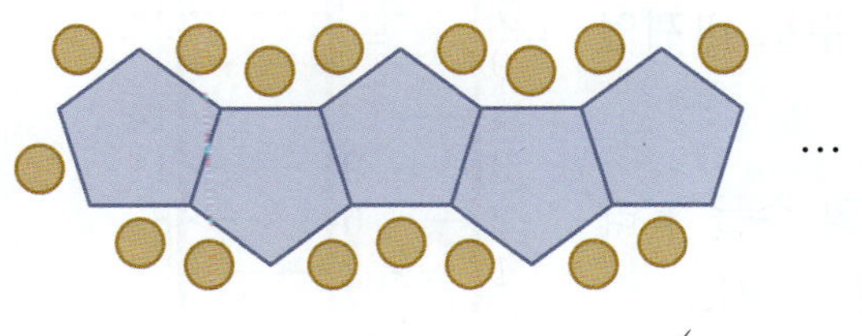

(   )

최상위실력완성

01 수의 배열에서 규칙을 찾아 ㉠과 ㉡에 알맞은 수의 합을 구하시오.

2431	2531	㉠	3031		
		6976	7276	㉡	8176

(   )

02 |보기|는 어떤 규칙에 따라 수를 나열한 것입니다. 3028부터 시작하여 |보기|와 같은 방법으로 수를 나열할 때 마지막에 오는 수를 구하시오.

┤ 보기 ├
1466 → 2932 → 2912 → 11648 → 11248 → 67488 → 61488

(   )

03 오른쪽 그림과 같이 일정한 규칙에 따라 직선 ㄱ 위의 수가 직선ㄴ을 지나 직선 ㄷ의 수로 바뀌었습니다. 물음에 답하시오.

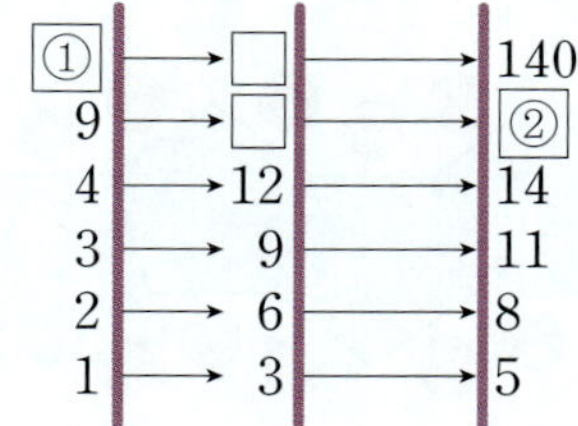

(1) 직선 ㄱ 위의 수를 ■, 직선 ㄷ 위의 수를 ▲라 할 때, ■와 ▲의 관계를 식으로 나타내시오.

(2) ①, ②에 알맞은 수를 각각 구하시오.

▌풀이

▌답

04 은찬이가 저금통에서 50원짜리 동전만을 꺼내어 그림과 같이 정사각형 모양으로 배열하였더니 36개가 남았습니다. 남은 동전으로 가로, 세로 한 줄씩 더 늘리려면 3개가 부족할 때, 은찬이가 저금통에서 꺼낸 50원짜리 동전의 금액의 합은 얼마입니까?

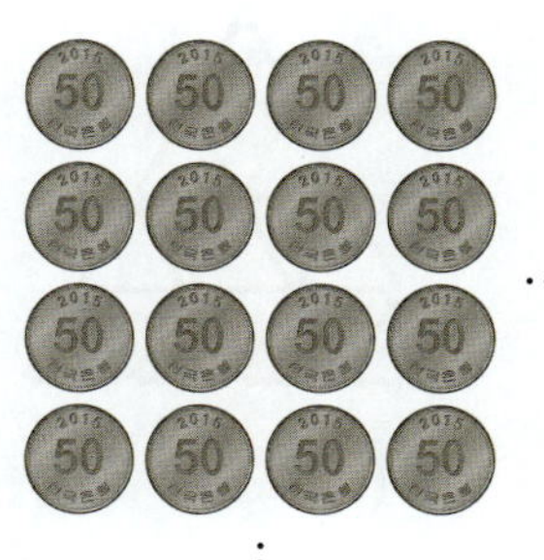

(   )

05 수의 배열에서 규칙을 찾아 다음 물음에 답하시오.

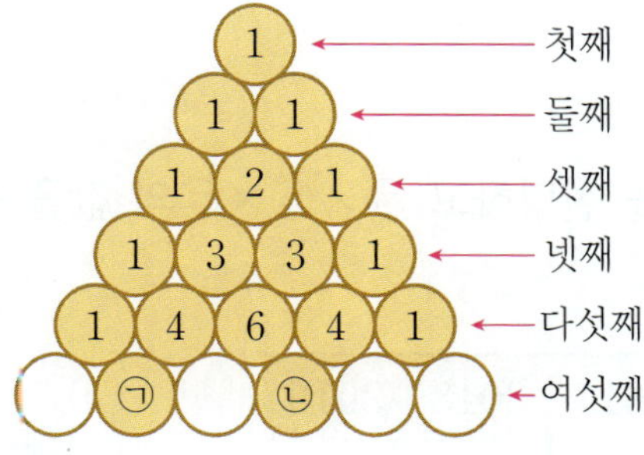

⑴ ㉠, ㉡에 알맞은 수를 각각 구하시오.

㉠ (   ), ㉡ (   )

⑵ 일곱째에 놓이는 수들의 합을 구하시오.

(   )

06 그림과 같이 성냥개비로 규칙에 따라 삼각형을 만들고 있습니다. 첫째와 같은 삼각형이 둘째에는 4개, 셋째에는 9개가 됩니다. 첫째와 같은 삼각형이 64개가 될 때, 성냥개비는 모두 몇 개인지 구하시오.

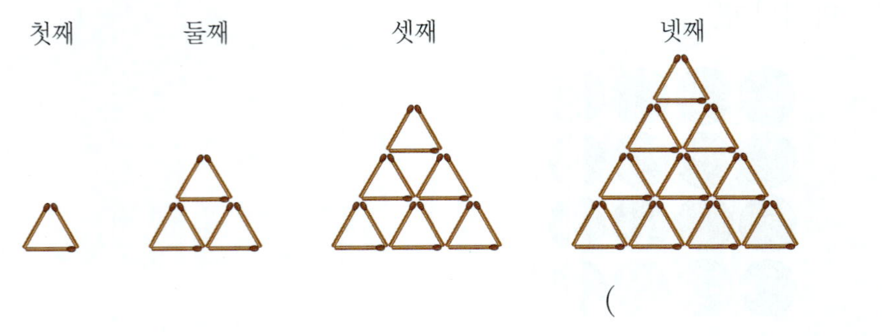

(   )

07 다음은 각각의 규칙에 따라 수를 배열한 것입니다. ㉠의 규칙에서 9째에 올 수와 ㉡의 규칙에서 14째에 올 수의 합을 구하시오.

㉠ 1	2	4	7	11	16	22	…
㉡ 3	6	9	12	15	18	21	…

(   )

08 덧셈을 이용한 수 배열표입니다. 규칙을 설명하고 ㉠×㉡×㉢의 값을 구하시오.

	3015	3016	3017	3018	3019
101	11	12	13	14	6
105	6	㉠	8	9	10
109	㉡	11	12	13	14
113	14	15	7	8	㉢

규칙 ____

(   )

09 수 배열표에서 ✛ 안에 있는 5개의 수의 합은 85입니다. ✛ 안에 있는 5개의 수를 더했을 때 275가 되는 5개의 수를 구하시오.

1	8	15	22
2	9	16	23
3	10	17	24
4	11	18	25
5	12	19	26
6	13	20	27
7	14	21	28

(   )

10 그림과 같은 규칙으로 딸기를 놓았습니다. 23째와 14째에 놓인 딸기의 개수의 합을 구하시오.

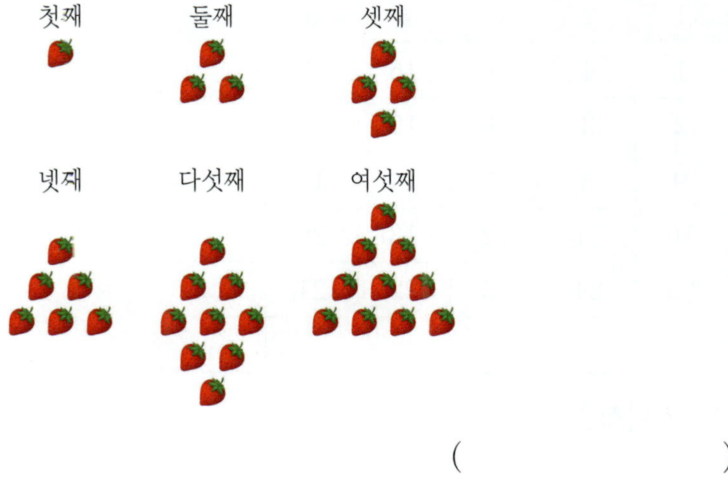

(   )

11 그림과 같은 규칙으로 동전을 놓았습니다. 첫째부터 아홉째까지 놓인 동전의 금액의 합은 얼마입니까?

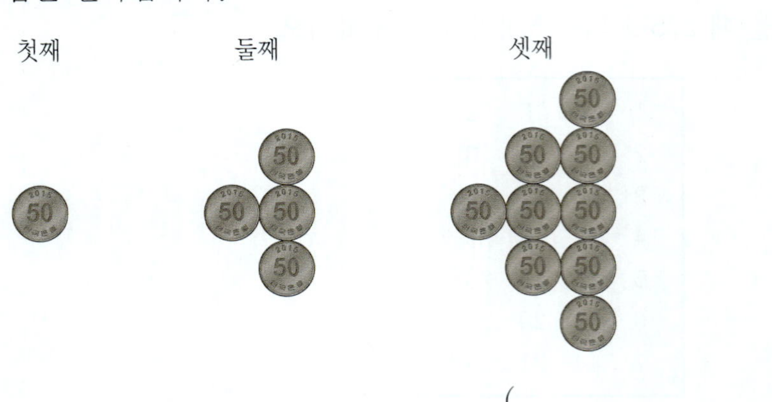

(   )

12 규칙에 따라 수를 배열한 것입니다. $(1, 2)=4$, $(3, 4)=14$로 나타낼 때, 물음에 답하시오.

	1	2	3	4	5	⋯
1	1	4	5	16	17	
2	2	3	6	15	18	
3	9	8	7	14	19	
4	10	11	12	13	20	
5	25	24	23	22	21	
⋮						

⑴ $(9, 4)$의 값은 얼마입니까?

(   )

⑵ $(\blacksquare, \bullet)=110$일 때, $\blacksquare + \bullet$의 값을 구하시오.

(   )

13 수를 넣으면 다음과 같은 규칙으로 수가 나오는 상자가 있습니다. 이 상자에 어떤 수를 연속하여 4번 넣었더니 그 결과가 34였습니다. 어떤 수가 될 수 있는 수를 모두 구하여 그 합을 구하시오.

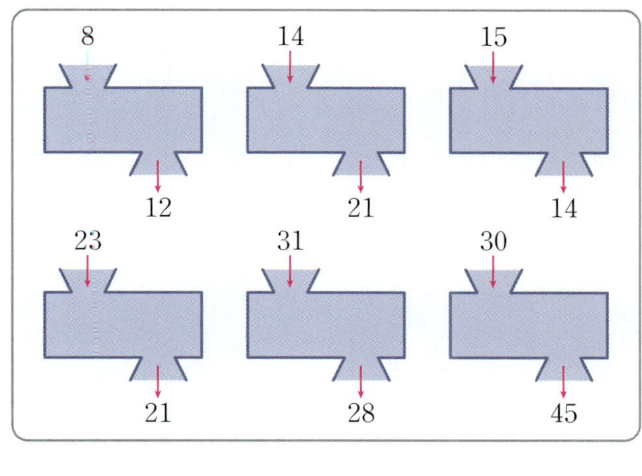

(   )

14 | **보기** |와 같이 십의 자리 수와 일의 자리 수를 곱하여 그 값이 한 자리 수가 될 때까지 계산합니다. 마지막 값이 8이 되는 두 자리 수는 모두 몇 개인지 구하시오.

| **보기** |
$$94 \rightarrow 36 \rightarrow 18 \rightarrow 8$$

(   )

MEMO

MEMO

바다를 보면 바다를 닮고
나무를 보면 나무를 닮고
모두 자신이 바라보는 걸 닮아갑니다.
우리는 지금 어디를 보고 있나요?

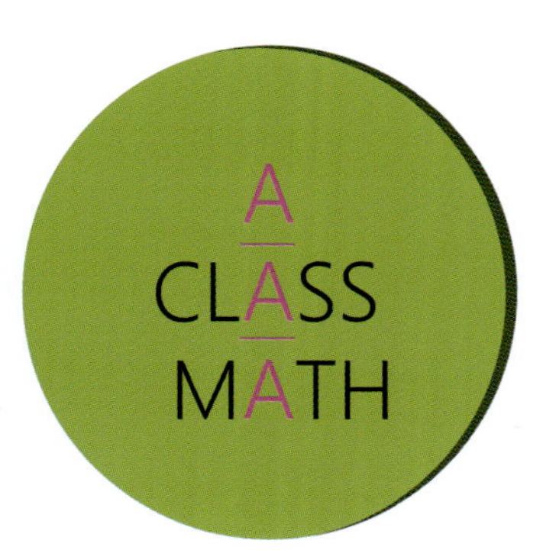

A-class Math
상｜위｜권｜의｜지｜름｜길

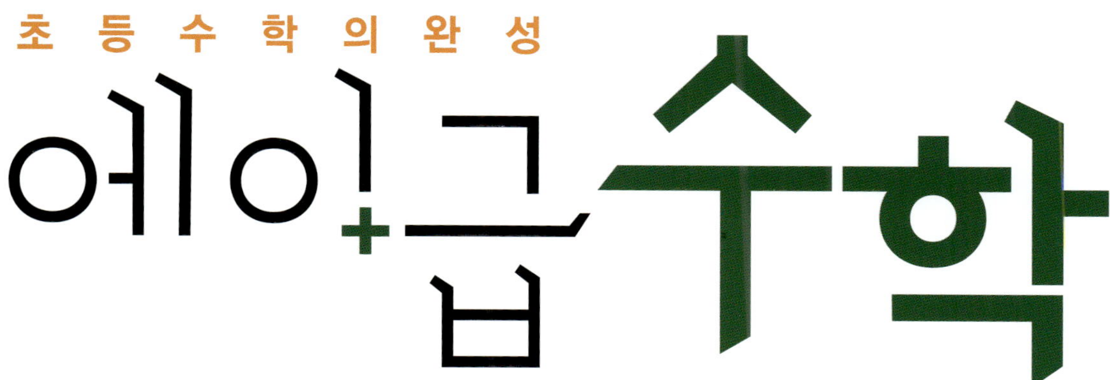

초 등 수 학 의 완 성
에이+급수학

정답 및 풀이

초등 4-1

차례

1. 큰 수

본문 007~009쪽

01 ③ **02** 704104

03 (1) 육만 이천구백팔십사 (2) 84039

04 40000000, 2000000, 100000, 60000

05 (1) 백의 자리 (2) 천만의 자리

06 64300원

07 (시계 방향으로) 1조, 10조, 10, 1000조

08 백조의 자리 숫자: 5, 십억의 자리 숫자: 9

09 ㉠ 8000000000000 ㉡ 80000000

10 (1) 8000만, 1억 2000만, 1억 4000만

(2) 50조, 54조, 62조

11 (1) < (2) < (3) >

12 ㉣, ㉡, ㉢, ㉠

---

01 ③ 9999보다 10 큰 수는 10009입니다.

답 ③

02 100000이 7개이면 700000, 1000이 4개이면 4000, 100이 1개이면 100, 1이 4개이면 4입니다.
⇨ 700000＋4000＋100＋4＝704104

답 704104

03 (2) 자릿값이 없는 경우에는 그 자리에 0을 씁니다.

답 (1) 육만 이천구백팔십사 (2) 84039

04 42160000
＝40000000＋2000000＋100000＋60000

답 40000000, 2000000, 100000, 60000

05 (1) 736856 ➡ 백의 자리
(2) 85743007 ➡ 천만의 자리

답 (1) 백의 자리 (2) 천만의 자리

06 만 원짜리 5장은 50000원, 천 원짜리 12장은 12000원, 백 원짜리 23개는 2300원이므로 저금통에 들어 있는 돈은 50000＋12000＋2300＝64300(원)입니다.

답 64300원

07 1000억의 10배는 1조이고, 1조의 10배는 10조, 10조의 10배는 100조, 100조의 10배는 1000조입니다.

답 (시계 방향으로) 1조, 10조, 10, 1000조

08 3578109231000000
백조의 자리 숫자는 5이고, 십억의 자리 숫자는 9입니다.

답 백조의 자리 숫자: 5, 십억의 자리 숫자: 9

09 답 ㉠ 8000000000000, ㉡ 80000000

10 (1) 2번 뛰어 4000만이 커진 수이므로 2000만씩 뛰어 센 것입니다.
(2) 3번 뛰어 12조가 커진 수이므로 4조씩 뛰어 센 것입니다.

답 (1) 8000만, 1억 2000만, 1억 4000만
(2) 50조, 54조, 62조

11 (1) 47359 < 47539
└─ 3<5 ─┘
(2) 81936 < 200051
5자리 수 6자리 수
(3) 6541736 > 6540988
└─ 1>0 ─┘

답 (1) < (2) < (3) >

12 ㉠ 팔만 이십사 → 8만 24 → 80024
㉡ 80240 ㉢ 80204 ㉣ 82004
큰 수부터 차례대로 쓰면 ㉣, ㉡, ㉢, ㉠입니다.

답 ㉣, ㉡, ㉢, ㉠

유형1 5000000000, 14080000, 120, 5014080120, 4 / 4개

1-1 8개　　　　　**1-2** 6개

유형2 1300000, 80000, 60000, 3700, 1443700 / 1443700원

2-1 100만 원짜리: 25장, 10만 원짜리: 8장

2-2 6052장

유형3 천만, 60000000, 600000, 100 / 100배

3-1 1000배　　　**3-2** 1000배

유형4 8100만, 1500만, 300만, 300만, 3, 8400만, 8700만, 9000만, 9000만 / 9000만

4-1 ㉠: 3억 6000만, ㉡: 4억 6000만

4-2 ㉠: 259억, ㉡: 439억

유형5 5, 8, 0, 1, 120358 / 120358

5-1 698754321

5-2 가장 큰 수: 98765432, 가장 작은 수: 10234567

유형6 11, 11, 같습니다, 4, 6, 5, 5, 0, 1, 2, 3, 4, 5 / 0, 1, 2, 3, 4, 5

6-1 0, 1, 2, 3　　　　　　**6-2** 6

유형7 4, 3, 5, 2, 6, 7, 435276 / 435276

7-1 56487　　　　　　**7-2** 89749330

1-1　조가　28개 → 28000000000000
　　　　억이　49개 →　　　4900000000
　　　　만이 602개 →　　　　　6020000
　　　　　　　　　　　28004906020000

따라서 수로 나타내었을 때 0은 모두 8개입니다.

답 8개

1-2　1000만이 307개 → 3070000000
　　　　　10만이　5개 →　　　500000
　　　　　　만이　8개 →　　　　80000
　　　　　　　　　　　　3070580000

따라서 수로 나타내었을 때 0은 모두 6개입니다.

답 6개

2-1　수표의 수를 가장 적게 하려면 100만 원짜리 수표를 되도록 많이 찾아야 합니다.
백만의 자리까지는 100만 원짜리 수표로 찾고 십만의 자리부터는 10만 원짜리 수표로 찾아야 합니다.
25800000 → 2580만
25800000은 100만이 25개, 10만이 8개인 수이므

로 100만 원짜리 수표는 25장, 10만 원짜리 수표는 8장 찾아야 합니다.

답 100만 원짜리: 25장, 10만 원짜리: 8장

2-2　1000만 원짜리 수표 20장이면 200000000원, 100만 원짜리 수표 402장이면 402000000원, 10000원짜리 지폐 321장이면 3210000원입니다.
200000000＋402000000＋3210000＝605210000
605210000은 10만이 6052개인 수이므로 10만 원짜리 수표로 6052장까지 바꿀 수 있습니다.

답 6052장

3-1　㉠은 천억의 자리 숫자이므로 500000000000을 나타내고 ㉡은 억의 자리 숫자이므로 500000000을 나타냅니다.
따라서 ㉠이 나타내는 값은 ㉡이 나타내는 값의 1000배입니다.

답 1000배

3-2　㉡을 숫자로 나타내면 8912360425입니다.
㉠은 억의 자리 숫자이므로 300000000을 나타내고 ㉡은 십만의 자리 숫자이므로 300000을 나타냅니다.
따라서 ㉠이 나타내는 값은 ㉡이 나타내는 값의 1000배입니다.

답 1000배

4-1　눈금 5칸이 5억－4억＝1억을 나타내므로 눈금 한 칸은 2000만을 나타냅니다.
㉠은 4억에서 2000만씩 거꾸로 2번 뛰어 센 수이므로 4억－3억 8000만－3억 6000만에서 3억 6000만이고
㉡은 4억에서 2000만씩 3번 뛰어 센 수이므로 4억－4억 2000만－4억 4000만－4억 6000만에서 4억 6000만입니다.

답 ㉠: 3억 6000만, ㉡: 4억 6000만

4-2　눈금 4칸이 304억－124억＝180억을 나타내므로 눈금 한 칸은 45억을 나타냅니다.
㉠은 304억에서 45억씩 거꾸로 1번 뛰어 센 수이므로 304억－259억에서 259억이고
㉡은 304억에서 45억씩 3번 뛰어 센 수이므로 304억－349억－394억－439억에서 439억입니다.

답 ㉠: 259억, ㉡: 439억

5-1　7억보다 작은 수 중 가장 큰 수이므로 억의 자리에

6을 먼저 쓰고 다음 자리부터는 큰 수부터 차례대로 씁니다.
⇨ 698754321

답 698754321

5-2 가장 큰 수는 높은 자리부터 큰 수를 차례대로 씁니다.
⇨ 98765432
가장 작은 수는 맨 앞에 0을 제외한 수 중 가장 작은 수를 쓰고, 그다음 자리부터 작은 수를 차례대로 씁니다.
⇨ 10234567

답 가장 큰 수: 98765432, 가장 작은 수: 10234567

6-1 145□320과 1453786은 백만의 자리, 십만의 자리, 만의 자리 숫자가 각각 같고 백의 자리 숫자가 3<7이므로 □ 안에는 3이거나 3보다 작은 수가 들어가야 합니다.
따라서 □ 안에 들어갈 수 있는 수는 0, 1, 2, 3입니다.

답 0, 1, 2, 3

6-2 42□730819와 425731640은 억의 자리, 천만의 자리, 십만의 자리, 만의 자리 숫자가 각각 같고, 천의 자리 숫자가 0<1이므로 □는 5보다 커야 합니다.
따라서 □ 안에 들어갈 수 있는 가장 작은 수는 6입니다.

답 6

7-1 56400보다 크고 57000보다 작은 수이므로 만의 자리 숫자는 5, 천의 자리 숫자는 6입니다.
십의 자리 숫자는 만의 자리 숫자보다 3 크고, 일의 자리 숫자보다 1 크므로 십의 자리 숫자는 8이고, 일의 자리 숫자는 7입니다.
따라서 조건을 모두 만족시키는 수는 56487입니다.

답 56487

7-2 첫 번째, 두 번째 조건을 만족시키는 가장 큰 수가 되도록 천만의 자리와 만의 자리에 수를 놓으면 8□□4□□□□입니다.
네 번째 조건을 만족시키는 가장 큰 수가 되도록 십만의 자리와 일의 자리에 수를 놓으면 8□74□□□0입니다.
세 번째 조건을 만족시키는 가장 큰 수가 되도록 나머지 부분에 수를 놓으면 89749330입니다.

답 89749330

> **01** ④   **02** ㉡, ㉠, ㉢, ㉣
> **03** 7300000, 73000000, 1010000000, 10100000000
> **04** ④   **05** 2000000000
> **06** 긴수염고래, 혹등고래
> **07** (1) 884004 (2) 490884
> **08** 1조 9920억, 2조 300억, 2조 880억
> **09** (1) = (2) < (3) >
> **10** 5480만 원   **11** 74억 4000만
> **12** (1) 776655443232 (2) 223343556677
> **13** 6일 후   **14** 25870장
> **15** ㉥, ㉣, ㉡, ㉤, ㉠, ㉢
> **16** 801억 8700만 원   **17** 유준
> **18** (1) < (2) >

01 ① 5238214 → 30000
② 5283214 → 3000
③ 5382214 → 300000
④ 3852214 → 3000000
⑤ 5137642 → 30000
따라서 숫자 3이 나타내는 수가 가장 큰 수는 ④입니다.

답 ④

02 ㉠, ㉡, ㉢, ㉣을 각각 수로 나타내어 0의 개수를 세어봅니다.
㉠ 4700000000 ⇨ 0이 8개
㉡ 65100000004 ⇨ 0이 7개
㉢ 700000000230 ⇨ 0이 9개
㉣ 120080500000000 ⇨ 0이 11개
따라서 0의 개수가 적은 것부터 차례로 쓰면 ㉡, ㉠, ㉢, ㉣입니다.

답 ㉡, ㉠, ㉢, ㉣

03 73만의 10배는 7300000이고, 100배는 73000000입니다.
1억 100만의 10배는 1010000000이고, 100배는 10100000000입니다.

답 7300000, 73000000, 1010000000, 10100000000

04 ① 9900만보다 10만 큰 수는 9910만입니다.
② 100억의 10배는 1000억입니다.
③ 9000만보다 1000 큰 수는 9000만 1000입니다.
⑤ 10000의 1000배는 1000만입니다.

답 ④

05 62382740100의 1000배는 그 수의 오른쪽에 0을 3개 붙인 수입니다.

즉, 62382740100000에서 십억의 자리 숫자는 2이고, 2가 나타내는 수는 2000000000입니다.

답 2000000000

06 무게가 35780000 g보다 무거운 고래는 긴수염고래(74200500 g), 혹등고래(36400800 g), 흰수염고래(148070000 g)입니다. 이 고래들 중에서 81000500 g보다 가벼운 고래는 긴수염고래와 혹등고래입니다.

답 긴수염고래, 혹등고래

07 (1) 여섯 자리 수 중 가장 큰 수는 884400, 두 번째로 큰 수는 884040, 세 번째로 큰 수는 884004입니다.

(2) 여섯 자리 수 중 가장 작은 수는 400488, 두 번째로 작은 수는 400848, 세 번째로 작은 수는 400884입니다.

따라서 400884보다 90000 큰 수는 490884입니다.

답 (1) 884004 (2) 490884

08

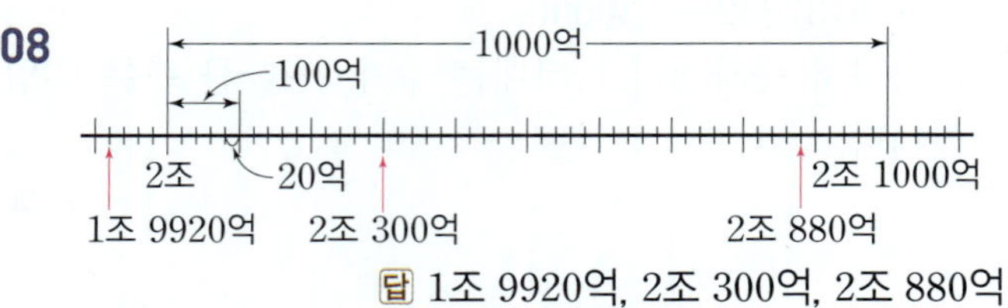

답 1조 9920억, 2조 300억, 2조 880억

09 (1) 8000000＋230000＝8230000

8230000 ＝ 8230000

(2) 400000000＋90300000＝490300000이므로

490300000 ＜ 493000000

└─ 0<3 ─┘

(3) 조가 11개, 억이 580개인 수 → 11조 580억

→ 11058000000000이므로

11083000000000 ＞ 11058000000000

└─ 8>5 ─┘

답 (1) ＝ (2) ＜ (3) ＞

10 ㉠ 회사의 예금액:

4000만 원＋1200만 원＋380만 원
＝5580만 원

㉡ 회사의 예금액:

5580만 원－200만 원－50만 원
＝5330만 원

㉢ 회사의 예금액:

5330만 원＋150만 원＝5480만 원

답 5480만 원

11 77억 6000만에서 거꾸로 8000만씩 4번 뛰어 세기를 하여 어떤 수를 구합니다.

77억 6000만－76억 8000만－76억－75억 2000만－74억 4000만

따라서 어떤 수는 74억 4000만입니다.

답 74억 4000만

12 (1) 가장 큰 수가 776655443322이므로 두 번째로 큰 수는 776655443232입니다.

(2) 가장 작은 수는 223344556677입니다. 이 수보다 100만 작은 수는 백만의 자리 숫자인 4보다 1 작은 수이므로 223343556677입니다.

답 (1) 776655443232 (2) 223343556677

13 2만 3000에서 230억까지 10배씩 뛰어 세면

2만 3000－23만－230만－2300만－2억 3000만－23억－230억입니다.

따라서 6일 후에 유산균 230억 마리가 됩니다.

답 6일 후

14 예 ❶ 100만 원짜리 250장 → 2억 5000만 원

　　10만 원짜리 57장 → 570만 원

　　만 원짜리 300장 → 300만 원
　　　　　　　　　　　　　2억 5870만 원

❷ 2억 5870만은 만의 25870배이므로 2억 5870만 원을 만 원짜리로 바꾸면 25870장입니다.

답 25870장

채점기준	배점	
❶ 건물 대금의 가격 구하기	3점	5점
❷ 만 원짜리로 바꾸면 몇 장인지 구하기	2점	

15 ㉠ 400만－30만＝370만＝3700000

㉡ 350만＋50만＝400만＝4000000

㉢ 3420000＋6700＋60＝3426760

㉣ 4000000＋20＋6＝4000026

㉤ 3876200

㉥ 45만×10＝450만＝4500000

따라서 큰 수부터 기호를 쓰면 ㉥, ㉣, ㉡, ㉤, ㉠, ㉢입니다.

답 ㉥, ㉣, ㉡, ㉤, ㉠, ㉢

16 2024년 매출액인 679억 4700만 원이 매년 20억 4000만 원씩 증가하므로 20억 4000만씩 6번 뛰어 세기를 하면

679억 4700만－699억 8700만－720억 2700만

―740억 6700만―761억 700만
―781억 4700만―801억 8700만
따라서 2030년 매출액은 801억 8700만 원입니다.

답 801억 8700만 원

17 예 ❶ 70000000보다 큰 수 중 가장 작은 수는
70123456입니다.
❷ 70000000보다 작은 수 중 가장 큰 수는
67543210입니다.
❸ 따라서 70000000에 더 가까운 수는 70123456이
므로 유준이가 만든 수입니다.

답 유준

채점기준	배점	
❶ 70000000보다 큰 수 중 가장 작은 수 구하기	2점	
❷ 70000000보다 작은 수 중 가장 큰 수 구하기	2점	5점
❸ 70000000에 더 가까운 수를 만든 사람 구하기	1점	

18 (1) 40□□863 < 400□1376
　　　7자리 수　　　8자리 수

(2) □ 안에 3□99□000은 가장 작은 수인 0을,
30□8□000은 가장 큰 수인 9를 넣으면
3⟨0⟩99⟨0⟩000 > 30⟨9⟩8⟨9⟩000입니다.
⇨ 3□99□000 > 30□8□000

답 (1) < (2) >

STEP Ⓐ 최상위실력완성　　본문 023~026쪽

01 7	**02** 132549999939999
03 100000개	**04** 8년 4개월　**05** 416000 km
06 134679	

07 십이억 삼천팔백사십오만 육백구십칠
08 782976520483
09 두 번째로 큰 수 : 88833030,
두 번째로 작은 수 : 30003838
10 66666666666615　　　**11** 4년
12 15가지

01 금비법 만든 여섯 자리 수는 4□□9□□입니다.
4□□9□□에서 □ 안에 큰 수부터 두 번씩 쓰면
497974입니다.
이 수를 10만 배 한 수는 49797400000입니다. 따라
서 억의 자리 숫자는 7입니다.

답 7

02 금비법 십억의 자리 숫자는 만의 자리 숫자의 3배입니다.

ⓛ에서 만의 자리와 십억의 자리에 들어갈 수 있는
숫자는 각각 1과 3, 2와 6, 3과 9입니다. 이 수 중
모든 조건을 만족시키는 수는
132549999939999입니다.

답 132549999939999

03 금비법 백만의 자리 숫자가 5인 일곱 자리 수 중에서 가장 큰 수
를 먼저 구합니다.

백만의 자리 숫자가 5인 일곱 자리 수 중에서 가장
큰 수는 5999999이고, 5899999보다 큰 수 중 가장
작은 수는 5900000입니다.
따라서 5900000에서 5999999까지는 모두 100000
개입니다.

답 100000개

04 금비법 300만 통의 영양제를 팔았을 때의 이익을 구합니다.

예 ❶ 2만×300만＝600억이므로 매달 600억 원의
이익이 생깁니다.
❷ 6조는 600억의 100배이므로 총 이익이 6조 원이
되기 위해서는 100개월이 걸립니다.
1년은 12개월이고 12×8＝96이므로 100개월은 8
년 4개월입니다.
따라서 총 이익이 6조 원이 되기 위해서는 8년 4개
월이 걸립니다.

답 8년 4개월

채점기준	배점	
❶ 매달 생기는 이익 금액 구하기	1점	
❷ 총 이익이 6조 원이 되기까지 몇 년 몇 개월이 걸리는 지 구하기	4점	5점

05 금비법 1 km＝1000 m＝100000 cm

26000000000000원은 100원짜리 동전
260000000000개이므로 100개씩 2600000000묶음
입니다.
2600000000×16 cm
＝26억×16 cm＝416억 cm
＝41600000000 cm＝416000 km

답 416000 km

06 금비법 각 괄호 안의 수를 먼저 구합니다.

⟨3, 6, 0⟩＝663300
(6, 1, 3, 9, 7, 4)＝134679
(8, 3, 4, 6, 9, 0)＝304689
➡ [663300, 134679, 304689]＝134679

답 134679

07 **조건을 만족하도록 높은 자리부터 작은 숫자를 씁니다.**

십의 자리 숫자를 ㉠, 천만의 자리 숫자를 ㉡, 백만의 자리 숫자를 ㉢, 억의 자리 숫자를 ㉣이라 하면 (㉠, ㉡)은 (3, 1), (6, 2), (9, 3)의 3가지 경우가 있고, (㉢, ㉣)은 (4, 1), (8, 2)의 2가지 경우가 있습니다.

이 중 문제의 조건을 모두 만족시키면서 가장 작은 수는 1238450697이므로 십이억 삼천팔백사십오만 육백구십칠입니다.

> 답 십이억 삼천팔백사십오만 육백구십칠

08 **㉠+㉡=15인 (㉠, ㉡)의 경우를 생각해 봅니다.**

㉠+㉡=15인 경우는 9+6=15, 8+7=15, 7+8=15, 6+9=15의 4가지입니다.

㉠, ㉡을 바꾼 수가 900억이 크므로
㉡㉠−㉠㉡=9에서 ㉡은 ㉠보다 1 큰 수입니다.
따라서 ㉠=7, ㉡=8이므로 처음의 수는
782976520483입니다.

> 답 782976520483

09 **가장 큰 수와 가장 작은 수의 차로 뒤집어져 있는 숫자를 생각해 볼 수 있습니다.**

예 ❶ 가장 큰 수와 가장 작은 수의 차의 천만의 자리 숫자가 5이므로 뒤집어져 있는 수 카드의 숫자는 3입니다.

❷ 가장 큰 수는 88833300, 두 번째로 큰 수는 88833030입니다.

가장 작은 수는 30003388, 두 번째로 작은 수는 30003838입니다.

> 답 두 번째로 큰 수 : 88833030,
> 두 번째로 작은 수 : 30003838

채점기준	배점	
❶ 뒤집어져 있는 수 카드의 숫자 구하기	1점	
❷ 가장 큰 수와 두 번째로 큰 수 구하기	2점	5점
❸ 가장 작은 수와 두 번째로 작은 수 구하기	2점	

10 **나올 수 있는 수 중 가장 큰 수는 66666666666666입니다.**

주사위를 14번 던져 나올 수 있는 수 중 큰 순서대로 14자리 수를 써 보면
6666666666666□에서 6개 ⌉
6666666666665□에서 6개 │
6666666666664□에서 6개 │ 30개
6666666666663□에서 6개 │
6666666666662□에서 6개 ⌋
따라서 31번째로 큰 수는 66666666666616이고,

32번째로 큰 수는 66666666666615입니다.

> 답 66666666666615

11 **고속도로를 건설하는데 드는 총 비용을 먼저 구합니다.**

1년 동안 15×12=180(km)의 고속도로를 건설하므로 1년 동안 드는 공사 비용은
180×5억=900억 (원)입니다.
공사 기간은 3년이므로 총 공사 비용은
900억×3=2700억 (원)입니다.
고속도로 완공 후 예상되는 수익은 1년에
8000×1000만=800억 (원)입니다.
800억×3=2400억, 800억×4=3200억이므로
2700억 원의 고속도로 건설에 든 비용을 회수하려면 최소 4년은 지나야 합니다.

> 답 4년

12 **왼쪽에 넣을 수 있는 수를 구하여 그 각 경우에 오른쪽에 올 수 있는 수를 구합니다.**

둘 다 9자리 수이고, 십만의 자리 숫자는 오른쪽의 수가 더 크므로 5□□>□□7이 성립하면 됩니다.
왼쪽 □□ 안에 넣을 수 있는 수는 13, 15, 17, 31, 35, 37, 51, 53, 57, 71, 73, 75이고, 각 경우에 대해 오른쪽 □□ 안에 넣을 수 있는 수를 구합니다.

왼쪽 □□ 안의 수	오른쪽 □□ 안의 수
13	×
15	37
17	35
31	×
35	17
37	15, 51
51	37
53	17
57	13, 31
71	35, 53
73	15, 51
75	13, 31

따라서 모두 15가지입니다.

> 답 15가지

2. 각도

본문 029~033쪽

01 라　　**02** ㉡　　**03** ㉡
04 각 ㄹㄴㄷ: 140°, 각 ㄱㄴㅁ: 110°
05 8개　　**06** (1) 가, 라 (2) 다, 마
07 (1) 어림한 각도: 예 약 50°, 잰 각도: 50°
　　　(2) 어림한 각도: 예 약 120°, 잰 각도: 120°
08 어림한 각도: 예 약 50°, 잰 각도: 50°
09 세희
10 (1) 합: 125°, 차: 65° (2) 합: 195°, 차: 45°
11 (1) 45 (2) 60　　**12**
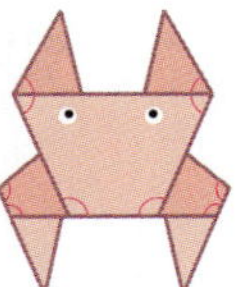
13 (1) 45 (2) 60　　**14** 98°
15 (1) 70° (2) 40°　　**16** (1) 85 (2) 105
17 76°　　**18** 44°

01 |보기|의 각보다 더 적게 벌어진 각을 찾습니다.
　　답 라

02 두 변이 많이 벌어질수록 큰 각입니다. 따라서 각의 크기가 가장 큰 것은 ㉡입니다.
　　답 ㉡

03 ㉠ 각도기의 중심을 각의 꼭짓점에 맞추지 않았습니다.
　　답 ㉡

04 각 ㄹㄴㄷ은 각의 한 변이 각도기의 안쪽 눈금 0에 맞춰져 있으므로 나머지 한 변과 만나는 안쪽 눈금을 읽습니다. ⇨ (각 ㄹㄴㄷ)=140°
각 ㄱㄴㅁ은 각의 한 변이 각도기의 바깥쪽 눈금 0에 맞춰져 있으므로 나머지 한 변과 만나는 바깥쪽 눈금을 읽습니다. ⇨ (각 ㄱㄴㅁ)=110°
　　답 각 ㄹㄴㄷ: 140°, 각 ㄱㄴㅁ: 110°

05 둔각은 직각보다 크고 180°보다 작은 각이므로 그림에서 둔각은 8개입니다.
　　답 8개

06 예각은 0°보다 크고 직각보다 작은 각이고, 둔각은 직각보다 크고 180°보다 작은 각입니다.
　　답 (1) 가, 라 (2) 다, 마

07 답 (1) 어림한 각도: 예 약 50°, 잰 각도: 50°
　　　(2) 어림한 각도: 예 약 120°, 잰 각도: 120°

08 각도가 삼각자의 45°보다 커 보이므로 약 50°라고 어림할 수 있습니다.
　　답 어림한 각도: 예 약 50°, 잰 각도: 50°

09 주어진 각을 각도기로 재어 보면 70°입니다. 따라서 세희가 어림한 각도가 70°에 가장 가깝습니다.
　　답 세희

10 (1) 합: 30°+95°=125°, 차: 95°−30°=65°
　　(2) 합: 120°+75°=195°, 차: 120°−75°=45°
　　답 (1) 합: 125°, 차: 65° (2) 합: 195°, 차: 45°

11 (1) □°=130°−85°=45°
　　(2) □°=140°−80°=60°
　　答 (1) 45 (2) 60

12 40°+25°=65°, 140°−95°=45°
55°+55°=110°, 10°+35°=45°
170°−60°=110°, 110°−45°=65°
　　답 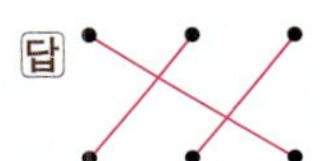

13 삼각형의 세 각의 크기의 합은 180°이므로
(1) 70°+65°+□°=180°, 135°+□°=180°
　　□°=180°−135°=45°
(2) □°+35°+85°=180°, □°+120°=180°
　　□°=180°−120°=60°
　　답 (1) 45 (2) 60

14 삼각형의 세 각의 크기의 합은 180°이므로
㉠+㉡+82°=180°입니다.
⇨ ㉠+㉡=180°−82°=98°
　　답 98°

15 삼각형의 세 각의 크기의 합은 180°입니다.
(1) (각 ㄱㄴㄷ)+30°+40°=180°
　　(각 ㄱㄴㄷ)=180°−30°−40°=110°
　　□=180°−110°=70°
(2) (각 ㄱㄴㄷ)=180°−120°=60°
　　(각 ㄱㄴㄷ)+80°+□=180°
　　60°+80°+□=180°
　　□=180°−80°−60°=40°
　　답 (1) 70° (2) 40°

16 사각형의 네 각의 크기의 합은 360°입니다.
(1) □°+80°+75°+120°=360°
　　□°+275°=360°
　　□°=360°−275°=85°
(2) 80°+□°+85°+90°=360°, □°+255°=360°
　　□°=360°−255°=105°

답 (1) 85 (2) 105

17 사각형의 네 각의 크기의 합은 360°입니다.
(각 ㄴㄷㄹ)=180°−110°=70°
(각 ㄱㄴㄷ)=360°−90°−70°−124°=76°

답 76°

18 사각형 ㄱㄴㅁㄹ에서
(각 ㄴㅁㄹ)=360°−80°−100°−66°=114°
(각 ㄹㅁㄷ)=180°−114°=66°
삼각형 ㄹㅁㄷ에서
(각 ㅁㄹㄷ)=180°−66°−70°=44°

답 44°

다른풀이
주어진 도형은 사각형이므로
(각 ㅁㄹㄷ)=360°−80°−100°−70°−66°=44°

STEP C 교과서유형완성 　본문 034~040쪽

> **유형 1** 180°, 180°, 60°, 180°, 180°, 60°, 85°
> / ㉠: 60°, ㉡: 85°
> **1-1** 87°　　　　**1-2** 25°
> **유형 2** 180°, 75°, 40°, 40°, 50° / 50°
> **2-1** 25°　　　　**2-2** 35°
> **유형 3** 90°, 40°, 360°, 40°, 110° / 110°
> **3-1** 224°　　　　**3-2** 100°
> **유형 4** 60°, 45°, 60°, 45°, 105° / 105°
> **4-1** 15°　　　　**4-2** 135°
> **유형 5** ②, ④, ⑤, 6, ③, ④, ④, ⑤, ④, ⑤, 7
> / 예각: 6개, 둔각: 7개
> **5-1** 4개　　　　**5-2** 10개
> **유형 6** 140°, 40°, 40°, 20°, 20°, 70 / 70°
> **6-1** 106°　　　　**6-2** 100°
> **유형 7** 30°, 30°, 15°, 30°, 15°, 45° / 45°
> **7-1** 150°　　　　**7-2** 42°

1-1 직선 ㄴㅁ에서
㉡+100°+27°=180°
㉡=180°−100°−27°
　=53°
직선 ㄱㄹ에서
㉡+40°+㉠=180°, 53°+40°+㉠=180°
㉠=180°−53°−40°=87°

답 87°

1-2 직선 ㅅㄷ에서
75°+㉡+50°=180°,
㉡=180°−75°−50°=55°
직선 ㄱㅁ에서
㉡+75°+㉠+25°=180°
55°+75°+㉠+25°=180°
㉠=180°−55°−75°−25°=25°

답 25°

2-1 삼각형의 세 각의 크기의 합은 180°이므로
(각 ㄱㄴㄷ)=180°−35°−20°=125°
직선이 이루는 각의 크기는 180°이므로
㉠=180°−30°−125°=25°

답 25°

2-2 삼각형 ㄱㄴㅁ에서
(각 ㄱㅁㄴ)=180°−90°−25°=65°이므로
(각 ㄷㅁㄹ)=180°−65°−60°=55°입니다.
삼각형 ㄷㄹㅁ에서
(각 ㅁㄷㄹ)=180°−90°−55°=35°

답 35°

3-1 (각 ㄴㄷㄹ)=180°−55°
　　　　　　=125°
(도형 ㄱㄴㄷㄹㅁ의 모든 각
의 크기의 합)
=(사각형 ㄱㄴㄷㅁ의 네 각의 크기의 합)
　+(삼각형 ㄷㄹㅁ의 세 각의 크기의 합)
=360°+180°=540°
따라서 ㉠=540°−71°−90°−125°−30°=224°
입니다.

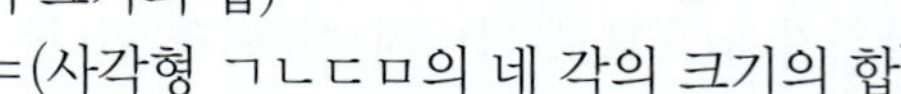

답 224°

3-2 사각형 ㄱㅁㄷㄹ에서
㉢=360°−100°−80°−㉠
　=180°−㉠
사각형 ㄱㄴㄷㄹ에서
㉢+30°+70°+㉡+80°

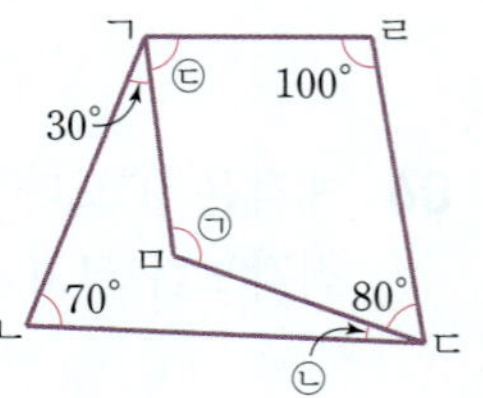

$+100°=360°$이므로
$180°-㉠+30°+70°+㉡+80°+100°=360°$
$460°-㉠+㉡=360°$ ➡ $㉠-㉡=100°$

답 100°

4-1 $㉡=180°-90°-45°=45°$
$㉢=180°-90°-60°=30°$
$㉠=㉡-㉢=45°-30°=15°$

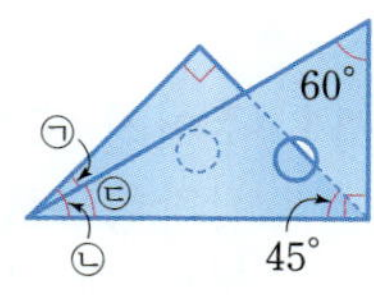

답 15°

4-2 $㉡=180°-90°-30°=60°$
$㉢=180°-90°-45°=45°$
$㉣=㉡-㉢=60°-45°=15°$
삼각형의 세 각의 크기의 합은
$180°$이므로 $㉠=180°-15°-30°=135°$

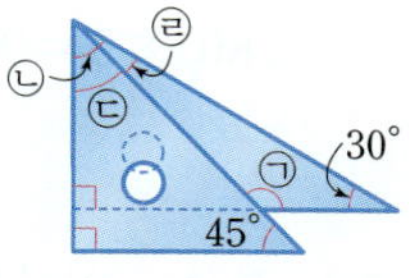

답 135°

5-1 예각: ①, ②, ③, ④, ⑤,
①+②, ②+③, ③+④,
의 8개
둔각: ②+③+④, ③+④+⑤,
①+②+③+④, ②+③+④+⑤의 4개
➡ $8-4=4$(개)

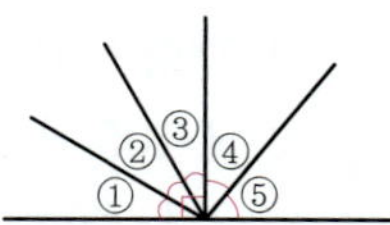

답 4개

5-2 찾을 수 있는 예각은
①, ②, ③, ④, ⑤, ⑥,
①+②, ②+③, ④+⑤,
⑤+⑥의 10개입니다.

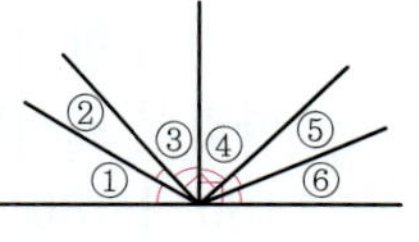

답 10개

6-1 삼각형 ㄱㄹㄷ과 삼각형 ㄱㅂ
ㄷ은 모양과 크기가 같으므로
(각 ㅂㄱㄷ)=(각 ㄹㄱㄷ)
　　　　　　$=37°$입니다.
(각 ㄹㄱㄴ)=$90°$이므로
(각 ㄴㄱㅁ)=$90°-37°-37°=16°$
삼각형 ㄱㄴㅁ에서
(각 ㄱㅁㄴ)=$180°-90°-16°=74°$
따라서 (각 ㄱㅁㄷ)=$180°-74°=106°$입니다.

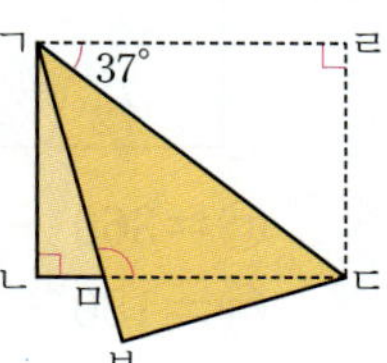

답 106°

6-2 삼각형 ㄱㄹㅂ과 삼각형 ㅁㄹㅂ은
모양과 크기가 같으므로
(각 ㄱㅂㄹ)=(각 ㅁㅂㄹ)
　　　　　　$=180°-35°-65°$
　　　　　　$=80°$입니다.

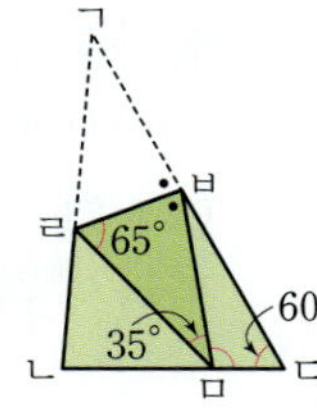

(각 ㅁㅂㄷ)=$180°-80°-80°=20°$이므로
삼각형 ㄷㅁㅂ에서
(각 ㄷㅁㅂ)=$180°-60°-20°=100°$

답 100°

7-1 숫자 눈금 한 칸의 각도는 $30°$이고, 긴바늘과 짧은
바늘이 이루는 작은 쪽의 각도는 숫자 5칸이므로
$30°×5=150°$입니다.

답 150°

7-2 3시 24분에 긴바늘과 짧은바늘이 이루는 작은 쪽
의 각도는 작은 눈금 7칸의 각도와 같습니다. 작은
눈금 한 칸의 각도는
$360°÷60=6°$이므로 긴바늘과 짧은바늘이 이루
는 작은 쪽의 각도는 $6°×7=42°$입니다.

답 42°

01 ㉠: 100°, ㉡: 150°, ㉢: 230°	**02** 60°	
03 합: 105°, 차: 15°	**04** ㄱ, ㄷ	
05 4번	**06** 135°	**07** 108°
08 255°	**09** ㉠: 120°, ㉡: 135°	
10 150°	**11** 900°	**12** 80°
13 360°	**14** 128°	**15** 87°
16 135°	**17** 2개	**18** 88°

01 $㉠=90°-30°+40°=100°$
$㉡=180°-30°=150°$
$㉢=180°+90°-40°=230°$

답 ㉠: 100°, ㉡: 150°, ㉢: 230°

02 $㉡=㉠+15°$이므로
$㉠+㉡+45°=180°$, $㉠+㉠+15°+45°=180°$
$㉠+㉠=180°-60°=120°$, $㉠=60°$

답 60°

03 ㉠: $360°÷6=60°$, ㉡: $360°÷8=45°$
따라서 합은 $60°+45°=105°$, 차는 $60°-45°=15°$
입니다.

답 합: 105°, 차: 15°

04 삼각형의 세 각의 크기의 합은 180°이므로 더해서 180°가 되지 않으면 삼각형의 세 각이 될 수 없습니다.
ㄱ. 30°+45°+70°=145°
ㄷ. 40°+60°+90°=190°
따라서 ㄱ, ㄷ은 삼각형의 세 각이 될 수 없습니다.

답 ㄱ, ㄷ

05 4시에서 10시까지 긴바늘과 짧은바늘이 이루는 작은 쪽의 각이 둔각인 시각은 4시, 5시, 7시, 8시이므로 4번입니다.

답 4번

06 서로 이웃하는 2개의 곤돌라가 이루는 각도가 45°이므로 2번 곤돌라와 7번 곤돌라가 이루는 작은 쪽의 각도는 45°×3=135°입니다.

답 135°

07 직선을 이루는 각도 180°가 같은 크기의 각 10개로 나뉘어져 있으므로 가장 작은 각의 크기는 180°÷10=18°입니다. 각 ㄴㅇㅈ은 가장 작은 각 6개로 이루어져 있으므로 그 크기는 18°×6=108°입니다.

답 108°

08 숫자 눈금 한 칸의 각의 크기는 360°÷12=30°입니다.
㉠=(숫자 눈금 한 칸의 각의 크기)×(칸 수)
  =30°×5=150°
숫자 2에서 6까지는 4칸이므로 30°×4=120°이고, 짧은 바늘은 1시간에 30° 움직이므로 30분에는 30°÷2=15° 움직입니다.
㉡=120°−15°=105°
➡ ㉠+㉡=150°+105°=255°

답 255°

09 예 ❶ ㉢=180°−90°−30°=60°
㉠=180°−60°=120°
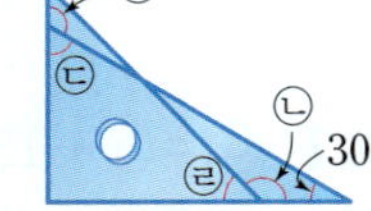
❷ ㉣은 60°보다 작은 직각 삼각자의 한 각이므로 45°입니다.
㉡=180°−45°=135°

답 ㉠: 120°, ㉡: 135°

채점기준	배점	
❶ ㉠의 각도 구하기	3점	5점
❷ ㉡의 각도 구하기	2점	

10 45°×6=270°이므로

㉠=360°−270°=90°입니다.
60°×5=300°이므로
㉡=360°−300°=60°입니다.
➡ ㉠+㉡=90°+60°=150°

답 150°

11 주어진 도형은 그림과 같이 5개의 삼각형으로 나눌 수 있습니다. 삼각형의 세 각의 크기의 합은 180°이므로 표시된 각의 크기의 합은 180°×5=900°입니다.
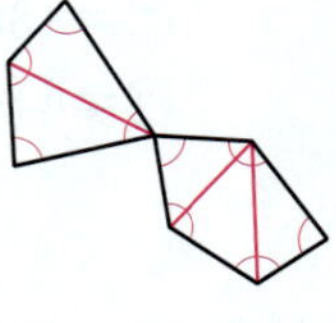

답 900°

12 직선이 이루는 각의 크기는 180°이므로
㉡=180°−40°−55°=85°
입니다.
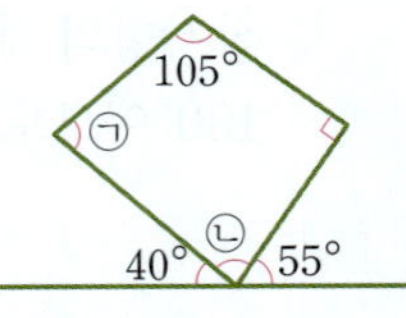
사각형의 네 각의 크기의 합은 360°이므로
㉠+105°+90°+85°=360°입니다.
따라서 ㉠=360°−105°−90°−85°=80°입니다.

답 80°

13 ㉠+㉢+㉤은 삼각형의 세 각의 크기의 합이므로 180°이고, ㉡+㉣+㉥도 삼각형의 세 각의 크기의 합이므로 180°입니다.
따라서 표시된 각의 크기의 합은 180°+180°=360°입니다.
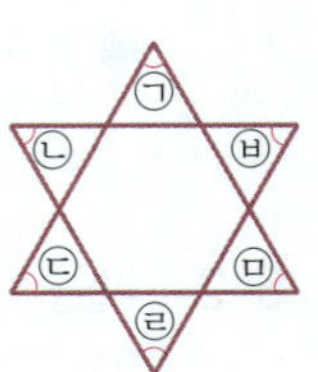

답 360°

14

㉢=360°−90°−90°−72°=108°이므로
㉠=180°−108°=72°
㉣=180°−56°−72°=52°이므로
㉡=180°−72°−52°=56°
➡ ㉠+㉡=72°+56°=128°

답 128°

15 각 ㄱㄴㄷ의 크기를 ㉠이라 하면
(각 ㄷㄱㄴ)=㉠−21°, (각 ㄱㄷㄴ)=㉠+30°
삼각형의 세 각의 크기의 합은 180°이므로
㉠+(㉠−21°)+(㉠+30°)=180°
㉠+㉠+㉠=171°, ㉠=57°
따라서 각 ㄱㄷㄴ의 크기는 57°+30°=87°입니다.

답 87°

16 예 ❶ 주어진 도형은 삼각형 6개로
나눌 수 있으므로
(모든 각의 크기의 합)
$=180°\times6=1080°$입니다.
❷ 8개의 각의 크기가 모두 같으므로
(한 각의 크기)$=1080°\div8=135°$입니다.

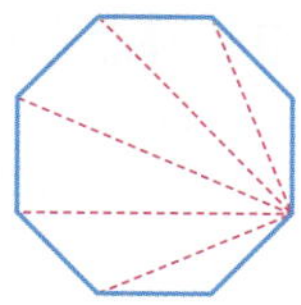

답 135°

채점기준	배점	
❶ 모든 각의 크기의 합 구하기	4점	5점
❷ 한 각의 크기 구하기	1점	

17

6시　　　9시　　　6시 15분

4시 10분　　2시 55분　　1시 20분

짧은바늘과 긴바늘이 이르는 작은 쪽의 각이 0°보다
크고 90°보다 작은 것을 찾아보면 4시 10분과 1시
20분입니다.
따라서 예각은 모두 2개입니다.

답 2개

18 사각형 ㄱㄴㄷㄹ에서
(각 ㄹㄱㄴ)$+$(각 ㄱㄴㄷ)$=360°-90°-86°$
$\qquad\qquad\qquad\qquad=184°$
(각 ㄱㄴㅁ)$=$(각 ㅁㄴㄷ),
(각 ㄹㄱㅁ)$=$(각 ㅁㄱㄴ)이므로
(각 ㅁㄱㄴ)$+$(각 ㄱㄴㅁ)$=184°\div2=92°$
삼각형 ㄱㄴㅁ에서
㉠$=180°-$(각 ㅁㄱㄴ)$-$(각 ㄱㄴㅁ)
$\quad=180°-92°=88°$

답 88°

STEP A 최상위실력완성　　본문 047~050쪽

01 24가지	**02** 60°	**03** 64°
04 360°	**05** 360°	**06** 121°
07 56°	**08** 110°	**09** 180°
10 47°	**11** 95°	**12** 4시

01 A급비법 둔각은 직각보다 크고 180°보다 작은 각입니다.

다음 그림과 같이 모두 24가지가 있습니다.

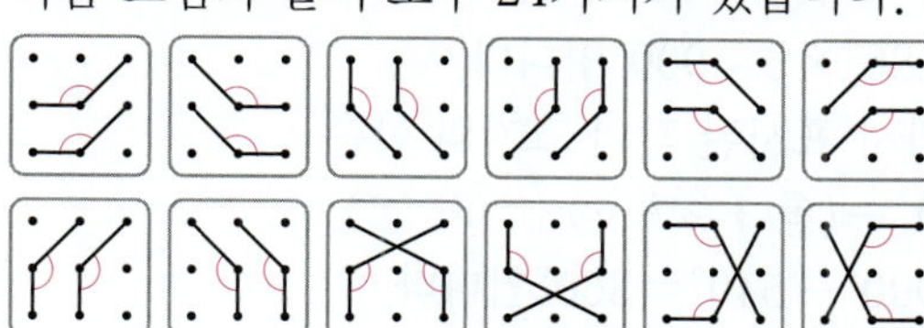

답 24가지

02 A급비법 삼각형의 세 각의 크기의 합은 180°입니다.
삼각형의 세 각의 크기의 합은 180°이므로
삼각형 ㄹㄴㄷ에서
(각 ㄹㄴㄷ)$+$(각 ㄹㄷㄴ)$=180°-$(각 ㄴㄹㄷ)
$\qquad\qquad\qquad\qquad\qquad=180°-120°$
$\qquad\qquad\qquad\qquad\qquad=60°$
(각 ㄱㄴㄷ)$=$(각 ㄱㄴㄹ)$+$(각 ㄹㄴㄷ),
(각 ㄱㄷㄴ)$=$(각 ㄱㄷㄹ)$+$(각 ㄹㄷㄴ)이므로
(각 ㄱㄴㄷ)$+$(각 ㄱㄷㄴ)
$=$(각 ㄱㄴㄹ)$+$(각 ㄹㄴㄷ)$+$(각 ㄱㄷㄹ)
$\quad+$(각 ㄹㄷㄴ)
$=$(각 ㄱㄴㄹ)$+$(각 ㄱㄷㄹ)$+$(각 ㄹㄴㄷ)
$\quad+$(각 ㄹㄷㄴ)
$=60°+60°=120°$
삼각형 ㄱㄴㄷ에서
(각 ㄴㄱㄷ)$+$(각 ㄱㄴㄷ)$+$(각 ㄱㄷㄴ)
$=$(각 ㄴㄱㄷ)$+120°=180°$이므로
(각 ㄴㄱㄷ)$=180°-120°=60°$입니다.

답 60°

03 A급비법 삼각형의 세 각의 크기의 합을 이용합니다.
직선이 이루는 각의 크기는 180°이므로
(각 ㅂㅁㅅ)$=180°-106°=74°$입니다.
삼각형 ㅁㅂㅅ에서
(각 ㅁㅂㅅ)$=180°-74°-42°=64°$이고,
삼각형 ㄹㅂㄷ에서
(각 ㅂㄹㄷ)$=180°-90°-64°=26°$입니다.
(각 ㄱㄹㄷ)$=90°$이므로 ㉠$=90°-26°=64°$입니다.

답 64°

04 A급비법 오각형을 여러 개의 삼각형으로 나누어 다섯 각의 크기의
합을 구해 봅니다.
오각형은 세 개의 삼각형으로 나
눌 수 있으므로 오각형의 다섯 각
의 크기의 합은 $180°\times3=540°$
입니다.
직선이 이루는 각의 크기는 180°
이므로

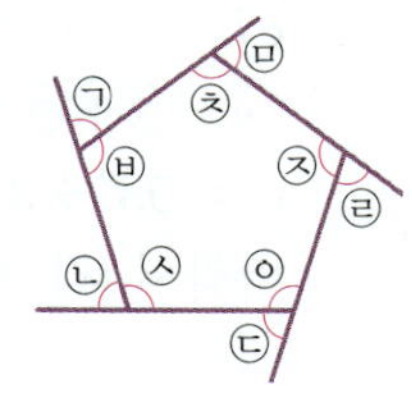

⊙+⊙+⊙+⊙+⊙+⊙+⊙+⊙+⊙+⊙
$=180°×5=900°$입니다.
따라서 표시된 각의 크기의 합은
$900°-($ⓗ$+$ⓢ$+$ⓞ$+$ⓩ$+$ⓒ$)$
$=900°-540°=360°$입니다.

답 $360°$

05 육각형을 여러 개의 삼각형으로 나누어 여섯 각의 크기의 합을 구해 봅니다.

육각형은 삼각형 4개로 나눌 수 있으므로
(모든 각의 크기의 합)
$=180°×4=720°$입니다.
여섯 각의 크기가 모두 같으므로
(한 각의 크기)$=720°÷6=120°$입니다.
ⓐ+ⓑ+ⓒ+ⓓ+ⓔ+ⓕ+ⓖ
$=360°+120°+120°+120°=720°$
사각형의 네 각의 크기의 합은 $360°$이므로
ⓐ+ⓑ+ⓒ$=720°-360°=360°$입니다.

답 $360°$

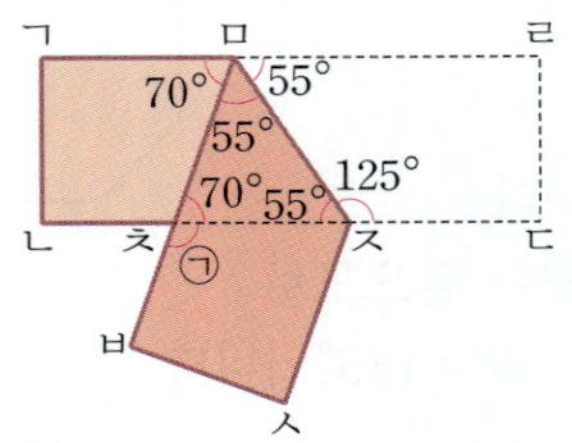

06 삼각형의 세 각의 크기의 합은 $180°$이고, 사각형의 네 각의 크기의 합은 $360°$입니다.

(각 ㄱㄴㄷ)$=180°-111°=69°$
(각 ㅂㄷㄹ)$=$(각 ㄱㄷㄴ)
$\qquad\qquad=180°-52°-69°=59°$
(각 ㄷㅂㅁ)$=360°-90°-90°-59°=121°$

답 $121°$

07 직선이 이루는 각의 크기는 $180°$임을 이용합니다.

삼각형 ㄱㄹㄷ에서
ⓐ+ⓒ+(각 ㄱㄹㄷ)$=180°$이고,
ⓐ$=$ⓒ이므로
(각 ㄱㄹㄷ)$=180°-$ⓐ$-$ⓒ$=180°-$ⓐ$-$ⓐ입니다.
(각 ㄱㄹㄷ)$+$ⓓ$=180°$이고,
$(180°-$ⓐ$-$ⓐ$)+$ⓓ$=180°$이므로 ⓓ$=$ⓐ$+$ⓐ입니다.
ⓑ$=$ⓓ이므로 ⓑ$=$ⓐ$+$ⓐ
삼각형 ㄱㄴㄷ에서
(각 ㄱㄷㄴ)$+$ⓐ$+$ⓑ$=180°$
$87°+$ⓐ$+$ⓐ$+$ⓐ$=180°$
ⓐ$+$ⓐ$+$ⓐ$=180°-87°=93°$
ⓐ$=93°÷3=31°$
따라서 (각 ㄹㄷㄴ)$=87°-31°=56°$입니다.

답 $56°$

08 사각형의 네 각의 크기의 합은 $360°$입니다.

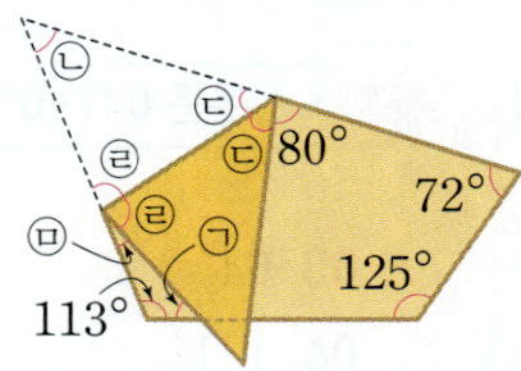

접기 전 부분과 접힌 부분은 모양과 크기가 같고 직선이 이루는 각의 크기는 $180°$이므로
(각 ㅂㅁㅈ)$=$(각 ㄹㅁㅈ)$=(180°-70°)÷2=55°$입니다.
사각형 ㅁㅈㄷㄹ에서
(각 ㅁㅈㄷ)$=360°-55°-90°-90°=125°$입니다.
(각 ㅁㅈㅊ)$=180°-125°=55°$
삼각형 ㅁㅊㅈ에서
(각 ㅁㅊㅈ)$=180°-55°-55°=70°$입니다.
따라서 ⓐ$=180°-70°=110°$입니다.

답 $110°$

09 직선이 이루는 각의 크기는 $180°$입니다.

삼각형의 세 각의 크기는 $180°$이고 직선이 이루는 각의 크기는 $180°$이므로
삼각형 ㅂㄷㅁ에서
ⓒ+ⓔ+ⓞ$=180°$,
직선 ㄱㄷ에서
ⓗ+ⓞ$=180°$
➡ ⓗ$=$ⓒ+ⓔ
삼각형 ㅊㄴㄹ에서 ⓑ+ⓓ+ⓩ$=180°$,
직선 ㄱㄹ에서 ⓢ+ⓩ$=180°$
➡ ⓢ$=$ⓑ+ⓓ
삼각형 ㄱㅂㅊ에서
ⓐ+ⓗ+ⓢ$=$ⓐ+ⓒ+ⓔ+ⓑ+ⓓ$=180°$
➡ ⓐ+ⓑ+ⓒ+ⓓ+ⓔ$=180°$

답 $180°$

10 접힌 부분과 접기 전 부분은 모양과 크기가 같습니다.

ⓑ$=360°-113°-125°-72°=50°$
ⓒ$=(180°-80°)÷2=50°$
ⓓ$=180°-$ⓑ$-$ⓒ$=180°-50°-50°=80°$
ⓔ$=180°-$ⓓ$-$ⓓ$=180°-80°-80°=20°$
ⓐ$=180°-$ⓔ$-113°$

$$=180°-20°-113°=47°$$

답 47°

11 A금비법 크기가 서로 같은 각을 찾아봅니다.

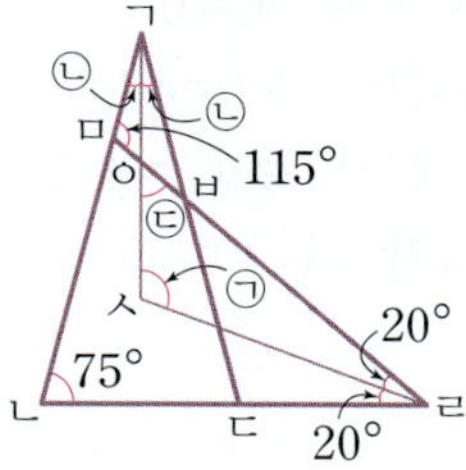

삼각형 ㅇㅅㄹ에서
$$㉠+㉢=180°-20°=160° \quad\cdots ①$$
삼각형 ㅁㄴㄹ에서
$$(각 ㄴㅁㄹ)=180°-75°-40°=65°$$
$$(각 ㄱㅁㅂ)=180°-65°=115°$$
$$㉢=180°-(각 ㅁㅇㅅ)=(각 ㄱㅇㅁ)이므로$$
삼각형 ㄱㅁㅇ에서
$$㉢=180°-115°-㉡=65°-㉡ \quad\cdots ②$$
①, ②에서 ㉠+65°-㉡=160°
➡ ㉠-㉡=95°

답 95°

12 A금비법 긴바늘과 짧은바늘이 1시간에 몇 도 움직이는지 생각해 봅니다.

예 ❶ 긴바늘은 1시간에 360° 움직이므로 10분에는 $360°÷6=60°$ 움직입니다.
짧은바늘은 1시간에 30° 움직이므로 10분에 $30°÷6=5°$ 움직입니다.
즉, 긴바늘이 짧은바늘보다 10분에 $60°-5°=55°$ 더 많이 움직입니다.
❷ 긴바늘이 짧은바늘보다 220° 더 움직였으므로 $220°÷55°=4$에서 숙제를 시작한 시각에서 $10×4=40(분)$ 지났습니다. 따라서 숙제를 시작한 시각은 4시 40분-40분=4시입니다.

답 4시

채점기준	배점	
❶ 어느 바늘이 10분에 얼마나 더 움직이는지 구하기	3점	5점
❷ 숙제를 시작한 시각 구하기	2점	

3. 곱셈과 나눗셈

개념 더블체크

01 ㉣	**02** 38 km	
03 5886, 17331		**04** 13380
05 ㉣, ㉡, ㉢, ㉠		**06** 10500개
07 $\begin{array}{r} 7 \\ 40\overline{)283} \\ 280 \\ \hline 3 \end{array}$	**08** ㉣	**09** 27
10 2, 1, 3	**11** 7개, 26 cm	
12 ㉢	**13** 32	**14** ㉢
15 7자루, 3 kg		
16 가장 큰 수: 679, 가장 작은 수: 647		
17 6, 6, 4, 4	**18** 86	

01 ㉠ $400×30=12000$ ㉡ $20×600=12000$
㉢ $600×20=12000$ ㉣ $10×120=1200$
따라서 계산 결과가 다른 하나는 ㉣입니다.

답 ㉣

02 (은영이가 달린 거리)
$$=(매일 달린 거리)×(달린 날수)$$
$$=950×40=38000(m) ⇨ 38 km$$

답 38 km

03 $327×18=5886$, $327×53=17331$

답 5886, 17331

04 864의 70배 ➡ $864×70=60480$
628과 75의 곱 ➡ $628×75=47100$
따라서 두 수의 차는 $60480-47100=13380$입니다.

답 13380

05 ㉠ $135×41=5535$ ㉡ $861×30=25830$
㉢ $256×52=13312$ ㉣ $964×72=69408$
$69408>25830>13312>5535$이므로 계산 결과가 큰 것부터 차례로 쓰면 ㉣, ㉡, ㉢, ㉠입니다.

답 ㉣, ㉡, ㉢, ㉠

06 (120개짜리 밤의 개수)$=120×35=4200(개)$
(150개짜리 밤의 개수)$=150×42=6300(개)$
따라서 밤은 모두 $4200+6300=10500(개)$입니다.

답 10500개

07 답

```
      7
40)283
   280
     3
```

08 ㉠ $480 \div 60 = 8$　　㉡ $240 \div 30 = 8$
㉢ $720 \div 90 = 8$　　㉣ $540 \div 60 = 9$
따라서 몫이 다른 하나는 ㉣입니다.

답 ㉣

09 28로 나눌 때 나머지가 될 수 있는 수는 0, 1, 2, ..., 26, 27이고 이 중 가장 큰 수는 27입니다.

답 27

10 $90 \div 15 = 6$, $99 \div 11 = 9$, $92 \div 23 = 4$
$9 > 6 > 4$이므로 나눗셈의 몫이 큰 것부터 차례로 쓰면 2, 1, 3입니다.

답 2, 1, 3

11 2 m 36 cm = 236 cm이므로 $236 \div 30 = 7 \cdots 26$
따라서 별은 7개까지 만들 수 있고, 종이테이프는 26 cm가 남습니다.

답 7개, 26 cm

12 ㉠ $69 \div 12 = 5 \cdots 9$
㉡ $146 \div 40 = 3 \cdots 26$
㉢ $358 \div 80 = 4 \cdots 38$
㉣ $91 \div 23 = 3 \cdots 22$
$38 > 26 > 22 > 9$이므로 나머지가 가장 큰 것은 ㉢입니다.

답 ㉢

13 ㉠ $168 \div 24 = 7$　㉡ $489 \div 19 = 25 \cdots 14$
㉠의 몫은 7이고 ㉡의 몫은 25이므로 몫의 합은 $7 + 25 = 32$입니다.

답 32

14 나누어지는 수의 왼쪽 두 자리 수가 나누는 수보다 크거나 같은 나눗셈식을 찾으면 ㉢입니다.

답 ㉢

15 $108 \div 15 = 7 \cdots 3$이므로 밀가루를 7자루에 담을 수 있고 3 kg이 남습니다.

답 7자루, 3 kg

16 □ 안에 가장 큰 수가 올 때는 나머지가 가장 클 때이므로 가장 큰 수는 $34 \times 19 + 33 = 679$입니다.
□ 안에 가장 작은 수가 올 때는 나머지가 가장 작을 때이므로 가장 작은 수는 $34 \times 19 + 1 = 647$입니다.

답 가장 큰 수: 679, 가장 작은 수: 647

17

```
        2 4
3㉠)8㉡6
      7 2
      1㉢6
      14㉣
          2
```

3㉠ × 2 = 72이므로 ㉠ = 6
$36 \times 4 = 144$이므로 ㉣ = 4
1㉢6 − 144 = 2이므로 ㉢ = 4
8㉡ − 72 = 14이므로 ㉡ = 6

답 6, 6, 4, 4

18
- $713 \div 27 = 26 \cdots 11$이므로 ㉠ = 11
- $648 \div 39 = 16 \cdots 24$이므로 ㉡ = 16
- ㉢ × 14 = □, □ + 13 = 839에서
  □ = 839 − 13 = 826
  ㉢ × 14 = 826, ㉢ = 826 ÷ 14 = 59

⇨ ㉠ + ㉡ + ㉢ = 11 + 16 + 59 = 86

답 86

STEP C 교과서유형완성 　본문 058~064쪽

유형 1 13, 16, 13, 13, 19 / 19개
1-1 14개　**1-2** 3개
유형 2 950, 950, 25 / 25초
2-1 1분 15초　**2-2** 50초
유형 3 11, 263, 263, 40, 6, 23, 6, 23 / 몫: 6, 나머지: 23
3-1 25　**3-2** 몫: 19, 나머지: 47
3-3 999
유형 4 43, 43, 13, 13, 14 / 14
4-1 5　**4-2** 3개
4-3 15, 16, 17, 18, 19
유형 5 234, 87, 234, 87, 20358 / 20358
5-1 예 $432 \times 10 = 4320$
5-2 몫: 42, 나머지: 9
유형 6 7800, 200, 8320, 320, 15, 7800, 15 / 15
6-1 19　**6-2** 87
유형 7 132, 5544, 29, 4205, 4205, 9749 / 9749개
7-1 11일　**7-2** 17일

1-1 $285 \div 23 = 12 \cdots 9$이므로 복숭아를 12개씩 담으면 9개가 남습니다. 따라서 복숭아를 남김없이 똑같이 나누어 담으려면 적어도 $23 - 9 = 14$(개)의 복숭아가 더 필요합니다.

답 14개

1-2 부서지지 않은 초콜릿이 $326 - 23 = 303$(개)이므로 $303 \div 17 = 17 \cdots 14$에서 초콜릿을 17개씩 주면 14개가 남습니다.
따라서 초콜릿을 남김없이 똑같이 주려면 적어도 $17 - 14 = 3$(개)의 초콜릿이 더 필요합니다.

답 3개

2-1 (버스가 움직이는 거리)
$=$(터널의 길이)$+$(버스의 길이)
$= 882 + 18 = 900\,(\mathrm{m})$
따라서 버스가 터널을 완전히 빠져나가는 데 걸리는 시간은 $900 \div 12 = 75$(초)에서 1분 15초입니다.

답 1분 15초

2-2 (길이가 143 m인 기차가 40초 동안 움직인 거리)
$= 40 \times 32 = 1280\,(\mathrm{m})$
(길이가 143 m인 기차가 움직인 거리)
$=$(터널의 길이)$+$(기차의 길이)이므로
$1280 =$(터널의 길이)$+ 143$,
(터널의 길이)$= 1280 - 143 = 1137\,(\mathrm{m})$
따라서 길이가 113 m인 기차가 터널에 진입해서 완전히 빠져나갈 때까지 $1137 + 113 = 1250\,(\mathrm{m})$를 움직여야 하므로
걸리는 시간은 $1250 \div 25 = 50$(초)입니다.

답 50초

3-1 어떤 수를 $\square$라 하면 $\square \div 32 = 14 \cdots 28$입니다.
$\square = 32 \times 14 + 28 = 476$
따라서 어떤 수는 476이므로 $476 \div 41 = 11 \cdots 25$에서 나머지는 25입니다.

답 25

3-2 어떤 수를 $\square$라 하면 잘못 계산한 식은
$\square \div 45 = 22 \cdots 7$이므로 $\square = 45 \times 22 + 7 = 997$입니다.
따라서 바르게 계산하면 $997 \div 50 = 19 \cdots 47$에서 몫은 19이고, 나머지는 47입니다.

답 몫: 19, 나머지: 47

3-3 어떤 수를 10으로 나누었을 때 몫이 두 자리 수이

면서 어떤 수가 가장 큰 경우는 몫이 99이고, 나머지가 9일 때입니다.
따라서 어떤 수는 $10 \times 99 + 9 = 999$입니다.

답 999

4-1 $16 \times \square = 94 \ \Rightarrow \ \square = 94 \div 16$
$\square = 94 \div 16 = 5 \cdots 14$에서 $\square$ 안에는 5보다 작거나 같은 자연수가 들어갈 수 있으므로 그중 가장 큰 수는 5입니다.

답 5

4-2 $5 \times 17 = 85$이므로 $22 \times \square = 85 \ \Rightarrow \ \square = 85 \div 22$
$\square = 85 \div 22 = 3 \cdots 19$에서
$\square$ 안에는 3보다 작거나 같은 자연수가 들어갈 수 있으므로 1, 2, 3의 3개입니다.

답 3개

4-3 $\square$ 안에는 $550 \div 39 = 14 \cdots 4$이므로 14보다 크고, $750 \div 39 = 19 \cdots 9$이므로 19보다 작거나 같은 자연수가 들어갈 수 있습니다.
따라서 $\square$ 안에 들어갈 수 있는 자연수는 15, 16, 17, 18, 19입니다.

답 15, 16, 17, 18, 19

5-1 $4 > 3 > 2 > 1 > 0$이므로 가장 큰 세 자리 수는 432입니다.
십의 자리에 0이 올 수 없으므로 가장 작은 두 자리 수는 10입니다.
$\Rightarrow$ 예 $432 \times 10 = 4320$

답 예 $432 \times 10 = 4320$

5-2 몫이 가장 크려면 나누어지는 수는 가장 크고, 나누는 수는 가장 작아야 합니다.
$9 > 7 > 5 > 3 > 2$이므로 만들 수 있는 가장 큰 세 자리 수는 975이고, 가장 작은 두 자리 수는 23입니다.
몫이 가장 큰 나눗셈식은 $975 \div 23$입니다.
따라서 $975 \div 23 = 42 \cdots 9$이므로 몫은 42이고, 나머지는 9입니다.

답 몫: 42, 나머지: 9

6-1 $531 \times 18 = 9558$, $531 \times 19 = 10089$에서
$10000 - 9558 = 442$, $10089 - 10000 = 89$이므로 10000에 가장 가까운 곱셈식은 $531 \times 19 = 10089$이므로 $\square$ 안에 알맞은 두 자리 수는 19입니다.

답 19

6-2 $17 \times 19 = 323$이고 $323 \times 86 = 27778$,
$323 \times 87 = 28101$에서
$28000 - 27778 = 222$, $28101 - 28000 = 101$
따라서 28000에 가장 가까운 곱셈식은
$17 \times 19 \times 87 = 28101$이므로 □ 안에 알맞은 자연
수는 87입니다.

답 87

7-1 $163 \div 15 = 10 \cdots 13$에서 매일 15개씩 10일 동안
만들고 마지막 날에 13개를 만들면 모두 만들게 됩
니다.
따라서 $10 + 1 = 11$(일) 만에 모두 만들 수 있습니
다.

답 11일

7-2 3주는 $7 \times 3 = 21$(일)이므로
(소설책의 쪽수) $= 15 \times 21 + 10 = 325$(쪽)
$325 \div 20 = 16 \cdots 5$
따라서 매일 20쪽씩 읽는다면 모두 읽는데
$16 + 1 = 17$(일)이 걸립니다.

답 17일

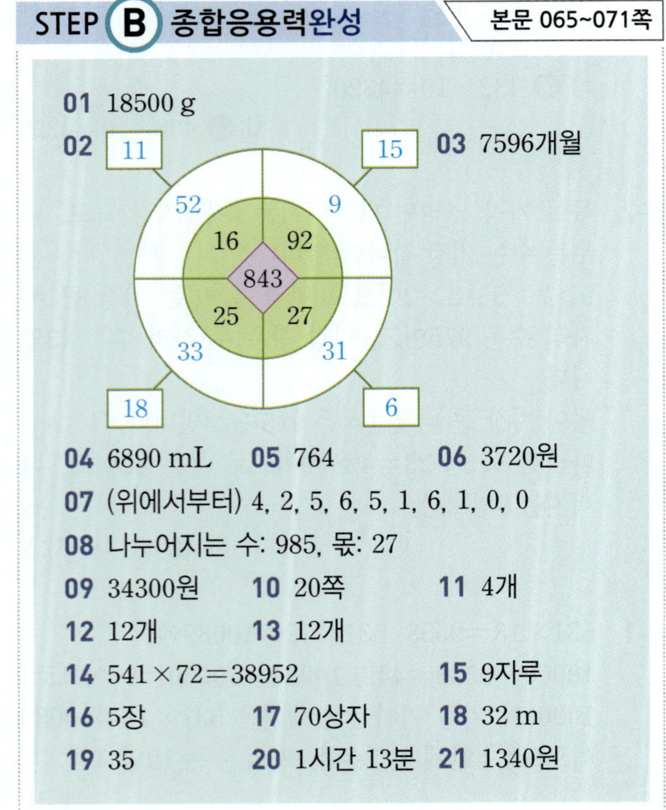

01 (공책 1권의 무게) $= 750 \div 3 = 250$(g)
(공책 74권의 무게) $= 250 \times 74 = 18500$(g)

답 18500 g

02 $843 \div 16 = 52 \cdots 11$, $843 \div 92 = 9 \cdots 15$
$843 \div 25 = 33 \cdots 18$, $843 \div 27 = 31 \cdots 6$

답 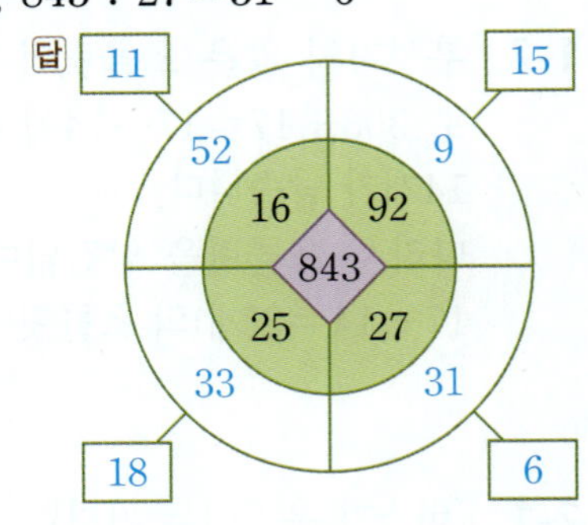

03 쾰른 대성당은 공사 기간이
$1880 - 1248 + 1 = 633$(년)이므로
공사를 시작해서 완공하는 데까지
$633 \times 12 = 7596$(개월)이 걸렸습니다.

답 7596개월

04 1반에서 4반까지의 학생 수는 모두
$26 + 28 + 27 + 25 = 106$(명)이므로
오늘 마신 요구르트의 양은
$106 \times 65 = 6890$(mL)입니다.

답 6890 mL

05 어떤 세 자리 수를 85로 나누었을 때 나머지가 될 수
있는 가장 큰 자연수는 84입니다.
$800 \div 85 = 9 \cdots 35$
몫이 9일 때: $85 \times 9 = 765$, $765 + 84 = 849$
몫이 8일 때: $85 \times 8 = 680$, $680 + 84 = 764$
849와 764 중 800에 더 가까운 수는 764입니다.

답 764

06 $185 \div 27 = 6 \cdots 23$이므로 과자를 6개씩 나누어 주면
23개가 남습니다. 따라서 과자를 남김없이 똑같이
나누어 주려면 적어도 $27 - 23 = 4$(개)의 과자를 더
사야 하므로 $930 \times 4 = 3720$(원)이 필요합니다.

답 3720원

07

$$\begin{array}{r} 3\,ㄱ \\ ㄴㄷ\,)\,8\,5\,ㄹ \\ 7\,ㅁ \\ \hline ㅂ\,0\,ㅅ \\ ㅇㅈㅊ \\ \hline 6 \end{array}$$

$85 - 7ㅁ = ㅂ0$에서 $ㅁ = 5$, $ㅂ = 1$입니다.

ⓛⓒ×3=75에서 75÷3=25이므로
ⓛ=2, ⓒ=5입니다.
25×㉠=ⓞⓩⓩ에서 ⓞⓩⓩ<10ⓢ이고
25×4=100, 25×5=125이므로
㉠=4, ⓞ=1, ⓩ=0, ⓩ=0입니다.
10ⓢ-100=6이므로 ⓢ=6, ⓔ=6입니다.

답 (위에서부터) 4, 2, 5, 6, 5, 1, 6, 1, 0, 0

08 나누어지는 수는 세 자리 수이므로 보이지 않는 부분의 수는 일의 자리 수입니다.
나누어지는 수는 980부터 989까지의 수이고
몫을 □라 하면
980÷36=27…8, 989÷36=27…17이므로 □ 안에 27을 넣어 계산해 보면 36×27+13=985입니다.
따라서 나누어지는 수는 985이고, 몫은 27입니다.

답 나누어지는 수: 985, 몫: 27

09 (선생님들의 입장료)=950×13=12350(원)
(학생들의 입장료)=550×97=53350(원)
(전체 입장료)=12350+53350
=65700(원)
➡ (거스름돈)=100000-65700=34300(원)

답 34300원

10 **예** ❶ 224÷14=16이므로 소희는 16일 만에 수학 문제집을 다 풀었습니다.
❷ 320÷16=20이므로 혜윤이는 하루에 국어 문제집을 20쪽씩 풀었습니다.

답 20쪽

채점기준	배점	
❶ 소희가 수학 문제집을 푸는 데 걸린 날수 구하기	3점	5점
❷ 혜윤이가 하루에 푼 쪽수 구하기	2점	

11 323÷27=11…26이므로 상자에 담고 남은 감은 26개입니다.
26÷11=2…4이므로 봉지에 담고 남은 감은 4개입니다.

답 4개

12 세 자리 수 중에서 가장 작은 수는 100이므로
100÷18=5…10
나눗셈에서 나머지는 나누는 수보다 작으므로 나머지가 될 수 있는 수는 나누는 수 18보다 작은 수로 0부터 17까지입니다.
18×6+6=114
18×7+7=133

⋮
18×17+17=323
따라서 몫과 나머지가 같은 수는 모두
17-6+1=12(개)입니다.

답 12개

13 (단 위에서부터 천장까지의 높이)
=3 m 25 cm-30 cm=325 cm-30 cm
=295 cm
295÷24=12…7이므로 상자는 12개까지 쌓을 수 있습니다.

답 12개

14 곱이 가장 큰 곱셈식을 만들기 위해 가장 큰 수 7과 두 번째로 큰 수 5를 써넣는 경우는 다음과 같습니다.
나머지 수를 써넣어 식을 만든 후 곱이 가장 큰 경우를 찾습니다.

741	721	541	521
× 52	× 54	× 72	× 74
38532	38934	38952	38554

따라서 곱이 가장 큰 곱셈식은 541×72=38952입니다.

답 541×72=38952

15 (물감 19개의 값)=680×19=12920(원),
(물감을 사고 남은 돈)=15000-12920=2080(원)
220×□<2080에서 220×9=1980,
220×10=2200이므로 □ 안에 들어갈 수 있는 가장 큰 수는 9입니다.
따라서 색연필을 9자루까지 살 수 있습니다.

답 9자루

16 (준비한 손수건 수)=25×15=375(장)
(나누어 준 손수건 수)=375-15=360(장)
(풀코스를 완주한 사람 수)=17+23+32=72(명)
따라서 한 사람에게 나누어 준 손수건은
360÷72=5(장)입니다.

답 5장

17 (인형을 만든 시간)=7×25=175(시간)
(만든 인형의 수)=175×36=6300(개)
630÷9=70 ➡ 6300÷90=70이므로 인형을 한 상자에 90개씩 담으려면 70상자가 필요합니다.

답 70상자

18 **예** ❶ 산책로의 한쪽에 심어져 있는 나무는

$54 \div 2 = 27$(그루)입니다.

❷ 산책로의 처음과 끝에는 모두 나무가 심어져 있으므로 산책로 한쪽의 나무와 나무 사이의 간격 수는 $27 - 1 = 26$(군데)입니다.

❸ 따라서 나무와 나무 사이의 간격은 $832 \div 26 = 32$(m)입니다.

답 32 m

채점기준	배점	
❶ 한쪽에 심어져 있는 나무 수 구하기	2점	
❷ 나무와 나무 사이의 간격 수 구하기	1점	5점
❸ 나무와 나무 사이의 간격 구하기	2점	

19 $38 \times 26 = 988$, $988 \div 45 = 21 \cdots 43$이므로
$38 \blacklozenge 26 = 21$
$820 \div 31 = 26 \cdots 14$이므로 $820 \bigstar 31 = 14$
$\Rightarrow (38 \blacklozenge 26) + (820 \bigstar 31) = 21 + 14 = 35$

답 35

20 물을 넣기 시작한 지 6분 후에는 $25 \times 6 = 150$(L)가 채워집니다.
6분 후부터 실제로 채워지는 물의 양은 1분에 $25 - 13 = 12$(L)씩이고 채워야 할 물의 양은 $954 - 150 = 804$(L)입니다.
804 L를 채우려면 $804 \div 12 = 67$(분)이 걸립니다.
따라서 빈 물통을 가득 채우려면 6분$+$67분$=$73분$=$1시간 13분이 걸립니다.

답 1시간 13분

21 예

사탕 28개의 가격

| 사탕 15개의 가격 | 290원 | 620원 |

수아가 가지고 있는 돈

❶ 사탕 $28 - 15 = 13$(개)의 가격은 $290 + 620 = 910$(원)입니다.
❷ 사탕 1개의 가격은 $910 \div 13 = 70$(원)입니다.
❸ 따라서 수아가 가지고 있는 돈은 $70 \times 15 + 290 = 1050 + 290 = 1340$(원)입니다.

답 1340원

채점기준	배점	
❶ 사탕 13개의 가격 구하기	2점	
❷ 사탕 1개의 가격 구하기	1점	5점
❸ 수아가 가지고 있는 돈 구하기	2점	

01 17520시간　**02** 2948　**03** 367
04 (위에서부터) 4, 9, 6, 1, 5, 9, 3, 2, 9, 4, 3, 3, 4
05 114, 168, 222, 276, 330
06 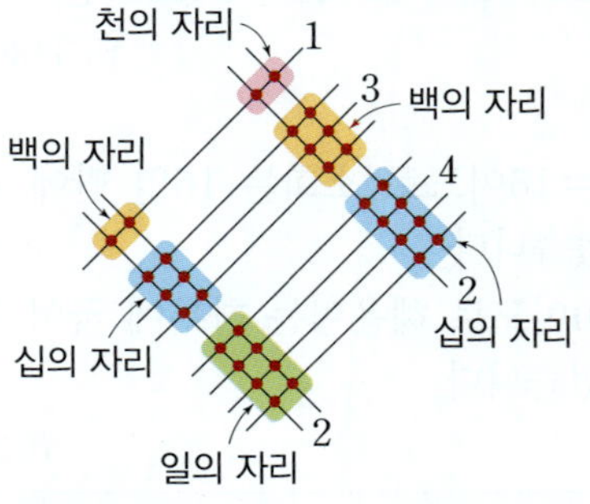　**07** 959　**08** 32
09 10900 m　**10** 기묘년　**11** 486
12 몫: 11, 나머지: 42　**13** 40개
14 ㉠: 6, ㉡: 9

01 A급비법 1일은 24시간입니다.
1년은 365일, 1일은 24시간이므로
2년은 $365 \times 2 \times 24 = 730 \times 24 = 17520$(시간)입니다.

답 17520시간

02 A급비법 백의 자리 숫자 1의 직선과 십의 자리 숫자 2의 직선이 만나는 점은 천의 자리 수이고, 백의 자리 숫자 1의 직선과 일의 자리 숫자 2의 직선이 만나는 점은 백의 자리 수입니다.

$134 \times 22 = 1000 \times 2 + 100 \times 8 + 10 \times 14 + 1 \times 8$
$= 2000 + 800 + 140 + 8 = 2948$

답 2948

03 A급비법 만들 수 있는 세 자리 수를 모두 만들어 각각 23으로 나누어 나머지를 구해봅니다.
만들 수 있는 세 자리 수는 모두 763, 736, 673, 637, 376, 367입니다.
$763 \div 23 = 33 \cdots 4$
$736 \div 23 = 32$
$673 \div 23 = 29 \cdots 6$
$637 \div 23 = 27 \cdots 16$
$376 \div 23 = 16 \cdots 8$
$367 \div 23 = 15 \cdots 22$
따라서 나머지가 가장 큰 수는 367입니다.

답 367

04 □ 안의 수를 위쪽부터 차례로 ㉠, ㉡, ㉢, …으로 놓고 곱하는 수의 일의 자리와의 곱부터 차근히 구해봅니다.

$$\begin{array}{r} 5\ ㉠\ ㉡ \\ \times\quad ㉢\ ㉣ \\ \hline ㉤\ 4\ ㉥ \\ ㉦\ ㉧\ ㉨ \\ \hline ㉩\ ㉪\ ㉫\ 8\ 9 \end{array}$$

5㉠㉡×㉣이 세 자리 수이므로 ㉣=1이고
㉥=9이므로 ㉡=9입니다.
5㉠9×1=㉤49이므로 ㉠=4, ㉤=5입니다.
4+㉧=8에서 ㉧=4입니다.
549×㉢의 일의 자리 수가 4이므로 ㉢=6입니다.
549×6=3294이므로 ㉦=3, ㉨=2, ㉧=9입니다.
549+32940=33489이므로
㉩=3, ㉪=3, ㉫=4입니다.

 (위에서부터) 4, 9, 6, 1, 5, 9, 3, 2, 9, 4, 3, 3, 4

05 100÷54=1…46이므로 54로 나누었을 때 나머지가 6인 가장 작은 세 자리 수는 54×2+6=114입니다.

100÷54=1…46, 350÷54=6…26이므로 구하는 세 자리 수는 다음과 같습니다.
54×2+6=114, 54×3+6=168,
54×4+6=222, 54×5+6=276,
54×6+6=330

 114, 168, 222, 276, 330

06 시침은 12시간에 한 바퀴를 돕니다.

시침이 한 바퀴 돌면 12시간이 걸립니다.
315÷12=26…3에서 시침은 26바퀴 돌고 3칸을 더 가므로 315시간 후에는 3+3=6(시)를 가리킵니다.

07 가장 큰 세 자리 수를 64로 나누었을 때의 몫과 나머지를 구한 다음 몫과 나머지가 가장 큰 경우를 생각합니다.

가장 큰 세 자리 수는 999이고,
999÷64=15…39이므로
몫과 나머지의 합이 가장 크려면 몫은 14이고, 나머지는 63이어야 합니다.
따라서 구하는 수는 64×14+63=959입니다.

 959

08 ㉠, ㉡, ㉢ 각각을 만족시키는 수를 먼저 구한 뒤 공통으로 들어갈 수 있는 수를 구합니다.

예 ❶ ㉠ 653=24×□ ⇨ □=653÷24에서
653÷24=27…5이므로 □ 안에는 28, 29, 30, …, 98, 99가 들어갈 수 있습니다.
㉡ □×15=542 ⇨ □=542÷15에서
542÷15=36…2이므로 □ 안에는 10, 11, 12, …, 35, 36이 들어갈 수 있습니다.
㉢ 498=□×16 ⇨ □=498÷16에서
498÷16=31…2이므로 □ 안에는 32, 33, 34, …, 98, 99가 들어갈 수 있습니다.
❷ 따라서 ㉠, ㉡, ㉢을 동시에 만족시키는 수는 32, 33, 34, 35, 36이고 이 중 가장 작은 수는 32입니다.

 32

채점기준	배점	
❶ ㉠, ㉡, ㉢에 들어갈 수 있는 수 각각 구하기	3점	5점
❷ ㉠, ㉡, ㉢을 동시에 만족시키는 가장 작은 수 구하기	2점	

09 (전기차가 13분 동안 달린 거리)=(터널의 길이)+(전기차의 길이)

1분=60초이고 1초에 14m를 가므로
(1분에 움직이는 거리)=14×60=840(m)입니다.
터널의 길이를 □m라 하면 개구리 전기차가 터널에 진입해서 완전히 빠져나가는 데 움직이는 거리는
(□+20)m입니다.
□+20=840×13=10920
□=10920−20=10900
따라서 터널의 길이는 10900m입니다.

 10900 m

10 10간은 10개가 반복되고 12지는 12개가 반복됩니다.

10간은 10개마다 반복되므로 200을 10으로 나누어 구하고, 12지는 12개마다 반복되므로 200을 12로 나누어 구합니다.
200÷10=20으로 나누어떨어지기 때문에 200년 후의 10간은 기미년과 같은 기입니다.
200÷12=16…8에서 200년 후의 12지는 미에서 8번 더 지난 묘입니다.
따라서 2119년은 기묘년입니다.

 기묘년

11 ㉠, ㉡, ㉢ 조건을 하나씩 따져보며 조건에 맞는 세 자리 수를 구합니다.

㉠에서 60으로 나누면 나머지가 6이므로 나누어지는 수의 일의 자리 숫자는 6입니다.
㉡에서 백의 자리 숫자와 십의 자리 숫자의 합은 18−6=12입니다.

㉢에서 십의 자리 숫자가 백의 자리 숫자보다 크므로 가능한 세 자리 수는 396, 486, 576입니다.

$396 \div 60 = 6 \cdots 36$

$486 \div 60 = 8 \cdots 6$

$576 \div 60 = 9 \cdots 36$

따라서 조건을 모두 만족시키는 세 자리 수는 486입니다.

답 486

12 예상비법 $11-7=4$, $15-11=4$, $19-15=4$, …로 4씩 커지는 규칙입니다.

4씩 커지는 규칙입니다.

1번째: $7 = 4 \times 1 + 3$

2번째: $11 = 4 \times 2 + 3$

3번째: $15 = 4 \times 3 + 3$

4번째: $19 = 4 \times 4 + 3$

⋮

이와 같은 규칙으로 계산하면 150번째 수는

$4 \times 150 + 3 = 603$이고 12번째 수는

$4 \times 12 + 3 = 51$입니다.

따라서 $603 \div 51 = 11 \cdots 42$이므로 몫은 11, 나머지는 42입니다.

답 몫: 11, 나머지: 42

13 예상비법 (도로 한쪽에 설치하는 가로등의 수)=(간격 수)+1

가로등을 27 m 간격으로 설치하면 도로의 한쪽에는 $132 \div 2 = 66$(개)의 가로등이 설치되고 간격 수는 $66 - 1 = 65$(군데)가 됩니다.

따라서 도로의 길이는 $27 \times 65 = 1755$(m)입니다.

가로등을 39 m 간격으로 설치하면 간격 수는 $1755 \div 39 = 45$(군데)가 되고, 한쪽에는 $45 + 1 = 46$(개)의 가로등이 설치됩니다.

도로의 양쪽에 설치한 가로등은 $46 \times 2 = 92$(개)이므로 $132 - 92 = 40$(개) 더 적게 설치하였습니다.

답 40개

14 예상비법 계산 결과에서 일의 자리 숫자가 1이므로 ㉡이 나올 수 있는 경우를 생각해 봅니다.

곱한 결과의 일의 자리 숫자가 1이므로 ㉡×㉡의 일의 자리 숫자는 1입니다.

따라서 ㉡=1 또는 ㉡=9입니다.

㉠㉠㉡×㉠㉡=4㉠1㉠1이므로 ㉠×㉠의 십의 자리 숫자는 3 또는 4입니다.

따라서 ㉠=6 또는 ㉠=7입니다.

① ㉠=6, ㉡=1인 경우 $661 \times 61 = 40321$이므로 조건에 맞지 않습니다.

② ㉠=6, ㉡=9인 경우 $669 \times 69 = 46161$이므로 조건에 맞습니다.

③ ㉠=7, ㉡=1인 경우 $771 \times 71 = 54741$이므로 조건에 맞지 않습니다.

④ ㉠=7, ㉡=9인 경우 $779 \times 79 = 61541$이므로 조건에 맞지 않습니다.

따라서 ㉠=6, ㉡=9입니다.

답 ㉠: 6, ㉡: 9

4. 평면도형의 이동

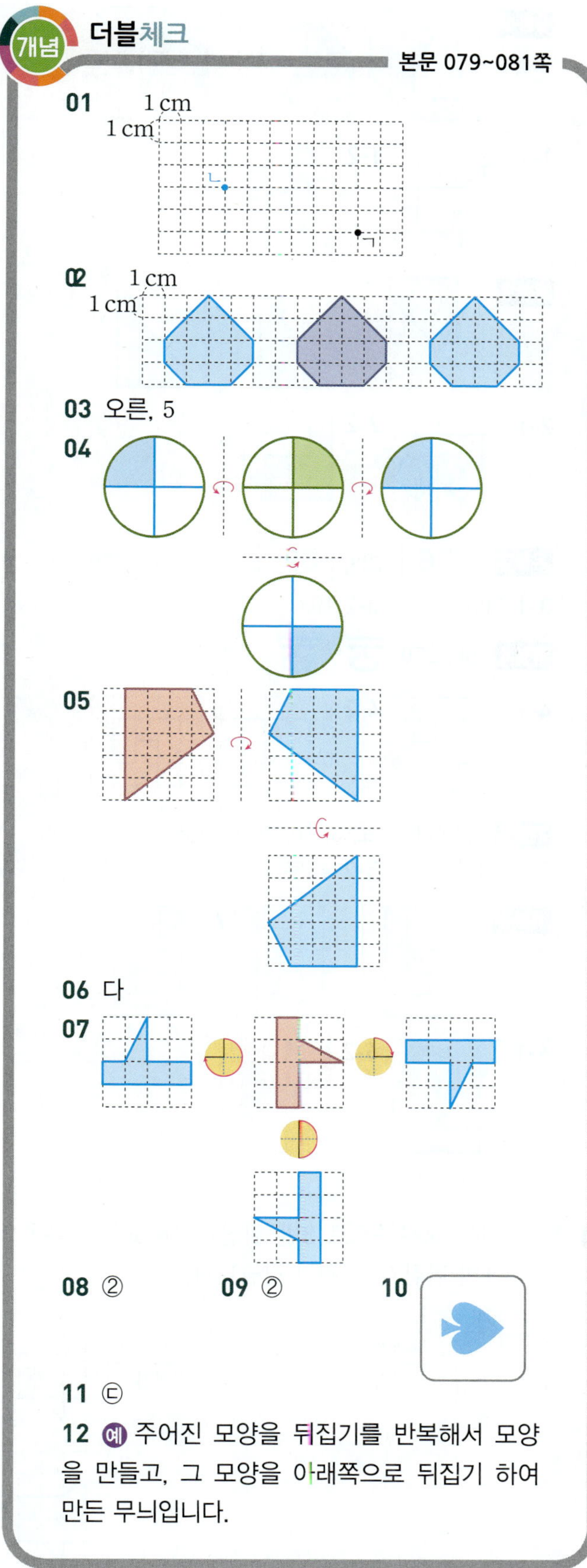

01

02

03 오른, 5

04

05

06 다

07

08 ②　　**09** ②　　**10**

11 ㉢

12 예 주어진 모양을 뒤집기를 반복해서 모양을 만들고, 그 모양을 아래쪽으로 뒤집기 하여 만든 무늬입니다.

01 모눈 한 칸이 1 cm이므로 점 ㄱ을 왼쪽으로 6칸, 위쪽으로 2칸 이동합니다.

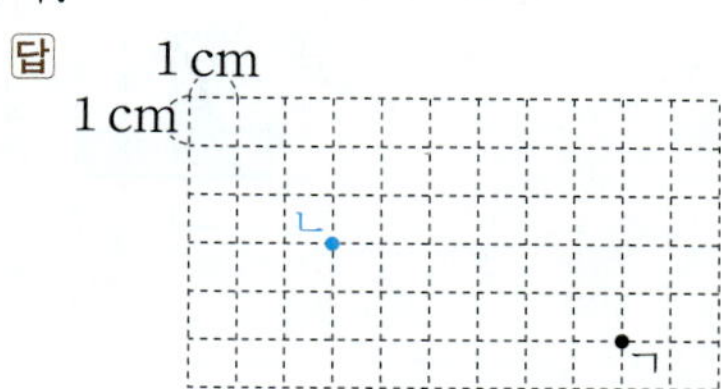

02 모눈 한 칸이 1 cm이므로 왼쪽으로 6칸, 오른쪽으로 6칸 이동한 도형을 각각 그립니다.

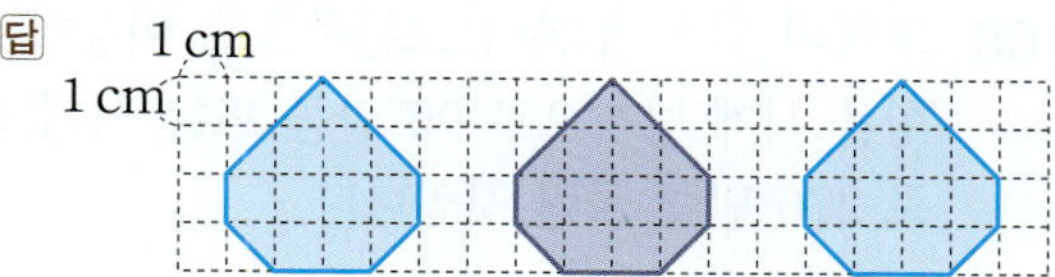

03 ㉯ 도형은 ㉮ 도형을 오른쪽으로 5 cm 민 것입니다.

답 오른, 5

04 도형을 왼쪽이나 오른쪽으로 뒤집으면 도형의 왼쪽과 오른쪽이 서로 바뀌고,
도형을 아래쪽으로 뒤집으면 도형의 위쪽과 아래쪽이 서로 바뀝니다.

05 도형을 오른쪽으로 뒤집으면 도형의 왼쪽과 오른쪽이 서로 바뀌고,
도형을 아래쪽으로 뒤집으면 도형의 위쪽과 아래쪽이 서로 바뀝니다.

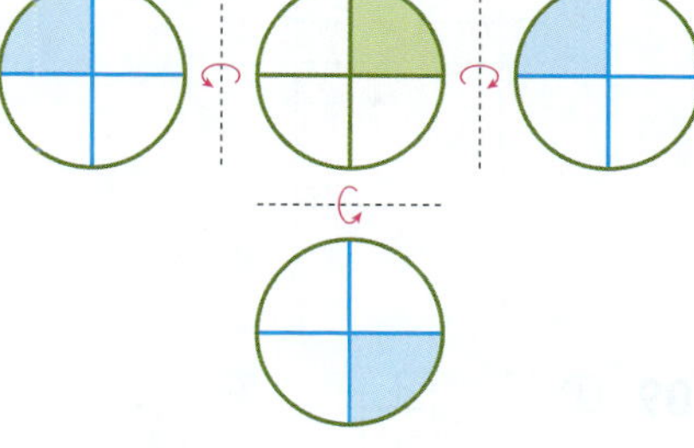

06 도형을 위쪽으로 뒤집으면 도형의 위쪽과 아래쪽이 서로 바뀝니다. 즉, 위와 아래의 모양이 같은 도형을 찾습니다.

답 다

07 도형을 시계 방향으로 90°, 180°, 270°만큼 돌리면

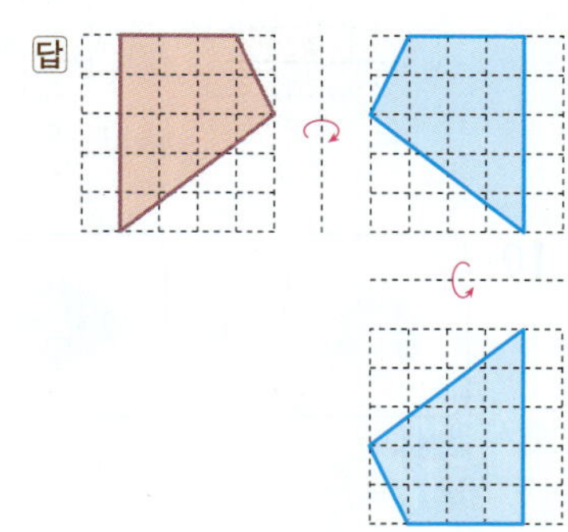

도형의 위쪽 부분이 각각 오른쪽, 아래쪽, 왼쪽으로 이동합니다.

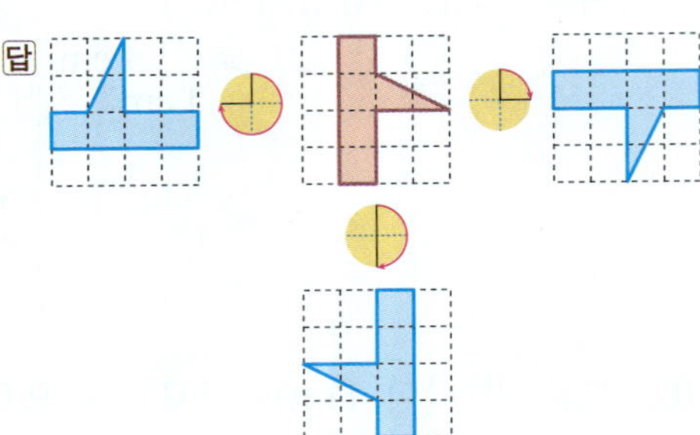

08 도형의 위쪽 부분이 오른쪽으로 이동하였으므로 도형을 시계 방향으로 90°만큼 또는 시계 반대 방향으로 270°만큼 돌린 것입니다.

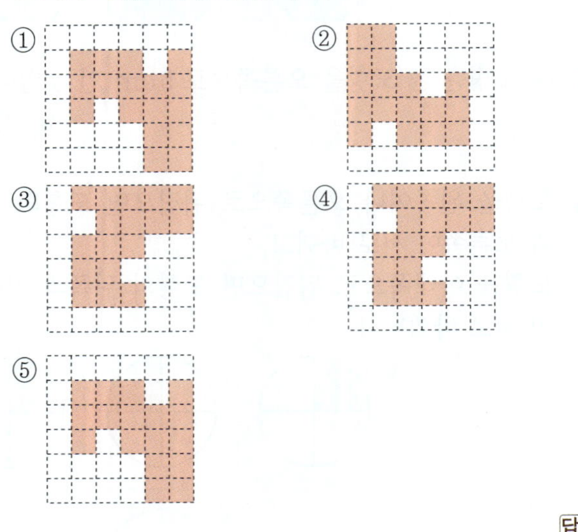

답 ②

09

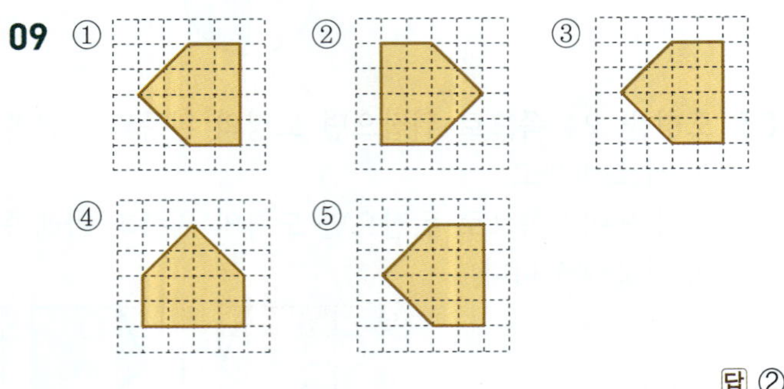

답 ②

10

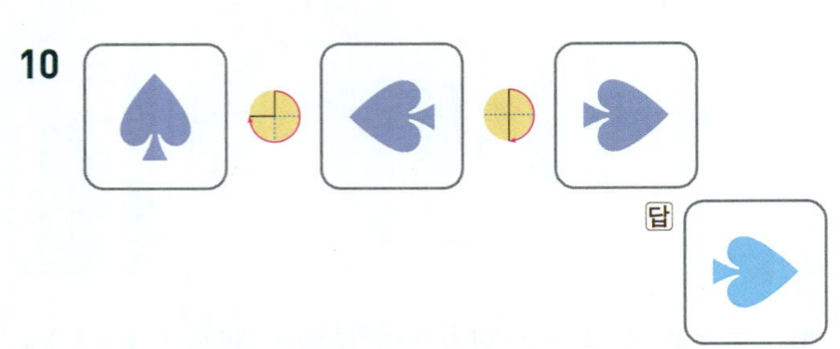

답

11 ㉢은 돌리기의 방법으로 만든 무늬입니다.

답 ㉢

12 답 예 주어진 모양을 뒤집기를 반복해서 모양을 만들고, 그 모양을 아래쪽으로 뒤집기 하여 만든 무늬입니다.

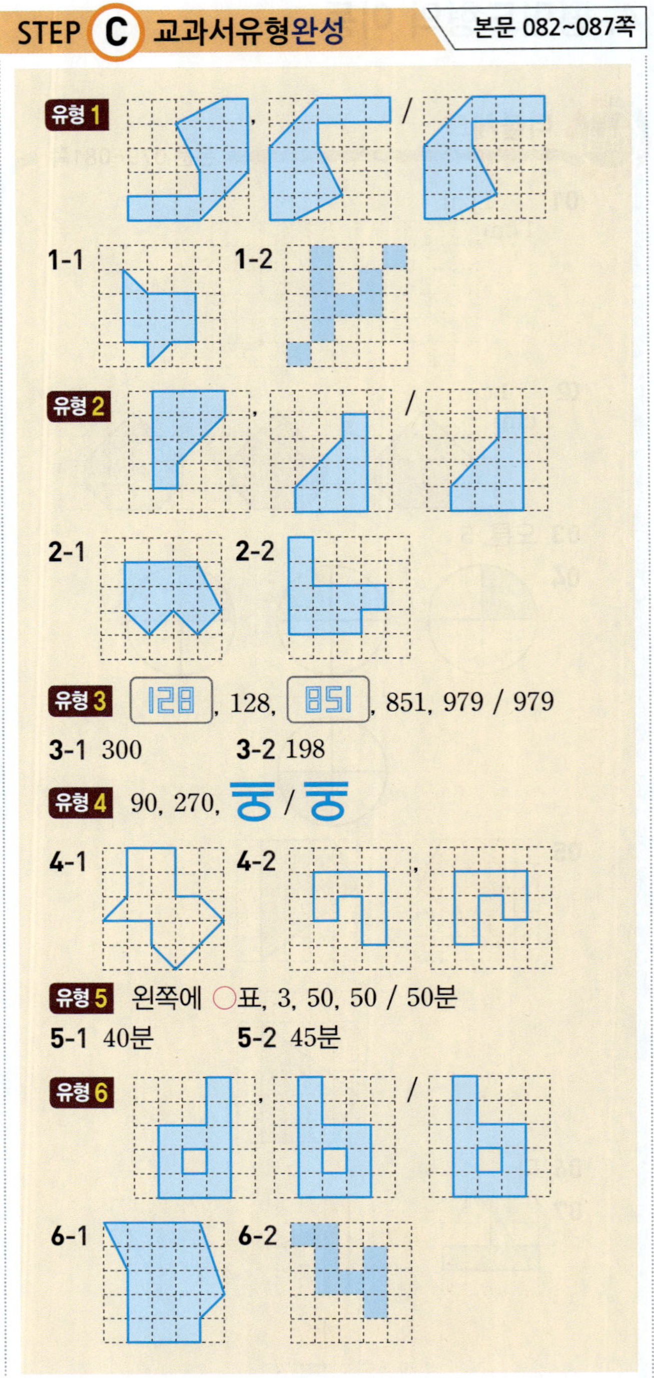

1-1 도형을 오른쪽으로 3번 뒤집기 한 것은 오른쪽으로 1번 뒤집기 한 것과 같습니다.

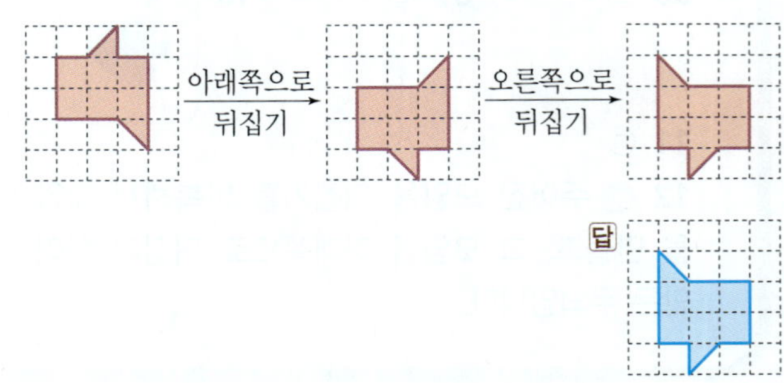

1-2 도형을 왼쪽으로 3번 뒤집기 한 것은 왼쪽으로 1번 뒤집기 한 것과 같습니다.

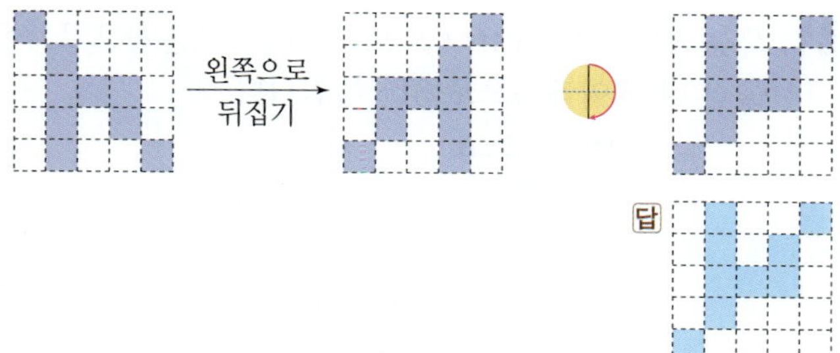

2-1 오른쪽 도형을 시계 반대 방향으로 180°만큼 돌리고 오른쪽으로 뒤집은 도형이 처음 도형입니다.

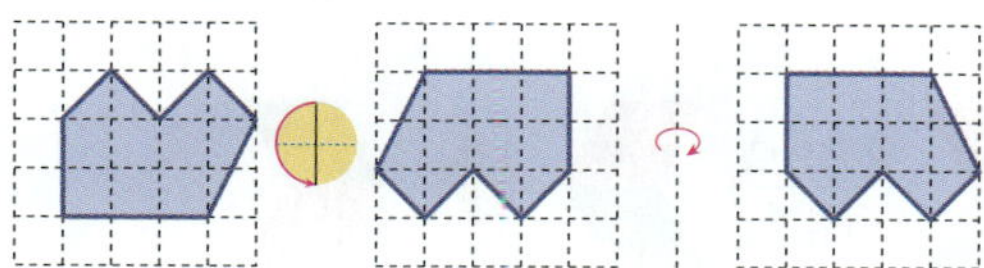

2-2 오른쪽 도형을 시계 방향으로 90°만큼 돌리고 위쪽으로 뒤집은 도형이 처음 도형입니다.

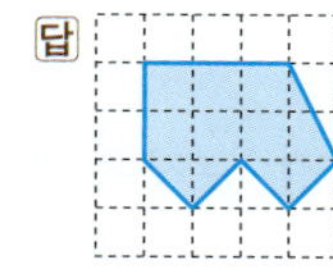

3-1 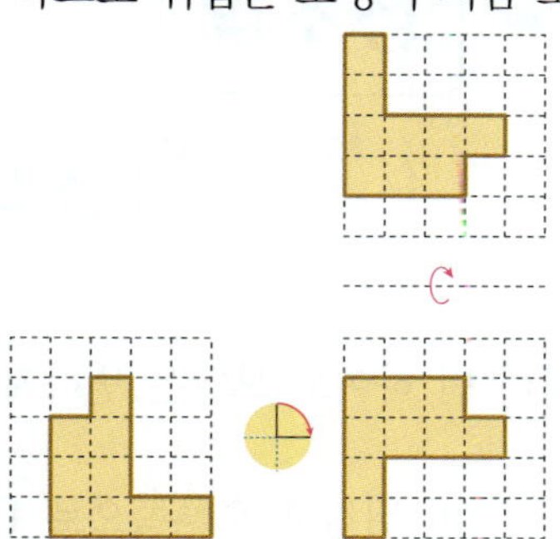이므로 오른쪽으로 뒤집었을 때 만들어지는 수는 508이고,

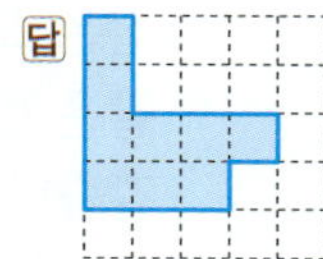이므로 시계 반대 방향으로 180°만큼 돌렸을 때 만들어지는 수는 208입니다.
따라서 두 수의 차는 508−208=300입니다.

답 300

3-2 8＞6＞2＞1이므로 만들 수 있는 가장 큰 세 자리 수는 862이고, 두 번째로 큰 수는 861입니다.

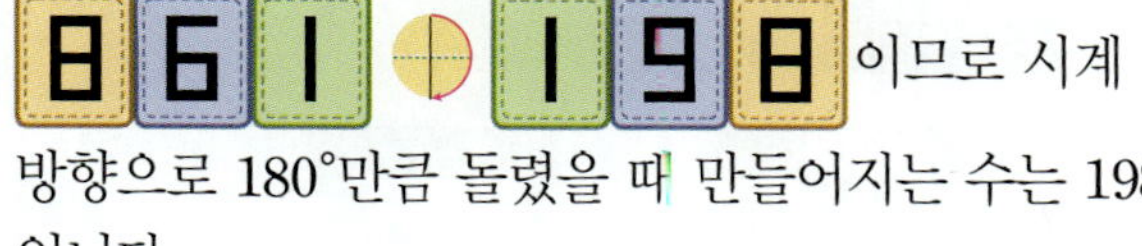이므로 시계 방향으로 180°만큼 돌렸을 때 만들어지는 수는 198 입니다.

답 198

4-1 도형을 시계 방향으로 270°만큼 또는 시계 반대 방향으로 90°만큼 돌리기를 반복하는 규칙입니다.

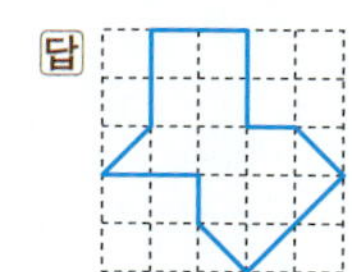

4-2 도형을 시계 방향(시계 반대 방향)으로 180°만큼 돌리고, 위쪽(아래쪽)으로 뒤집기를 반복하는 규칙입니다.

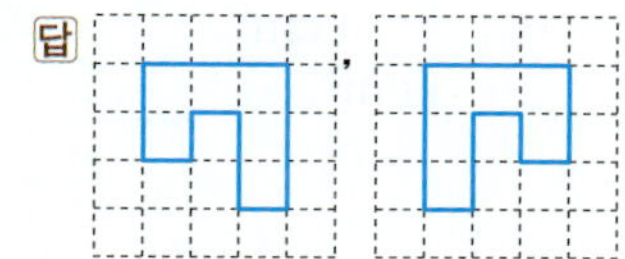

5-1 거울에 비친 모양은 시계를 위쪽으로 뒤집은 모양과 같습니다.
시계가 실제로 나타내는 시각은 7시 10분이므로 다연이가 피아노 연습을 한 시간은 40분입니다.

답 40분

5-2 거울에 비친 모양은 시계를 오른쪽으로 뒤집은 모양과 같습니다.
시계가 실제로 나타내는 시각은 12시 40분이므로 지호가 샌드위치를 만든 시간은 45분입니다.

답 45분

6-1 잘못 뒤집은 도형을 왼쪽으로 뒤집어 처음 도형을 구하고 처음 도형을 위쪽으로 뒤집어 바르게 뒤집은 도형을 그립니다.

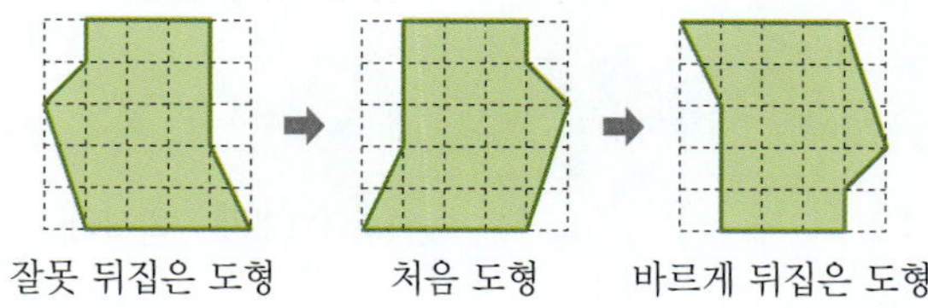

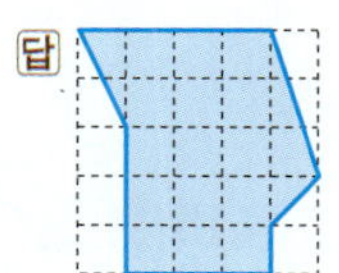

6-2 잘못 돌린 도형을 시계 방향으로 90°만큼 돌려 처음 도형을 구하고 처음 도형을 시계 방향으로 90°만큼 돌려 바르게 돌린 도형을 그립니다.

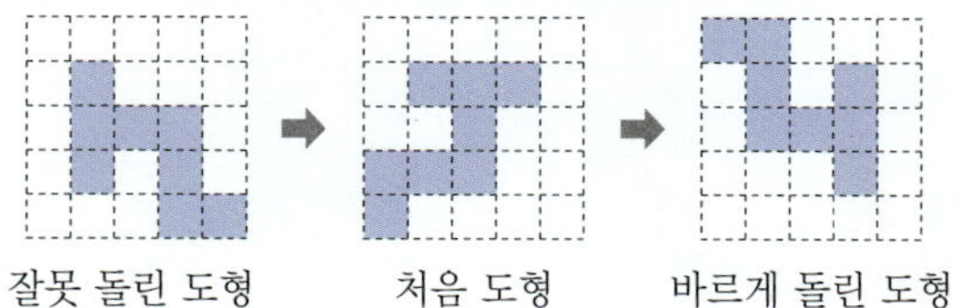

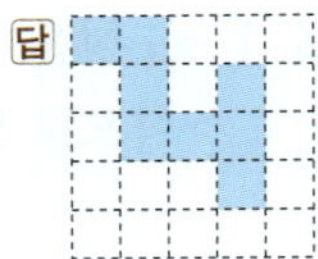

01
1 cm
1 cm

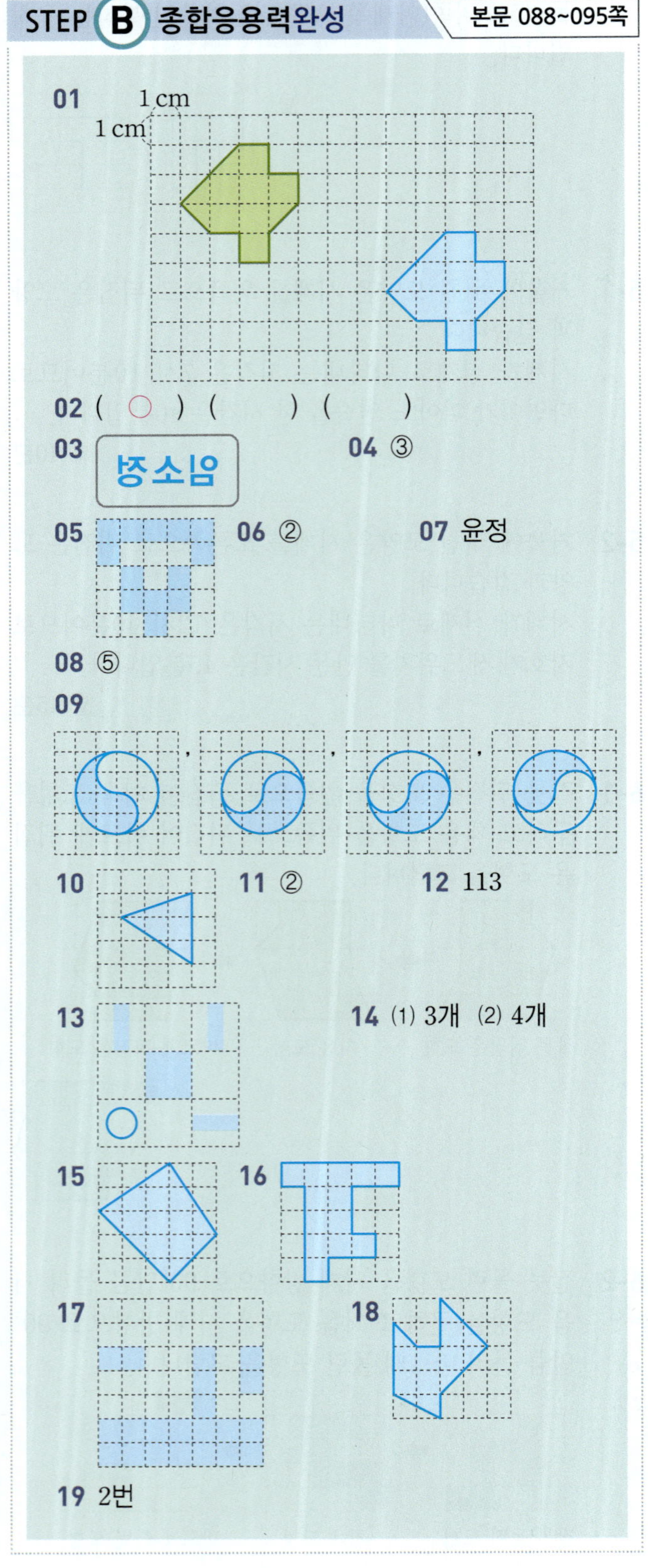

02 (○) (   ) (   )

03 넝소임

04 ③

05

06 ②

07 윤정

08 ⑤

09

10

11 ②

12 113

13

14 (1) 3개 (2) 4개

15

16

17

18

19 2번

---

01 모눈 한 칸이 1 cm이므로 도형을 오른쪽으로 7칸 옮긴 다음 아래쪽으로 3칸 옮깁니다.

답
1 cm
1 cm

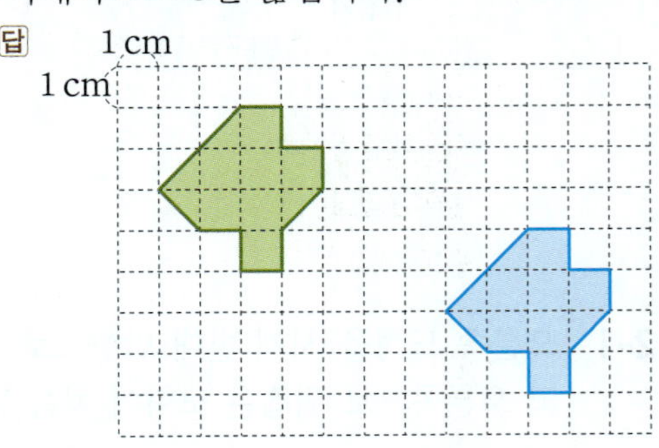

02
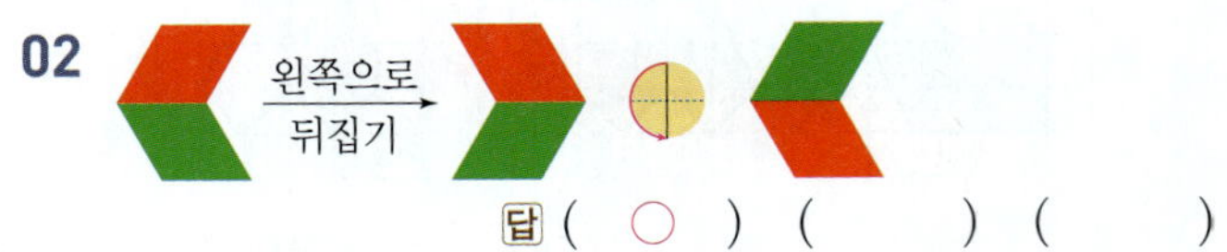

답 (○) (   ) (   )

03 도장을 찍으면 왼쪽과 오른쪽이 서로 바뀝니다. 즉, 도장에 새겨진 모양과 찍혀진 모양을 비교하면 도형을 왼쪽(오른쪽)으로 뒤집기 한 모양과 같습니다.

임소정 ➡ 넝소임

답 넝소임

04
① 도형 밀기를 여러 번 하여도 모양은 변하지 않습니다.
② 도형을 왼쪽으로 3번 뒤집고 오른쪽으로 1번 뒤집은 모양은 왼쪽으로 2번 뒤집은 모양과 같고, 같은 방향으로 2번 뒤집으면 처음 도형과 모양이 같습니다.
③ 도형을 위쪽으로 3번 뒤집고, 아래쪽으로 2번 뒤집은 모양은 위쪽으로 1번 뒤집은 모양과 같습니다.
④ 시계 방향으로 90°만큼 4번 돌리면 처음 도형과 모양이 같습니다.
⑤ 시계 반대 방향으로 180°만큼 2번 돌리면 처음 도형과 모양이 같습니다.

답 ③

05
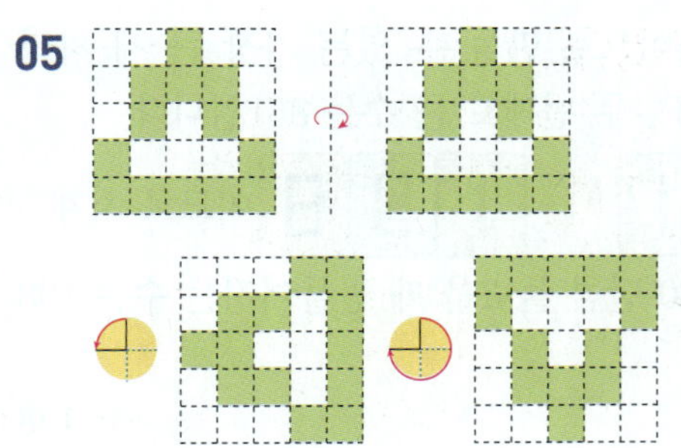

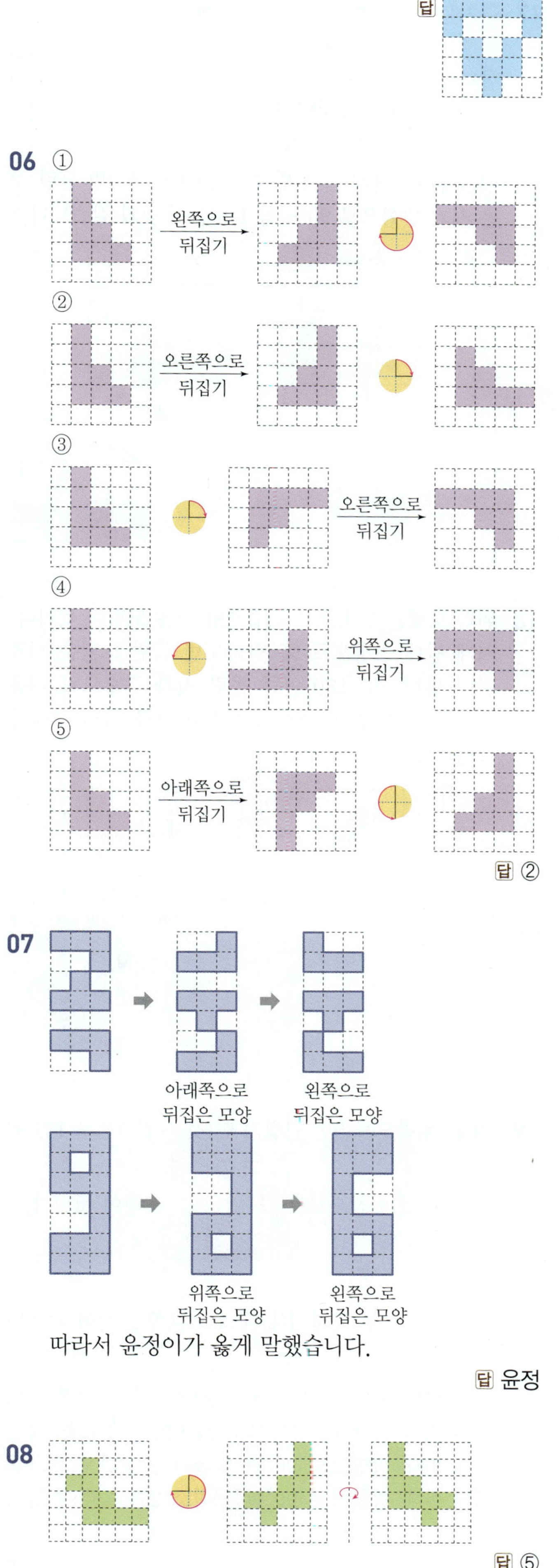

06 ①

왼쪽으로
뒤집기

②

오른쪽으로
뒤집기

③

오른쪽으로
뒤집기

④

위쪽으로
뒤집기

⑤

아래쪽으로
뒤집기

답 ②

07

아래쪽으로
뒤집은 모양

왼쪽으로
뒤집은 모양

위쪽으로
뒤집은 모양

왼쪽으로
뒤집은 모양

따라서 윤정이가 옳게 말했습니다.

답 윤정

08

답 ⑤

09

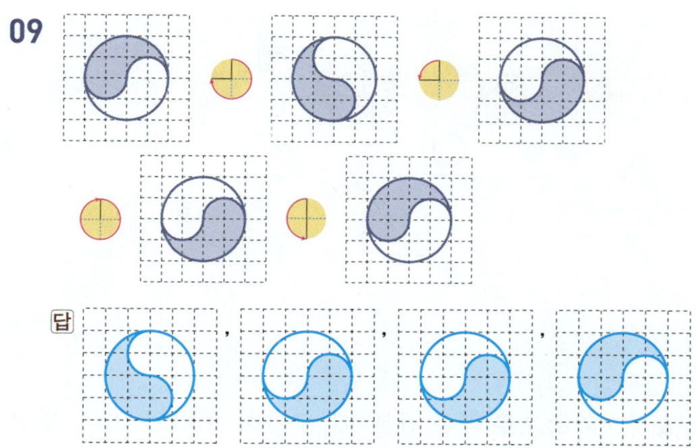

답

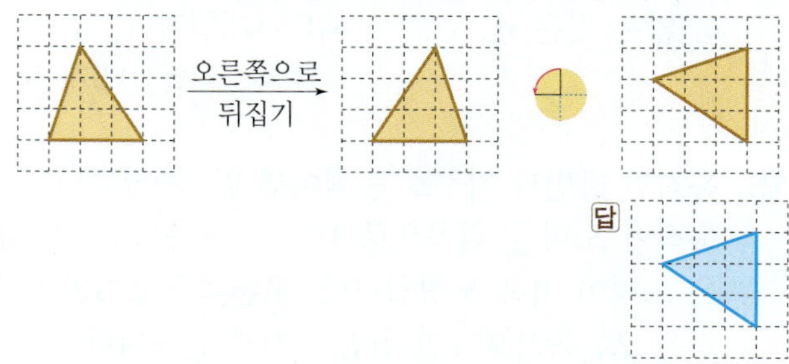

, , ,

10 오른쪽으로 3번 뒤집기 한 것은 오른쪽으로 1번 뒤
집은 것과 같습니다.
시계 방향으로 270°만큼 5번 돌린 것은 시계 반대
방향으로 90°만큼 5번 돌린 것과 같으므로 시계 반
대 방향으로 90°만큼 1번 돌린 것과 같습니다.

오른쪽으로
뒤집기

답

11 ① 도형을 시계 방향으로 90°만큼 3번 돌리면 도형
의 위쪽이 오른쪽, 아래쪽, 왼쪽으로 이동한 모양
입니다.
② 도형을 시계 방향으로 180°만큼 3번 돌리면 도형
의 위쪽이 아래쪽, 위쪽, 아래쪽으로 이동한 모양
입니다.
③ 시계 방향으로 270°만큼 3번 돌리면 도형의 위쪽
이 왼쪽, 아래쪽, 오른쪽으로 이동한 모양입니다.
④ 도형을 밀면 모양은 변하지 않습니다.
⑤ 도형을 왼쪽으로 3번 뒤집으면 왼쪽으로 한 번
뒤집은 것과 같으므로 왼쪽과 오른쪽이 바뀐 모
양입니다.

답 ②

12 수를 왼쪽으로 밀었을 때의 수는 85이고
수를 왼쪽으로 뒤집었을 때의 수는 28입니다.
따라서 그 합은 85+28=113입니다.

답 113

13 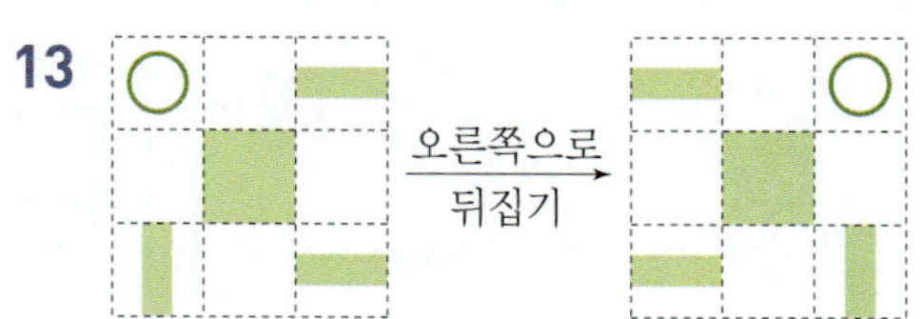

오른쪽으로
뒤집기

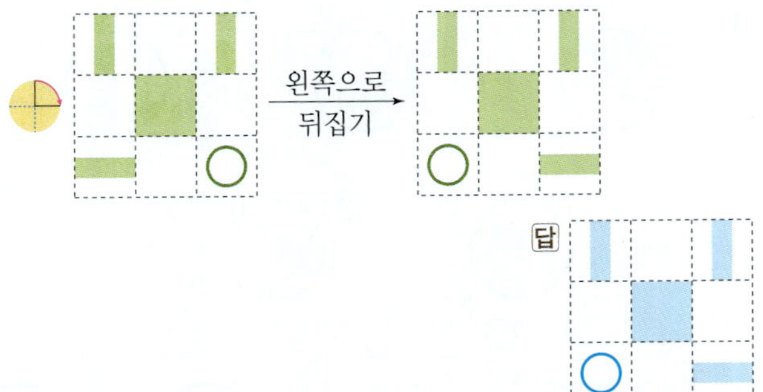

답 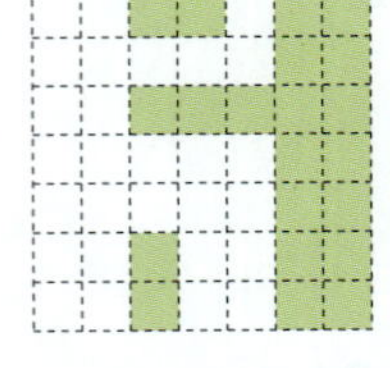

14 (1) 왼쪽으로 뒤집었을 때 모양이 변하지 않는 모양
은 ㅁ, ㅂ, ㅇ, ㅈ, ㅊ, ㅍ, ㅎ입니다.
위쪽으로 뒤집었을 때 모양이 변하지 않는 모양
은 ㄷ, ㅁ, ㅇ, ㅌ, ㅍ입니다.
따라서 왼쪽으로 뒤집어도, 위쪽으로 뒤집어도 모
양이 변하지 않는 것은 ㅁ, ㅇ, ㅍ의 3개입니다.
(2) 시계 방향으로 180°만큼 돌려도 모양이 변하지
않는 것은 ㄹ, ㅁ, ㅇ, ㅍ의 4개입니다.

답 (1) 3개 (2) 4개

15 움직인 방법과 거꾸로 움직이면 알 수 있습니다. 즉,
움직인 도형을 위쪽으로 1번, 오른쪽으로 3번 뒤집
은 도형이 처음 도형입니다. 오른쪽으로 3번 뒤집은
것은 오른쪽으로 1번 뒤집은 것과 같습니다.

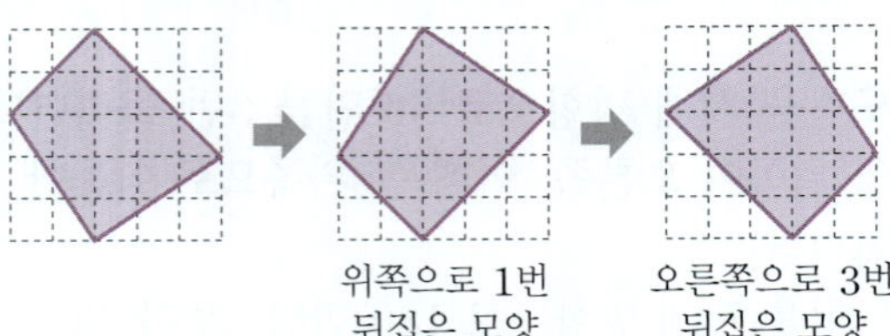

답 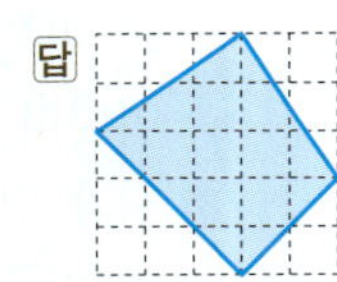

 원리쌤 특강

움직이기 전의 도형을 찾으려면 도형을 거꾸로 움직입니다.

16 잘못 움직인 도형을 시계 반대 방향으로 90°만큼 돌
리고 오른쪽으로 뒤집어 처음 도형을 구합니다.
처음 도형을 시계 방향으로 90°만큼 돌리고 오른쪽
으로 뒤집어 바르게 움직인 도형을 그립니다.

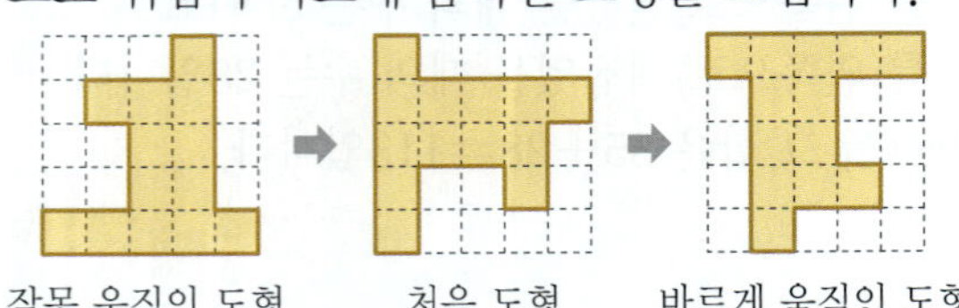

답 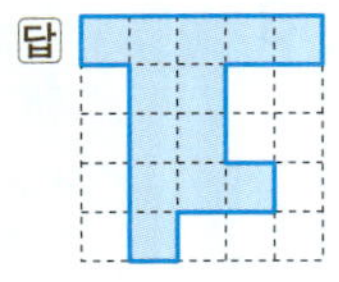

17 겹치는 부분 없이 빈 부분을 채우
기 위해서는 오른쪽의 모양이 필요
합니다.
시계 방향으로 270°만큼 돌린 것은
시계 반대 방향으로 90°만큼 돌린
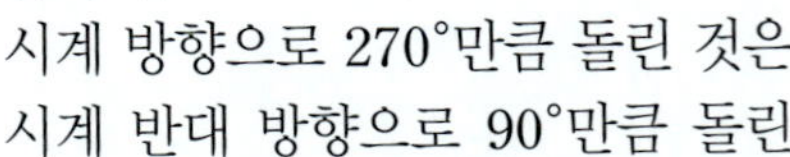
것과 같고, 시계 반대 방향으로 90°만큼 3번 돌린 것
은 시계 방향으로 90°만큼 1번 돌린 것과 같습니다.

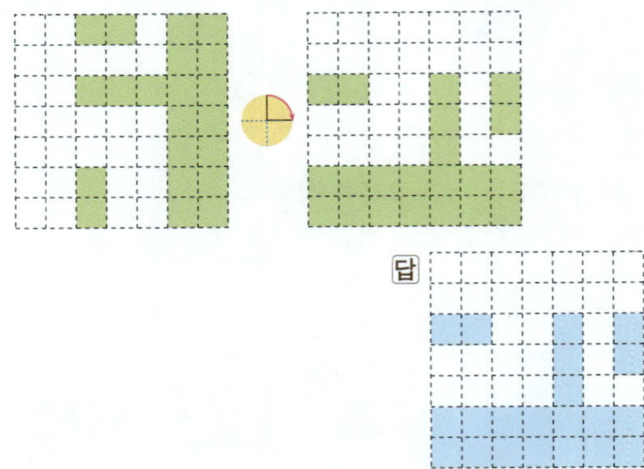

답 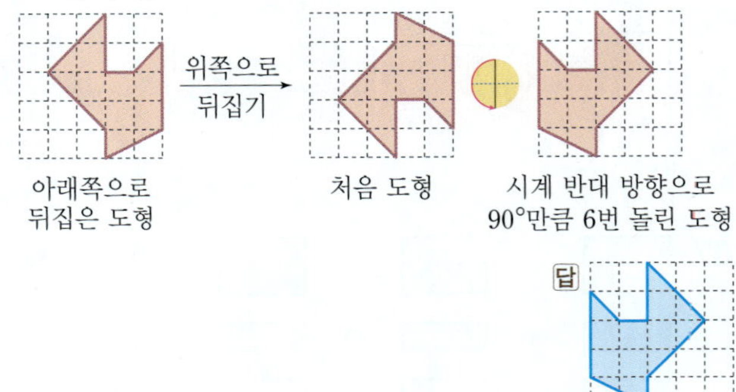

18 왼쪽 도형을 위쪽으로 뒤집으면 처음 도형이 됩니다.
시계 반대 방향으로 90°만큼 6번 돌린 도형은 시계
반대 방향으로 180°만큼 돌린 것과 같으므로 처음
도형을 시계 반대 방향으로 180°만큼 돌린 모양을
그립니다.

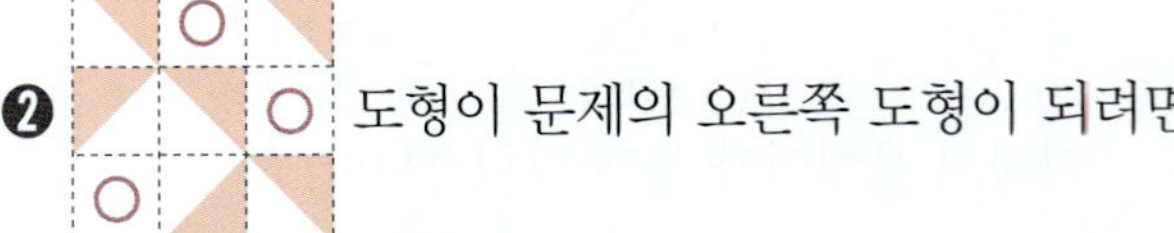

답

19 예 ❶ 위쪽으로 5번 뒤집기 한 것은 위쪽으로 1번 뒤
집기 한 것과 같으므로   도형이 됩니다.

❷   도형이 문제의 오른쪽 도형이 되려면

시계 방향(또는 시계 반대 방향)으로 180°만큼 돌렸
을 때입니다. 시계 방향으로 270°만큼 돌리는 것은
시계 반대 방향으로 90°만큼 돌리는 것과 같으므로
시계 반대 방향으로 90°만큼 최소 2번 돌려야 합니
다.

답 2번

채점기준	배점	
❶ 주어진 모양을 위쪽으로 5번 뒤집은 모양 구하기	2점	5점
❷ 최소 몇 번 돌려야 오른쪽 도형이 나오는지 구하기	3점	

STEP Ⓐ 최상위실력완성　본문 096~100쪽

01 남쪽　　02 B, C, D, E
03 위쪽이나 아래쪽으로 한 번 뒤집은 도형
04　　　　　　　　　05
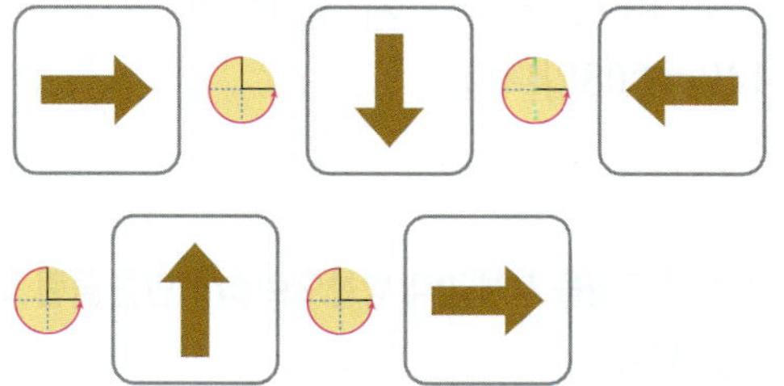
06　　　07 (1) 294　(2) 646

08 2시간 20분　09 14　　10 308
11
12 13개

13 12개
14

왼쪽으로 뒤집은 뒤 시계 방향으로 180°만큼 돌렸을 때 처음 모양과 같아지려면 위와 아래 모양이 서로 같아야 합니다. 알파벳 중 이에 해당하는 것은 B, C, D, E입니다.

답 B, C, D, E

03 A강비법 **오른쪽으로 5번 뒤집은 것은 오른쪽으로 1번 뒤집은 것과 같습니다.**

오른쪽으로 5번 뒤집으면 오른쪽으로 1번 뒤집은 도형과 같습니다.

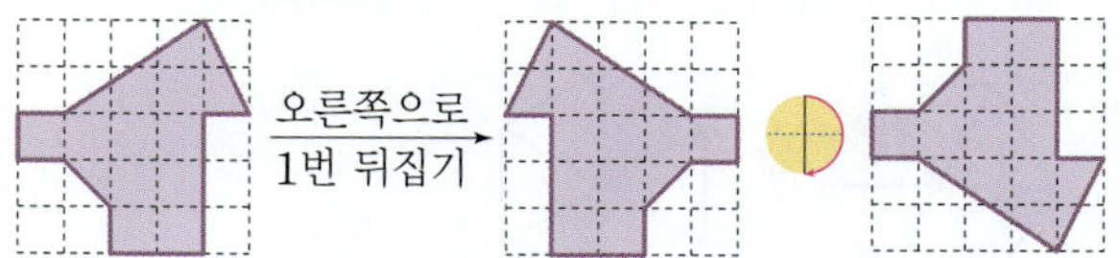

따라서 주어진 도형을 위쪽이나 아래쪽으로 한 번 뒤집은 도형과 같습니다.

답 위쪽이나 아래쪽으로 한 번 뒤집은 도형

04 A강비법 **도형을 어느 방향으로 밀어도 모양과 크기는 변하지 않습니다.**

오른쪽으로 3번 민 도형은 처음 도형과 같고, 시계 방향으로 90만큼 3번 돌린 것은 시계 반대 방향으로 1번 돌린 것과 같습니다.

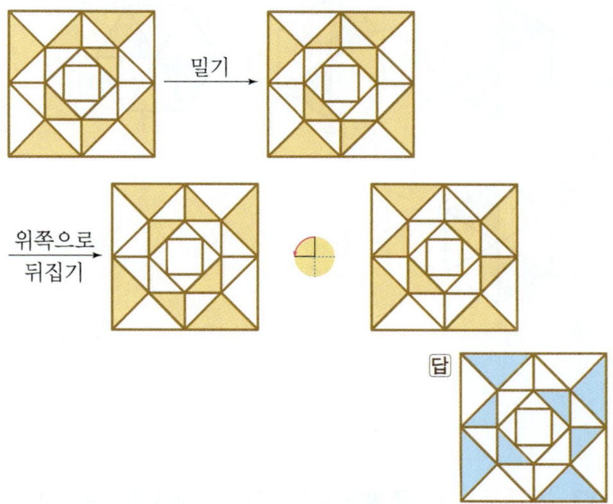

05 A강비법 **여러 가지 방법으로 움직일 때 순서에 주의하여 움직입니다.**

---

01 A강비법 **시계 반대 방향으로 270°만큼 돌린 것은 시계 방향으로 90°만큼 돌린 것과 같습니다.**

처음 화살표가 가리키는 쪽은 동쪽입니다.

위와 같이 화살표가 가리키는 방향은 남쪽, 서쪽, 북쪽, 동쪽의 순서로 계속 반복됩니다.
24＝4×6이므로 시계 반대 방향으로 270°만큼 24번 돌리면 동쪽을 가리키고, 1번을 더 돌려 25번 돌리면 화살표는 남쪽을 가리킵니다.

답 남쪽

02 A강비법 **시계 방향으로 90°만큼 10번 돌린 것은 시계 방향으로 180°만큼 돌린 것과 같습니다.**

06 A급비법 **거꾸로 생각하여 처음 도형을 알아봅니다.**

거꾸로 생각하여 처음 도형을 구합니다. 주어진 도형을 시계 방향으로 90°만큼 돌리기 ⇨ 시계 반대 방향으로 180°만큼 돌리기 ⇨ 오른쪽으로 뒤집기의 순서로 움직이면 처음 도형이 됩니다.

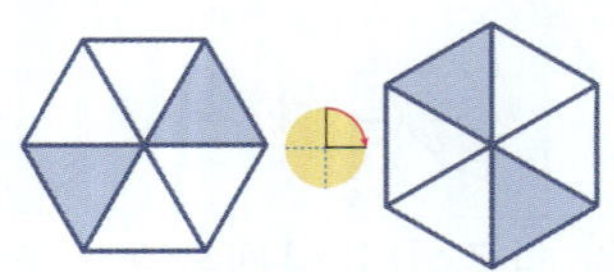

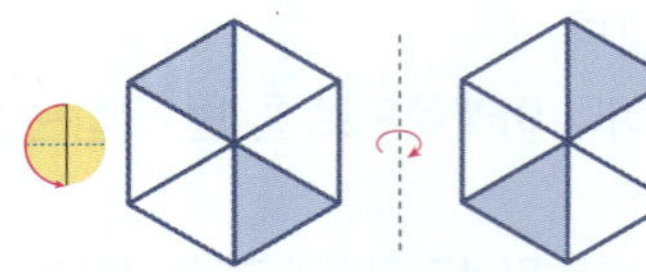

처음 도형을 위쪽으로 뒤집기 ⇨ 시계 방향으로 180°만큼 돌리기 ⇨ 시계 반대 방향으로 90°만큼 돌리기의 순서로 움직여 바르게 움직였을 때의 도형을 그립니다.

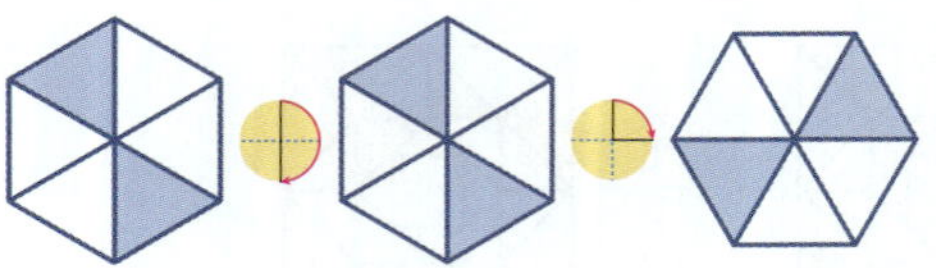

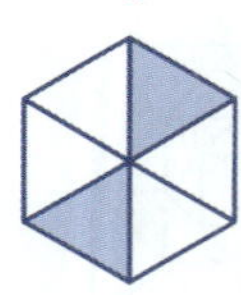

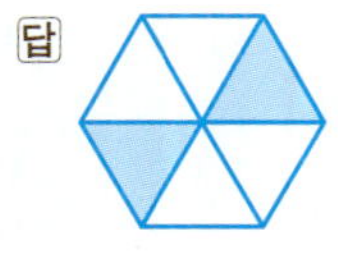

07 A급비법 **2, 1, 8로 만들 수 있는 가장 큰 세 자리 수는 821입니다.**

(1) 두 번째로 큰 수는 812이고, 이 수를 왼쪽으로 뒤집기 하여 나온 수는 518입니다. 따라서 이 두 수의 차는 812−518=294입니다.
(2) 세 번째로 작은 수는 218이고, 이 수를 아래쪽으로 뒤집기 하면 518입니다. 또, 가장 작은 수는 128이므로 이 두 수의 합은
518+128=646입니다.

답 (1) 294 (2) 646

08 A급비법 **거울에 비친 모양은 왼쪽이나 오른쪽으로 뒤집기 한 모양과 같습니다.**

거울에 비친 모양이므로 뒤집어 시각을 읽으면 시계가 가리키는 시각은 5시 40분입니다.
따라서 (영화를 본 시간)=8시−5시 40분
=2시간 20분입니다.

답 2시간 20분

09 A급비법 **시계 방향으로 270°만큼 (4×■)번 돌린 도형은 처음 도형과 같습니다.**

위쪽으로 7번 뒤집은 도형은 위쪽으로 1번 뒤집은 도형과 같습니다.
시계 방향으로 270°만큼 13번 돌린 것은 3×4=12에서 시계 방향으로 270°만큼 1번 돌린 것과 같습니다. 오른쪽으로 9번 뒤집은 도형은 오른쪽으로 1번 뒤집은 도형과 같습니다.

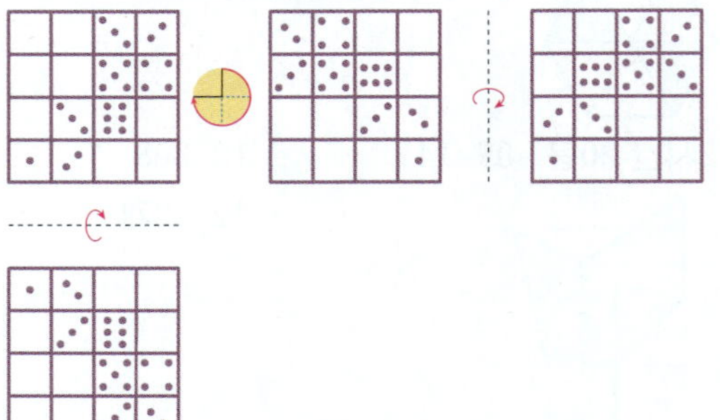

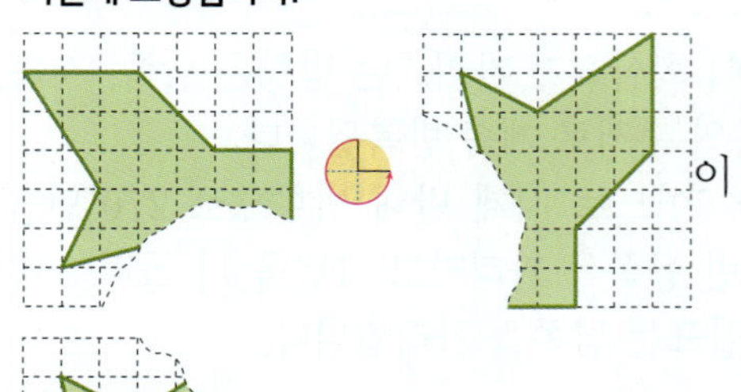

따라서 위에서 두 번째 줄의 눈의 수의 합은
6+5+3=14입니다.

답 14

10 A급비법 **5를 시계 반대 방향으로 2번 돌리면 5가 됩니다.**

수 카드를 시계 반대 방향으로 180°만큼 돌린 수는 651이므로 어떤 수를 □라 하면 잘못 계산한 식은
651+□=800, □=149입니다.
어떤 수는 149이므로 바르게 계산하면
159+149=308입니다.

답 308

11 A급비법 **오른쪽 도형을 시계 반대 방향으로 270°만큼 돌린 도형이 가운데 도형입니다.**

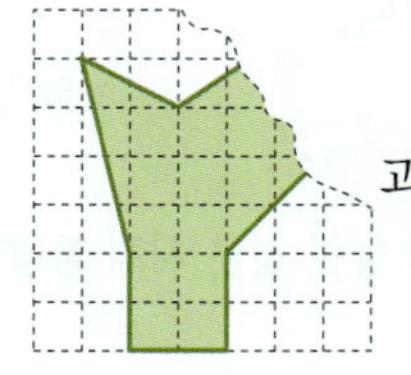

이

과 같으므로 둘의 모양을 합치면

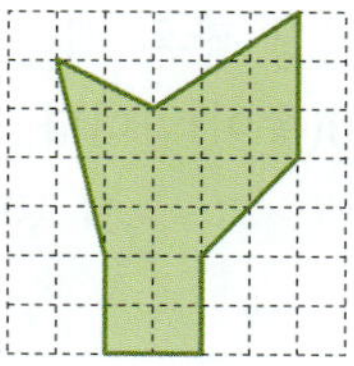 모양이 됩니다. 이것을 왼쪽으로

뒤집으면 처음 도형은 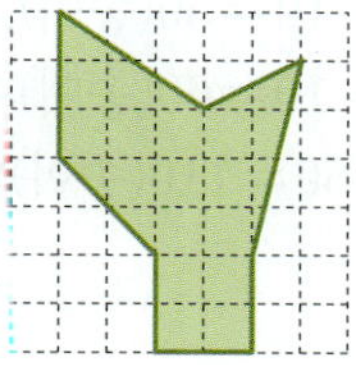 입니다.

답 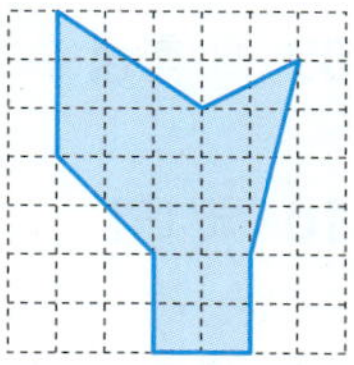

12 생각비법 **순서대로 움직인 후 몇 번째부터 모양이 반복되는지 알아봅니다.**

문제의 과정대로 계속 모양을 그리면 다음과 같이 9번째부터 같은 모양이 반복됩니다.

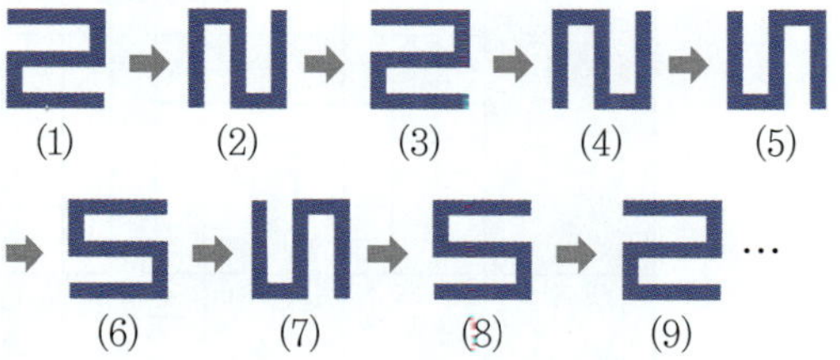

50개의 모양에서 (1)부터 (8)까지의 모양이 6번씩 반복되고 (1), (2) 모양이 1개씩 더 있습니다. (1)부터 (8)까지는 모양 (2)와 같은 모양이 2개 있으므로 모양 (2)와 같은 모양은 모두 $6 \times 2 + 1 = 13$(개) 있습니다.

답 13개

13 생각비법 **거꾸로 생각해 봅니다.**

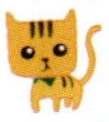 모양을 위쪽으로 뒤집고 시계 방향으로 90°만큼 돌린 후, 다시 왼쪽으로 뒤집고 시계 반대 방향으로 180°만큼 돌리면 나오는 고양이 모양이 모두 몇 개인지 구합니다.

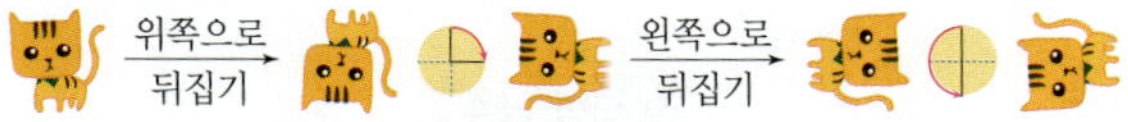

주어진 그림에서 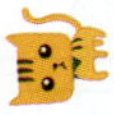 모양은 총 12개입니다.

답 12개

14 생각비법 **하나를 기준으로 놓고 나머지 종이를 하나씩 겹치는 경우를 생각해 봅니다.**

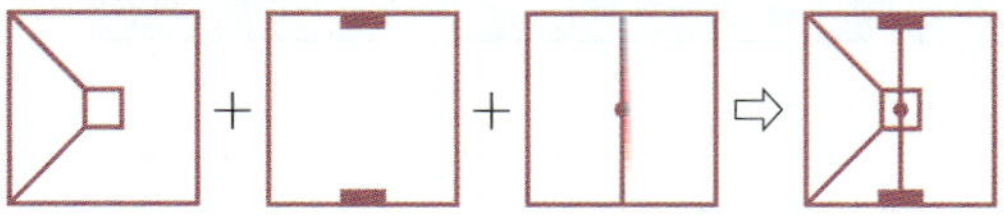

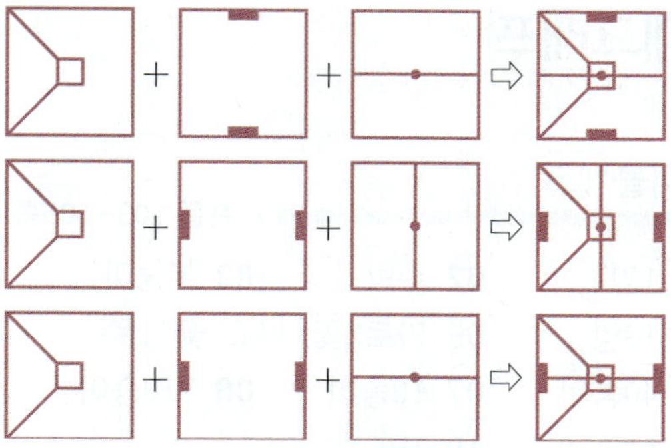

답 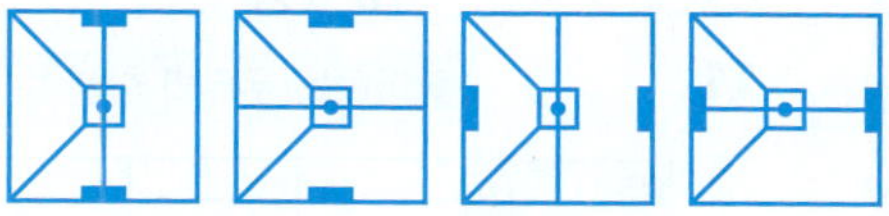

5. 막대그래프

01 1명　　**02** 수박　　**03** 복숭아
04 18명　　**05** 가로: 꽃, 세로: 꽃의 수
06 40송이　　**07** 10송이　　**08** 110송이
09 학생 수　　**10** 1명

11

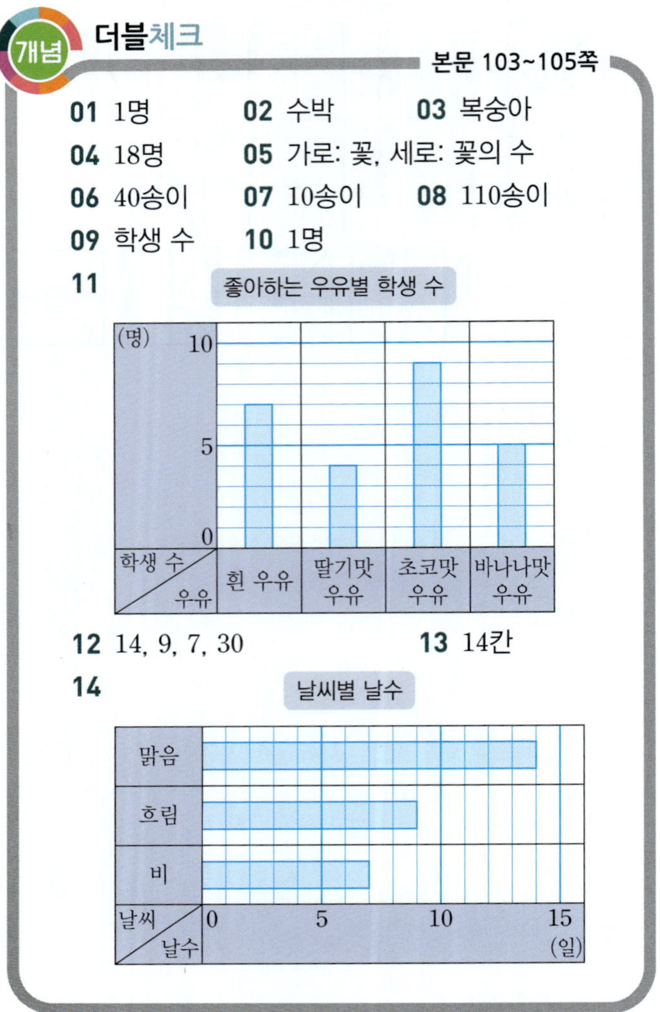

12 14, 9, 7, 30　　　　**13** 14칸

14

01 세로 눈금 5칸이 5명을 나타내므로 세로 눈금 한 칸은 $5 \div 5 = 1$(명)을 나타냅니다.

답 1명

02 막대의 길이가 가장 긴 수박입니다.

답 수박

03 막대의 길이가 가장 짧은 복숭아입니다.

답 복숭아

04 $4 + 7 + 2 + 5 = 18$(명)

답 18명

05 답 가로: 꽃, 세로: 꽃의 수

06 눈금 한 칸은 $50 \div 5 = 10$(송이)를 나타내고 해바라기는 4칸이므로 $4 \times 10 = 40$(송이) 있습니다.

답 40송이

07 가장 적은 꽃은 막대의 길이가 가장 짧은 백합입니다. 백합은 1칸이므로 $1 \times 10 = 10$(송이)입니다.

답 10송이

08 장미는 $5 \times 10 = 50$(송이),
튤립은 $6 \times 10 = 60$(송이)이므로
모두 $50 + 60 = 110$(송이)입니다.

답 110송이

09 답 학생 수

10 답 1명

11 세로 눈금 한 칸이 1명을 나타내므로 흰 우유는 7칸, 딸기맛 우유는 4칸, 초코맛 우유는 9칸, 바나나맛 우유는 5칸으로 그립니다.

답

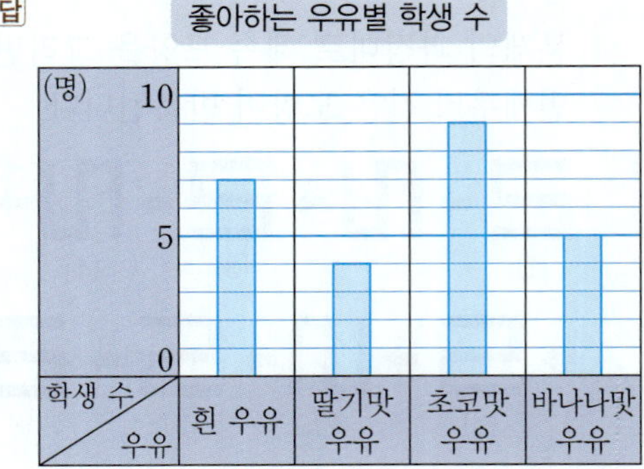

12 빠뜨리거나 두 번 세지 않도록 표시를 하면서 세어 봅시다.

날씨	맑음	흐림	비	합계
날수(일)	14	9	7	30

답 14, 9, 7, 30

13 날수가 가장 많은 맑음이 14일이므로 적어도 14칸을 그려야 합니다.

답 14칸

14 답

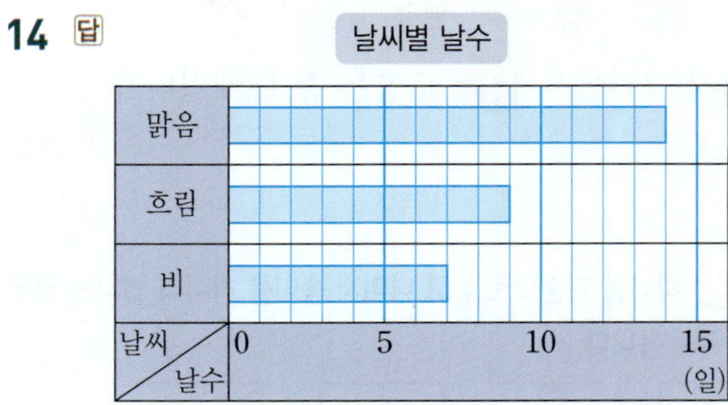

유형1 1000, 1000, 200, 200, 1800 / 1800 mL

1-1 2배

유형2 27, 5, 농구, 7, 7 / 7명

2-1 9명　　　　**2-2** 9칸

유형3 4, 4, 4, 3, 3, 6, 2, 6, 6, 3 / 3명

3-1

종류별 떡의 수

떡	찹쌀떡	꿀떡	호박떡	팥떡	쑥떡	합계
판매량(개)	16	20	12	24	28	100

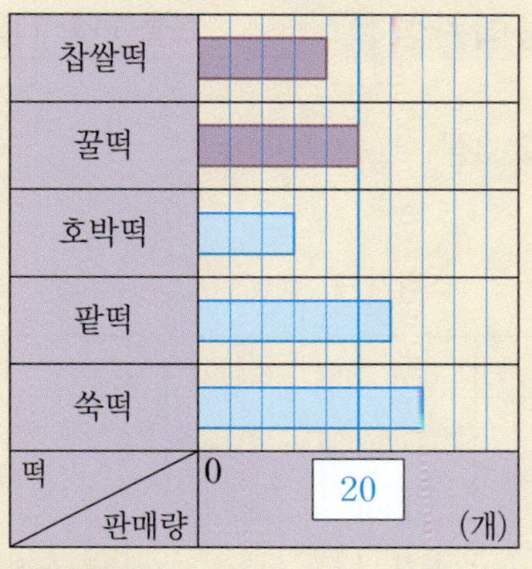
종류별 떡의 수

유형4 2, 2, 8, 8, 23 / 23명

4-1 4권　　　　**4-2** 16마리

유형5 5, 1, 4, 3, 1, 김치찌개, 4, 9, 9, 4, 5 / 김치찌개, 5개

5-1 280 kg

유형6 30, 6, 5, 자두나무, 2, 5, 10 / 10그루

6-1 10개　　　　**6-2** 선아, 54분

유형7 1, 3, 3, 6, 6 /

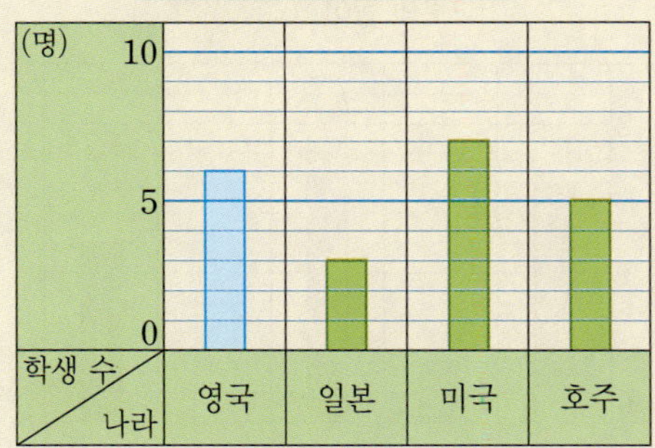
가보고 싶은 나라별 학생 수

7-1

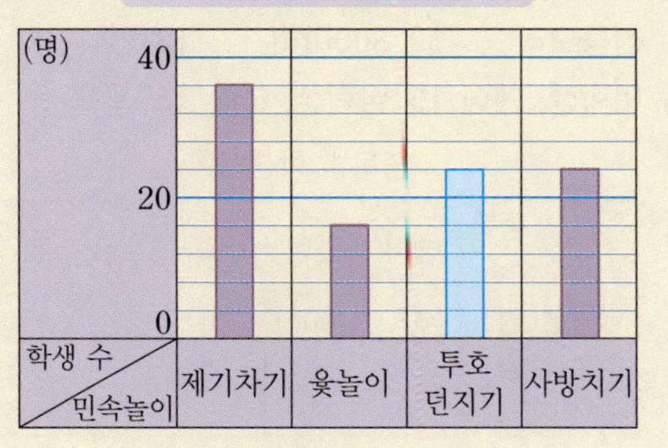
민속놀이 체험에 참가한 학생 수

1-1 눈금 한 칸은 1명을 나타내므로 코딩은 9명, 방송댄스는 14명, 바이올린은 7명, 발레는 4명입니다. 따라서 방송댄스를 배우고 싶은 학생 수는 바이올린을 배우고 싶은 학생 수의 $14 \div 7 = 2$(배)입니다.

답 2배

2-1 (놀이동산에 가고 싶은 학생 수)
$= 28 - 1 - 5 - 6 - 7 = 9$(명)
놀이동산에 가고 싶은 학생이 9명으로 가장 많으므로 막대그래프의 세로 눈금은 적어도 9명까지 나타낼 수 있어야 합니다.

답 9명

2-2 (갈치를 좋아하는 학생 수)
$= 155 - 30 - 35 - 25 - 20 = 45$(명)
갈치를 좋아하는 학생이 45명으로 가장 많으므로 막대그래프의 세로 눈금은 적어도 $45 \div 5 = 9$(칸) 있어야 합니다.

답 9칸

3-1 꿀떡 20개가 눈금 5칸이므로 눈금 한 칸은 $20 \div 5 = 4$(개)를 나타냅니다. 찹쌀떡은 눈금 4칸이므로 $4 \times 4 = 16$(개), 팥떡은 찹쌀떡보다 8개 많이 팔렸으므로 $16 + 8 = 24$(개) 팔렸습니다. 호박떡은 $100 - 16 - 20 - 24 - 28 = 12$(개) 팔렸습니다. 표를 완성하고 호박떡은 3칸, 팥떡은 6칸, 쑥떡은 7칸인 막대를 그립니다.

답

종류별 떡의 수

떡	찹쌀떡	꿀떡	호박떡	팥떡	쑥떡	합계
판매량 (개)	16	20	12	24	28	100

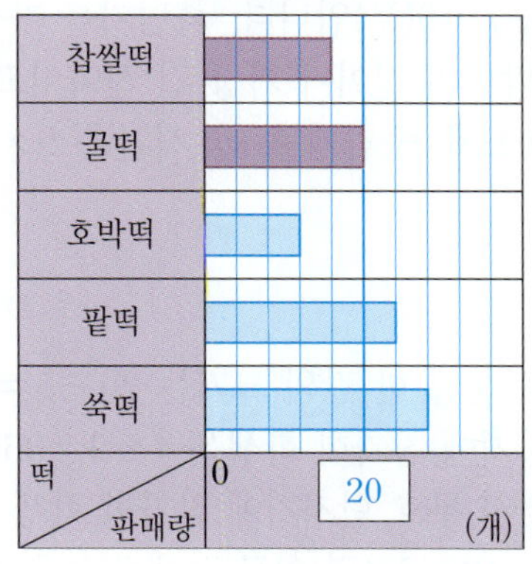
종류별 떡의 수

4-1 (소설책과 시집의 권수) $= 24 - 9 - 5 = 10$(권)
시집을 □권이라 하면 소설은 (□+2)권이므로
□+□+2=10, □+□=8, □=4
따라서 소설책은 6권, 시집은 4권입니다.

4-2 눈금 5칸이 20마리를 나타내므로 눈금 한 칸은
20÷5＝4(마리)를 나타냅니다. 프레리독과 미어
캣의 마리 수의 합은 100－24－16＝60(마리)입
니다.
미어캣을 □마리라 하면 프레리독은 (□＋4)마리
이므로 □＋□＋4＝60, □＋□＝56, □＝28에서
프레리독은 32마리, 미어캣은 28마리입니다.
가장 많은 동물은 프레리독으로 32마리이고 가장
적은 동물은 왈라루로 16마리이므로 그 차는
32－16＝16(마리)입니다.

5-1 농작물별 A와 B 마을의 막대의 길이의 차를 구하
면 당근: 5칸, 양파: 2칸, 파프리카: 3칸이므로 두
마을의 생산량의 차가 가장 적은 농작물은 양파입
니다. 가로 눈금 한 칸이 100÷5＝20(kg)을 나
타내므로 두 마을의 양파의 생산량은 모두
160＋120＝280(kg)입니다.

6-1 막대그래프에서 막대의 세로 눈금이 엄마는 7칸,
아빠는 2칸, 형은 3칸, 지섭이는 5칸이므로 모두
7＋2＋3＋5＝17(칸)입니다. 세로 눈금 17칸이
34개를 나타내므로 세로 눈금 한 칸은
34÷17＝2(개)를 나타냅니다. 따라서 지섭이가
만든 송편은 5×2＝10(개)입니다.

6-2 막대그래프에서 윤기의 가로 눈금 7칸이 42분을
나타내므로 가로 눈금 한 칸의 크기는
42÷7＝6(분)입니다. 줄넘기를 가장 많이 한 사람
은 막대의 길이가 가장 긴 선아이고 가로 눈금이 9
칸이므로 줄넘기를 한 시간은 9×6＝54(분)입니
다.

7-1 세로 눈금 한 칸의 크기는 20÷5＝4(명)이므로 제
기차기에 참가한 학생은 4×9＝36(명)입니다.
따라서 투호 던지기에 참가한 학생 수는
36－12＝24(명)이므로 세로 눈금이
24÷4＝6(칸)인 막대를 그립니다.

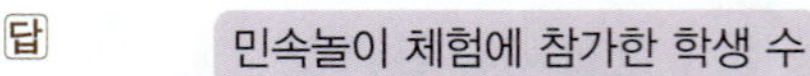
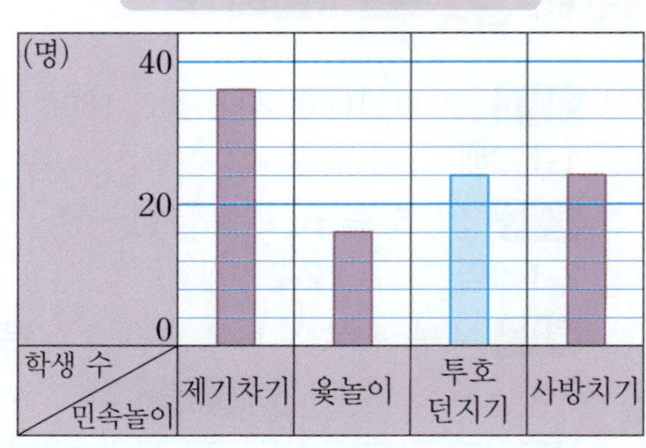

STEP B 종합응용력완성 본문 113~119쪽

01 24장   **02** 3장
03 예

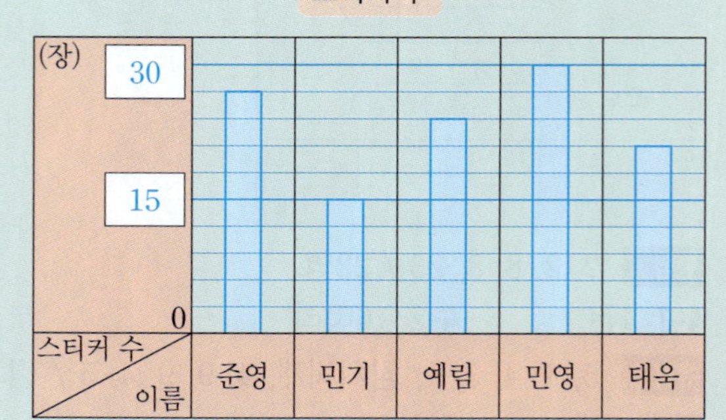

04 민영   **05** 45명
06 꼬마열차: 30명, 범퍼카: 18명, 바이킹: 54명, 회
전그네: 42명   **07** 17일   **08** 3번
09 760 mL
10

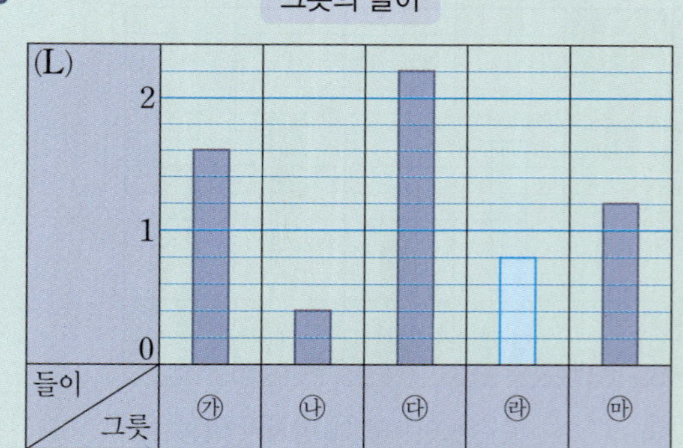

11 청동오리   **12** 800마리   **13** ③
14 여학생, 펜싱 **15** 남학생, 6명 **16** 골프
17

학생 수 \ 종목	승마	펜싱	골프	양궁	합계
남학생(명)	12	21	15	3	51
여학생(명)	6	9	18	12	45
합계	18	30	33	15	96

종목별 학생 수

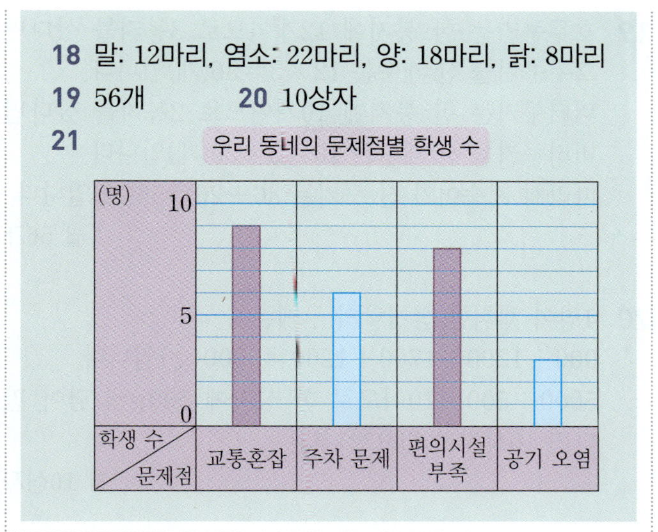

18 말: 12마리, 염소: 22마리, 양: 18마리, 닭: 8마리

19 56개　　　**20** 10상자

21

우리 동네의 문제점별 학생 수

(명) / 학생 수 / 문제점 / 교통혼잡 / 주차 문제 / 편의시설 부족 / 공기 오염

01 (예림이가 가진 스티커 수)
$=117-(27+15+30+21)=24$(장)

답 24장

02 표에서 가장 많이 가진 스티커 수가 30장이므로 막대는 적어도 30장을 나타낼 수 있어야 합니다.
막대그래프에서 세로 눈금이 11칸이므로 세로 눈금 한 칸은 적어도 3장을 나타내야 합니다.

답 3장

03 답 예

스티커 수

(장) / 30 / 15 / 0 / 스티커 수 / 이름 / 준영 / 만기 / 예림 / 민영 / 태욱

04 막대의 길이가 가장 긴 사람은 민영입니다.

답 민영

05 가장 긴 막대는 바이킹의 9칸이므로
$9\times5=45$(명)이 탈 수 있습니다.

답 45명

06 꼬마열차는 5칸, 범퍼카는 3칸, 바이킹은 9칸, 회전그네는 7칸이므로 모두 24칸입니다.
네 가지 놀이기구에 한꺼번에 탈 수 있는 사람이 모두 144명이므로 $144\div24=6$에서 가로 눈금 한 칸은 6명을 나타냅니다.
(꼬마열차에 탈 수 있는 사람 수)$=6\times5=30$(명)

(범퍼카에 탈 수 있는 사람 수)$=6\times3=18$(명)
(바이킹에 탈 수 있는 사람 수)$=6\times9=54$(명)
(회전그네에 탈 수 있는 사람 수)$=6\times7=42$(명)

답 꼬마열차: 30명, 범퍼카: 18명,
바이킹: 54명, 회전그네: 42명

07 (세로 눈금 한 칸의 크기)$=10\div5=2$(일)이므로
(7월에 게임을 한 날수)$=2\times7=14$(일)입니다.
7월은 31일까지 있으므로
(7월에 게임을 하지 않은 날수)$=31-14=17$(일)
입니다.

답 17일

08 세로 눈금 한 칸은 200 mL를 나타냅니다.
㉯ 그릇의 들이는 400 mL, ㉰ 그릇의 들이는
1200 mL이므로 적어도 $1200\div400=3$(번) 부어야
합니다.

다른풀이

㉯ 그릇의 막대는 2칸, ㉰ 그릇의 막대는 6칸이므로
적어도 $6\div2=3$(번) 부어야 합니다.

답 3번

09 (㉮ 그릇의 들이)$+$(㉯ 그릇의 들이)
$=1600+2200=3800$(mL)
$3800\div5=760$이므로 화분 1개에 준 물의 양은
760 mL입니다.

답 760 mL

10 ㉮ 그릇: 1 L 600 mL, ㉯ 그릇: 400 mL,
㉰ 그릇: 2 L 200 mL, ㉲ 그릇: 1 L 200 mL
입니다.
(㉮$+$㉯$+$㉰$+$㉲ 그릇의 들이)
$=1$ L 600 mL$+400$ mL$+2$ L 200 mL
$\quad+1$ L 200 mL
$=5$ L 400 mL
㉱ 그릇의 들이는
6 L 200 mL-5 L 400 mL$=800$ mL이므로
$800\div200=4$(칸)인 막대를 그립니다.

답

그릇의 들이

(L) / 2 / 1 / 0 / 들이 / 그릇 / ㉮ / ㉯ / ㉰ / ㉱ / ㉲

11 막대의 길이가 가장 짧은 철새를 찾으면 청둥오리입니다.

답 청둥오리

12 오늘 관찰된 철새는
$300+150+200+50+100=800$(마리)입니다.

답 800마리

13 ③ 재두루미는 청둥오리보다 100마리 더 많이 관찰됐습니다.

답 ③

14 가로 눈금 한 칸은 3명을 나타냅니다.
$9÷3=3$(칸)이 그려진 것은 여학생이고 펜싱입니다.

답 여학생, 펜싱

15 남학생: $12+21+15+3=51$(명)
여학생: $6+9+18+12=45$(명)
따라서 남학생 수가 $51-45=6$(명) 더 많습니다.

답 남학생, 6명

16 승마: $(4-2)×3=6$(명)
펜싱: $(7-3)×3=12$(명)
골프: $(6-5)×3=3$(명)
양궁: $(4-1)×3=9$(명)
따라서 남학생과 여학생의 학생 수의 차가 가장 적은 종목은 골프입니다.

답 골프

17 답

종목별 학생 수

학생 수 \ 종목	승마	펜싱	골프	양궁	합계
남학생(명)	12	21	15	3	51
여학생(명)	6	9	18	12	45
합계	18	30	33	15	96

18 예 ❶ 마릿수가 많은 동물부터 차례로 쓰면 염소, 양, 말, 닭이므로 막대그래프의 왼쪽부터 양, 닭, 염소, 말입니다.
❷ 세로 눈금 한 칸의 크기가 2마리이므로 말은 12마리, 염소는 22마리, 양은 18마리, 닭은 8마리입니다.

답 말 : 12마리, 염소 : 22마리, 양 : 18마리, 닭 : 8마리

채점기준	배점	
❶ 마릿수 많은 동물 순서 구하기	3점	5점
❷ 각 동물의 마릿수 구하기	2점	

19 호두쿠키는 한 봉지에 12개이므로 3봉지를 샀다면 호두쿠키를 산 개수는 $12×3=36$(개)입니다.
버터쿠키는 한 봉지에 10개이므로 2봉지를 샀다면 버터쿠키를 산 개수는 $10×2=20$(개)입니다.
따라서 지승이가 산 쿠키는 $36+20=56$(개)입니다.

답 56개

20 4명이 채취한 성게알의 무게는
$900+1200+1700+1200=5000$(g)입니다.
$5000÷500=10$이므로 한 상자에 500g씩 담아 판다면 10상자가 필요합니다.

답 10상자

21 공기 오염을 고른 학생 수를 □명이라 하면 주차 문제를 고른 학생 수는 (□×2)명입니다.
$9+□×2+8+□=26$, $□×3+17=26$
$□×3=9$, $□=3$
공기 오염을 고른 학생은 3명, 주차 문제를 고른 학생은 $3×2=6$(명)이므로 공기 오염에 3칸, 주차 문제에 6칸인 막대를 그립니다.

답

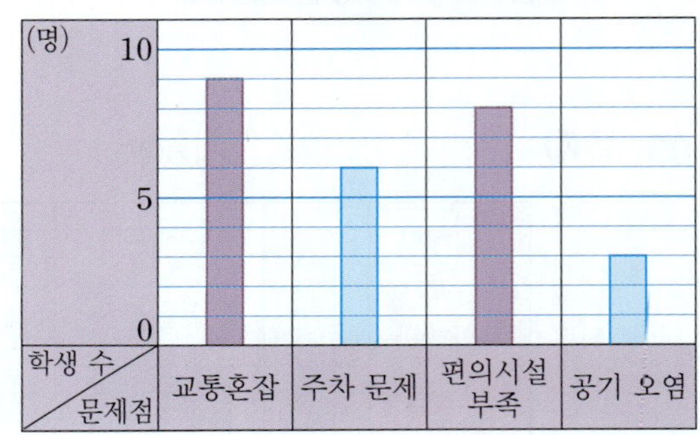

01 사회: 6명, 음악: 10명

02 2명

03
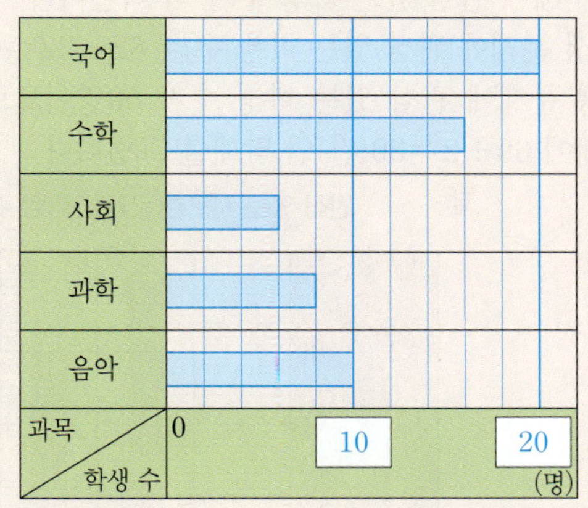

04 1 km 200 m

05 2배

06 오전 7시 40분

07 기후: 82명, 인구: 70명

08
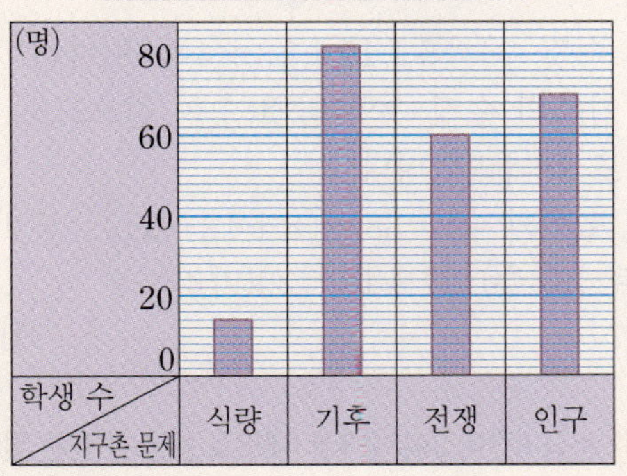

09 20마리

10 20분

11 일요일, 토요일, 월요일, 수요일, 화요일, 금요일, 목요일

12
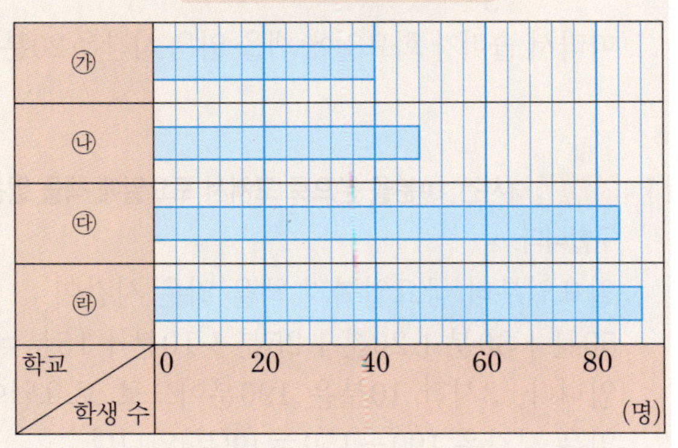

13
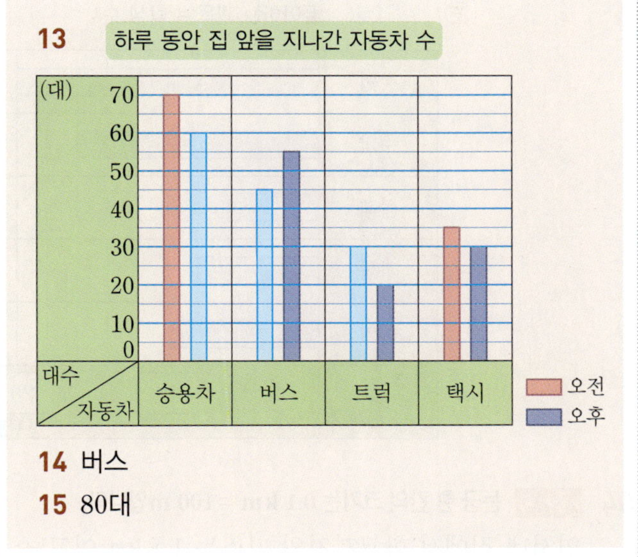

14 버스

15 80대

---

01 A풀이법 사회를 좋아하는 학생을 □명이라 하면 음악을 좋아하는 학생은 (□＋4)명입니다.

(사회와 음악을 좋아하는 학생 수)
＝60－(20＋16＋8)＝16(명)
사회를 좋아하는 학생을 □명이라 하면 음악을 좋아하는 학생은 (□＋4)명입니다.
□＋□＋4＝16, □×2＝12, □＝6
따라서 사회를 좋아하는 학생은 6명이고 음악을 좋아하는 학생은 10명입니다.

     답 사회: 6명, 음악: 10명

다른풀이

음악을 좋아하는 학생이 사회를 좋아하는 학생보다 4명이 많으므로 사회를 좋아하는 학생은
16－4＝12(명)에서 12÷2＝6(명)이고,
음악을 좋아하는 학생은 6＋4＝10(명)입니다.

02 A풀이법 학생 수가 가장 많은 과목과 가장 적은 과목의 학생 수의 차는 7×(눈금 한 칸의 크기)입니다.

가장 많이 좋아하는 과목은 국어로 20명이고, 가장 적게 좋아하는 과목은 사회로 6명입니다. 눈금 7칸이 20－6＝14(명)을 나타내므로 눈금 한 칸은 14÷7＝2(명)을 나타냅니다.

     답 2명

03 A풀이법 (국어의 칸수)＝20÷(가로 눈금 한 칸의 크기)

가로 눈금 한 칸은 2명이므로 국어에 10칸, 수학에 8칸, 사회에 3칸, 과학에 4칸, 음악에 5칸인 막대를 그립니다.

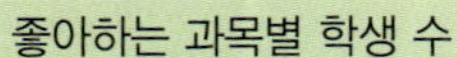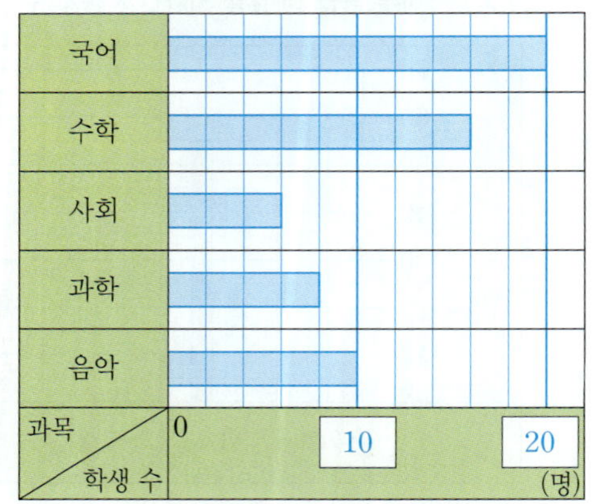

04 〔A급비법〕 눈금 한 칸의 크기는 0.1 km=100 m입니다.

연서네 집에서 학교까지의 거리는 1.8 km이고 소정이네 집에서 학교까지의 거리는 0.6 km입니다.
(거리의 차)=1.8−0.6=1.2(km)⇨ 1 km 200 m

답 1 km 200m

05 〔A급비법〕 먼저 연서와 주원이네 집에서 학교까지의 거리를 각각 구합니다.

연서네 집에서 학교까지의 거리는
1.8 km=1800 m이고, 주원이네 집에서 학교까지의 거리는 0.9 km=900 m이므로
1800÷900=2(배)입니다.

답 2배

06 〔A급비법〕 태수가 300 m씩 몇 번 걸어야 집에서 학교까지 도착하는지 구합니다.

예 ❶ 태수네 집에서 학교까지의 거리는
1.2 km=1200 m입니다.
❷ 태수는 5분에 300 m를 가므로
1200÷300=4에서 5분×4=20분이 걸립니다.
❸ 따라서 태수가 오전 8시에 학교에 도착하려면
오전 8시−20분=오전 7시 40분에 출발해야 합니다.

답 오전 7시 40분

채점기준	배점	
❶ 태수네 집에서 학교까지의 거리 구하기	2점	
❷ 태수네 집에서 학교까지 가는데 걸리는 시간 구하기	2점	5점
❸ 출발해야 할 시각 구하기	1점	

07 〔A급비법〕 세로 눈금 한 칸의 크기가 얼마인지 구합니다.

세로 눈금 한 칸은 20÷10=2(명)에서
기후의 막대는 세로 눈금이 41칸이므로
2×41=82(명)이고, 인구의 막대는 세로 눈금이 35칸이므로 2×35=70(명)입니다.

답 기후: 82명, 인구: 70명

08 〔A급비법〕 전쟁과 기후 중 어느 문제에 관심이 더 많은지 생각합니다.

기후 문제에 관심 있는 학생 수가 가장 많으므로 전쟁 문제에 관심 있는 학생 수가 더 적습니다.
(전쟁 문제에 관심 있는 학생 수)=82−22=60(명)
전쟁 문제에 관심 있는 학생 수가 60명이므로 전쟁 문제에 60÷2=30(칸)인 막대를 그립니다.

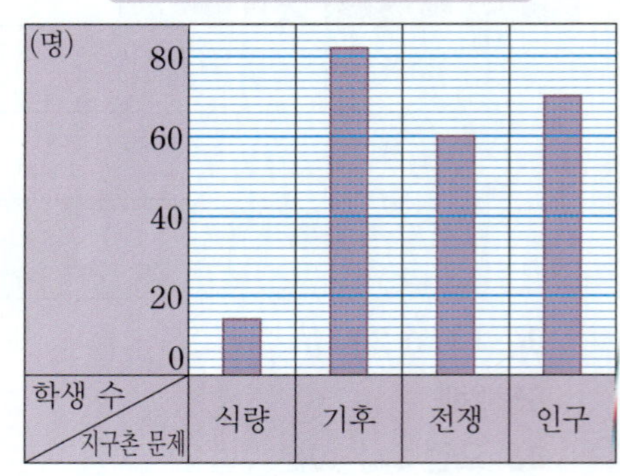

09 〔A급비법〕 암컷과 수컷의 수가 같음을 이용하여 암컷 토끼의 수를 구합니다.

(전체 수컷 수)=6+15+13+4=38(마리)
전체 가축의 수컷 수와 암컷 수는 같으므로 전체 암컷 수도 38마리입니다.
(암컷 토끼의 수)=38−(8+12+11)=7(마리)
⇨ (토끼의 수)=7+13=20(마리)

답 20마리

10 〔A급비법〕 눈금 6칸이 30분을 나타내므로 눈금 한 칸은 얼마를 나타내는지 먼저 구합니다.

눈금 6칸이 30분이므로 눈금 한 칸은 30÷6=5분을 나타냅니다.
(일요일에 책을 읽은 시간)=5×10=50(분)
50분의 $\frac{1}{5}$은 10분이므로 50분의 $\frac{2}{5}$는 20분입니다.
따라서 솔비가 화요일에 책을 읽은 시간은 20분입니다.

답 20분

11 〔A급비법〕 3시간 10분을 분으로 고쳐서 토요일에 책을 읽은 시간을 구합니다.

일요일부터 금요일까지 책을 읽은 시간이
50분+30분+20분+25분+10분+15분=150분입니다. 3시간 10분은 190분이므로 토요일에 책을 읽은 시간은 190−150=40(분)입니다.
솔비는 일, 월, 화, 수, 목, 금, 토에 각각 50분, 30분, 20분, 25분, 10분, 15분, 40분씩 책을 읽었으므로 책을 읽은 시간이 긴 순서대로 요일을 쓰면 일,

토, 월, 수, 화, 금, 목입니다.

    답 일요일, 토요일, 월요일, 수요일,
    화요일, 금요일, 목요일

12 A급비법 눈금 5칸이 20명이므로 한 칸은 $20÷5=4$(명)을 나타냅니다.

㉭ 학교 학생 수가 88명이므로 $88÷4=22$(칸)입니다.
(㉮ 학교 학생 수)$=88-4=84$(명)
$⇨ 84÷4=21$(칸),
84의 $\dfrac{1}{7}$이 12이므로 84의 $\dfrac{4}{7}$는 48에서
(㉯ 학교 학생 수)$=48$명 $⇨ 48÷4=12$(칸),
48의 $\dfrac{1}{6}$이 8이므로 48의 $\dfrac{5}{6}$는 40에서
(㉠ 학교 학생 수)$=40$명 $⇨ 40÷4=10$(칸)인 막대를 그립니다.

답
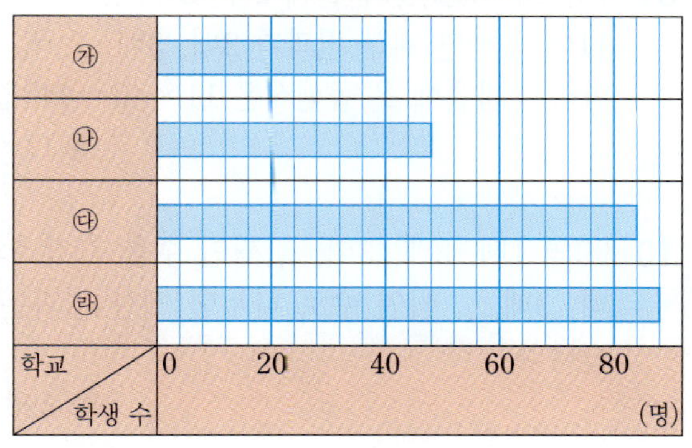

13 A급비법 오후에 지나간 승용차의 수를 먼저 구합니다.

(오후에 지나간 승용차의 수)
$=165-(55+20+30)=60$(대)
$⇨ 60÷5=12$(칸),
(오전에 지나간 버스의 수)$=100-55=45$(대)
$⇨ 45÷5=9$(칸),
(오전에 지나간 트럭의 수)$=180-(70+45+35)$
$=30$(대)
$⇨ 30÷5=6$(칸)인 막대를 그립니다.

답
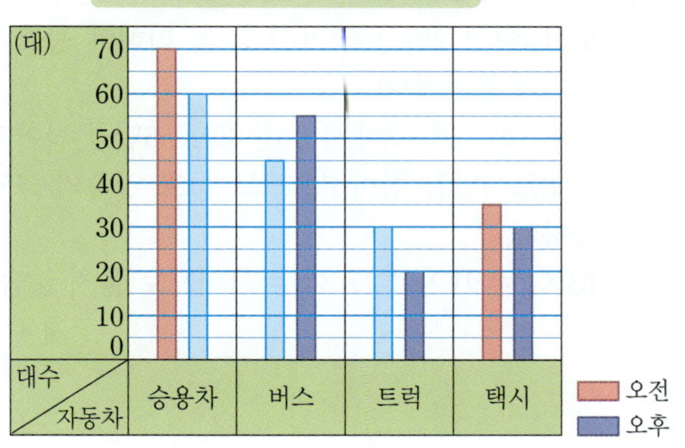

14 A급비법 자동차의 종류별로 오전과 오후에 지나간 차의 수를 비교합니다.

각 자동차에서 오전과 오후에 지나간 자동차 수를 나타낸 막대의 길이가 오후가 더 긴 것을 찾습니다.
따라서 오후에 더 많이 지나간 자동차는 버스입니다.

답 버스

15 A급비법 자동차의 종류별로 하루 동안 지나간 자동차의 수를 구한 다음 비교합니다.

(승용차)$=70+60=130$(대)
(버스)$=100$대
(트럭)$=30+20=50$(대)
(택시)$=35+30=65$(대)
가장 많은 자동차는 승용차로 130대이고, 가장 적은 자동차는 트럭으로 50대이므로 그 차는
$130-50=80$(대)입니다.

답 80대

6. 규칙 찾기

01 예 214부터 100씩 커집니다.

02 ㉠: 3, ㉡: 1   **03** 192, 768

04 8개   **05** ①

06 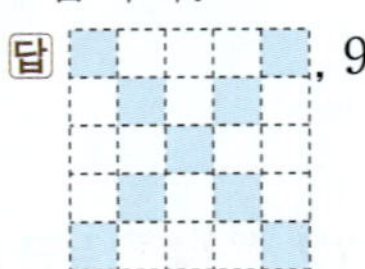 , 9   **07** 266＋521＝787

08 ㉠

09 11×40＝440

10 396÷36＝11   **11** 9×9999＋8

12 3, 3, 361

13 (×)
(○)
(×)

14 43   **15** 16, 식: 예 16＋5＝33－12

16 (1) 15   (2) 10   (3) 40

17 × / 이유: 예 36은 18의 2배이므로 4의 2배인 8을 곱해야 등호의 양쪽에 있는 두 양의 크기가 같습니다.

18 (○) ( )

---

01 답 예 214부터 100씩 커집니다.

02 두 수의 덧셈의 결과에서 일의 자리 숫자를 쓰는 규칙입니다.
1395＋18＝1413이므로 ㉠＝3이고,
1392＋19＝1411이므로 ㉡＝1입니다.
답 ㉠: 3, ㉡: 1

03 3부터 시작하여 4씩 곱하는 규칙입니다.
3×4＝12, 12×4＝48, 48×4＝192,
192×4＝768
답 192, 768

04 첫째에는 2개, 둘째에는 3개, 셋째에는 4개, …이므로 1개씩 늘어나는 규칙이 있습니다. 따라서 8개입니다.
답 8개

05 왼쪽, 위쪽, 오른쪽, 아래쪽이 반복되므로 아홉째에 올 도형에서 ○ 표시된 부분은 왼쪽에 있습니다.
답 ①

06 가운데 사각형을 중심으로 사각형이 왼쪽, 오른쪽의 대각선 방향으로 2개씩 늘어납니다.
따라서 □ 안에 들어갈 수는 7＋2＝9입니다.
답 , 9

07 10씩 커지는 수와 100씩 커지는 수의 합으로 110씩 커집니다.
답 266＋521＝787

08 ㉠ 110씩 커지는 수에서 10씩 커지는 수를 빼면 계산 결과는 100씩 커집니다.
㉡ 100씩 커지는 수에서 같은 수 770을 빼면 계산 결과는 100씩 커집니다.
답 ㉠

09 10, 20, 30, …과 같이 2배, 3배, …씩 커지는 수를 11에 곱하면 계산 결과가 2배, 3배, …씩 커집니다.
따라서 다음에 올 곱셈식은 11×40＝440입니다.
답 11×40＝440

10 99의 1배, 2배, 3배, …씩인 수를 각각 9의 1배, 2배, 3배, …씩인 수로 나누면 계산 결과는 11로 같습니다.
답 396÷36＝11

11 곱해지는 수는 9, 더해지는 수는 8로 일정하고 곱하는 수가 9부터 9가 1개씩 늘어나면 계산 결과는 8 다음에 오는 수가 곱하는 수와 같습니다.
따라서 □ 안에 알맞은 식은 9×9999＋8입니다.
답 9×9999＋8

12 3씩 커지는 세 수의 합은 가운데 수의 3배와 같습니다.
답 3, 3, 361

13 21＋13＝23＋12에서 23은 21보다 2만큼 커졌으므로 13에서 2만큼 작아진 11을 더해야 등호 양쪽의 크기가 같아집니다.
35－14＝29－8에서 35는 29로 6만큼 작아지고 14는 8로 6만큼 작아졌으므로 등호 양쪽의 크기가 같습니다.
13×7＝91이고 17×3＝51이므로 옳지 않습니다.
답 (×)
(○)
(×)

대각선 방향으로 2개씩 늘어납니다.
따라서 □ 안에 들어갈 수는 7＋2＝9입니다.
답 , 9

14 $14+19=17+$ ■ 에서 14는 17로 3만큼 커지므로 더하는 수 ■ 는 19보다 3만큼 작아진 16이 되어야 합니다.

$23-10=$ ● -14에서 10은 4만큼 커지므로 ●는 23에서 4만큼 커진 27이 되어야 합니다.

➡ ■ + ● $=16+27=43$

답 43

15 등호를 사용한 식으로 나타내면

$33-12=21$, $\square+5=21$, $\square=16$입니다.

답 16, 식: 예 $16+5=33-12$

16 (1) 두 수의 순서를 바꾸어 더해도 그 크기는 같으므로 $\square=15$입니다.

(2) 50에서 42로 8만큼 작아졌으므로 $\square$는 18에서 8만큼 작은 수인 10입니다.

(3) 곱하는 두 수를 바꾸어 곱해도 그 크기는 같으므로 $\square=40$입니다.

답 (1) 15 (2) 10 (3) 40

17 답 × / 이유: 예 36은 18의 2배이므로 4의 2배인 8을 곱해야 등호의 양쪽에 있는 두 양의 크기가 같습니다.

18 달력에서 ╲ 방향에 있는 두 수의 합은 서로 같습니다.

답 (○) (   )

<table>
<tr><td colspan="4">STEP C 교과서유형완성   본문 132~137쪽</td></tr>
</table>

유형 1 1101, 1101, 9599 / 9599

1-1 30583   **1-2** 636

유형 2 12, 15, 15, 18, 18, 21, 21 / 21개

2-1 28개   **2-2** 26개

유형 3 1, 1, 8, 1000003, 8000024 /

$8\times1000003=8000024$

3-1 $1111111\times101=112222211$

3-2 $12345678\times9=111111111-9$

유형 4 2, 24, 24, 8 / 8 g

4-1 180 g

유형 5 66, 3, 42, 42, 14, 14 / 14

5-1 29   **5-2** 15

유형 6 6, 3, 셋, 검은색 / 검은색

6-1 흰색   **6-2** 385개

1-1 70543부터 시작하여 ↗ 방향으로 9990씩 작아집니다.

따라서 ●에 알맞은 수는 40573보다 9990만큼 더 작은 수인 30583입니다.

답 30583

1-2

906	916		㉠	
	816			846
			736	
			★	

906부터 시작하여 → 방향으로 10씩 커지므로 906-916-926-936에서 ㉠은 936입니다.

또, ↓ 방향으로 100씩 작아지므로 936-836-736-636에서 ★에 알맞은 수는 636입니다.

답 636

2-1 사각형의 수가 3개부터 시작하여 3개, 4개, 5개, …씩 늘어납니다. 따라서 여섯째 모양에서 사각형의 수는 $3+3+4+5+6+7=28$(개)입니다.

답 28개

2-2 보라색 사각형은 5개, 8개, 11개, …로 3개씩 늘어나고 초록색 사각형은 3개, 5개, 7개, …씩 늘어납니다.

일곱째 모양에서 보라색 사각형은 $11+3+3+3+3=23$(개)이고 초록색 사각형은 $9+7+9+11+13=49$(개)입니다.

따라서 구하는 개수의 차는 $49-23=26$(개)입니다.

답 26개

3-1 11, 111, 1111, …과 같이 자리 수가 하나씩 늘어나는 수에 각각 101을 곱하면 1111, 11211, 112211, …과 같은 계산 결과가 나옵니다.

따라서 112222211이 나오는 계산식은 여섯째이므로 $1111111\times101=112222211$입니다.

답 $1111111\times101=112222211$

3-2 1, 12, 123, …과 같이 자리 수가 하나씩 늘어나는 수에 각각 9를 곱하면 $11-2$, $111-3$, $1111-4$, …와 같은 결과가 나옵니다.

따라서 여덟째에 알맞은 계산식은 $12345678\times9=111111111-9$입니다.

답 $12345678\times9=111111111-9$

4-1 왼쪽 저울에서 배 1개의 무게는 귤 9개의 무게와

같으므로 (배 1개의 무게)$=9\times70=630$(g)입니다.
오른쪽 저울에서 망고 7개의 무게는 배 2개의 무게와 같으므로
(망고 7개의 무게)$=$(배 2개의 무게)$\times2$
$=630\times2=1260$(g)입니다.
➡ (망고 1개의 무게)$=1260\div7=180$(g)

답 180 g

5-1 9개의 수 중 한가운데 수를 $\square$라 하여 식을 만들면
$(\square-8)+(\square-7)+(\square-6)+(\square-1)+\square$
$+(\square+1)+(\square+6)+(\square+7)+(\square+8)$
$=\square+\square+\square+\square+\square+\square+\square+\square+\square$
$=\square\times9=189$
$\square=189\div9=21$
따라서 더해서 189가 되는 9개의 수 중 가장 큰 수는 $21+8=29$입니다.

답 29

5-2 $7+8+9+14+15+16+21+22+23=135$이므로 $135\div9=15$입니다.

답 15

6-1 검은색 바둑돌과 흰색 바둑돌이 번갈아 가며 놓이는데 검은색 바둑돌은 2개 놓이고, 흰색 바둑돌은 1개씩 늘어나는 규칙입니다.
검은색 바둑돌과 흰색 바둑돌을 하나로 묶어 개수를 세면 3개, 4개, 5개, …로 1개씩 늘어납니다.
$3+4+5+6+7+8+9=42$이므로 43째, 44째에는 검은색 바둑돌, 45째, 46째, …, 52째에는 흰색 바둑돌이 놓이므로 50째에 놓이는 바둑돌은 흰색입니다.

답 흰색

6-2 바둑돌이 놓인 수를 보면 $1=1\times1$, $4=2\times2$, $9=3\times3$, …입니다.
■째에 놓이는 바둑돌은 (■$\times$■)개인 규칙입니다.
따라서 열째까지 놓인 바둑돌은
$1+4+9+16+25+36+49+64+81+100$
$=385$(개)입니다.

답 385개

---

01 720		**02** 19	
03 $12\times3333333=39999996$		**04** 42개	
05 ●: 1760, ▲: 2763		**06** 3가지	
07 7		**08** 7956	
09 ⑴ 55　⑵ 13		**10** 38개	
11 3910		**12** 21개	
13 2300, 분홍색		**14** 45개	
15 55개		**16** 월요일	**17** 47개

01 12288부터 시작하여 4로 나누는 규칙입니다.
$3072\div4=768$이므로 ㉠$=768$이고
$192\div4=48$이므로 ㉡$=48$입니다.
따라서 ㉠$-$㉡$=768-48=720$입니다.

답 720

02 $8\times11=88$ ⇨ $8+8=16$,
$8\times12=96$ ⇨ $9+6=15$
두 수의 곱셈의 결과에서 각 자리의 숫자의 합을 쓰는 규칙입니다.
$9\times12=108$이므로 ■$=1+0+8=9$이고
$11\times14=154$이므로 ●$=1+5+4=10$입니다.
따라서 ■$+$●$=19$입니다.

답 19

03 계산 결과의 9의 개수는 곱하는 수의 3의 개수보다 1개 더 적습니다.
따라서 계산 결과가 39999996이 되는 곱셈식은
$12\times3333333=39999996$입니다.

답 $12\times3333333=39999996$

04 예 ❶ 아래에서부터 1층, 2층, 3층, …이라 하면 12째 모양은 12층입니다.
층이 올라갈 때마다 바둑돌은 1개씩 적어지고 각 층은 검은색 바둑돌, 흰색 바둑돌이 번갈아가며 놓여 있습니다.
❷ 12째에는 1층, 3층, 5층, 7층, 9층, 11층이 검은색 바둑돌이므로 검은색 바둑돌의 개수는
$12+10+8+6+4+2=42$(개)입니다.

답 42개

채점기준	배점	
❶ 어떤 규칙인지 구하기	3점	5점
❷ 12째에 놓인 검은색 바둑돌의 개수 구하기	2점	

05 → 방향으로 101씩 커지고, ↓ 방향으로 100, 200,

300, ...씩 커집니다.

따라서 ●는 1659보다 101 큰 수인 1760이고 ▲는 1863보다 $200+300+400=900$ 큰 수인 2763입니다.

답 ●: 1760, ▲: 2763

06 $60-50=10$, $60-30=30$, $60-25=35$, $60-5=55$, $50-30=20$, $50-25=25$, $50-5=45$, $30-25=5$, $30-5=25$, $25-5=20$ 입니다.

이 중에서 덧셈의 결과로 나올 수 있는 것은 30, 35, 55입니다.

따라서 완성할 수 있는 식은 $60-30=5+25$, $60-25=5+30$, $60-5=25+30$의 3가지입니다.

답 3가지

07 10부터 두 자리 수이므로 $65=9+2\times28$에서 두 자리 수는 모두 28개입니다. 10에서부터 28째 수는 $10+28-1=37$이므로 65째에 놓이는 숫자는 7입니다.

답 7

08 [표 1]은 12481부터 시작하여 ↘ 방향으로 1056씩 커지는 규칙입니다. 따라서 5844보다 1056 큰 수는 6900이고 6900보다 1056 큰 수는 7956입니다.

답 7956

09 (1) ▲=2일 때, ■$=1+2=3$
▲=3일 때, ■$=1+2+3=6$
▲=4일 때, ■$=1+2+3+4=10$
■는 1부터 ▲까지의 수를 더한 수입니다.
따라서 ▲=10일 때,
■$=1+2+3+\cdots+9+10=55$입니다.
(2) ▲=10일 때, ■$=55$이므로
▲=11일 때, ■$=55+11=66$
▲=12일 때, ■$=66+12=78$
▲=13일 때, ■$=78+13=91$입니다.

답 (1) 55 (2) 13

10 홀수 개째의 삼각형을 만들 때 3개의 성냥개비가 필요하고, 짝수 개째의 삼각형을 만들 때 2개의 성냥개비가 필요합니다. 따라서 정삼각형 15개를 만들려면 성냥개비가 $3\times8+2\times7=38$(개) 필요합니다.

답 38개

11 → 방향으로 1230씩 커지므로
㉠$=5737-1230=4507$입니다.

↓ 방향으로 110씩 커지므로
㉡$=8307+110=8417$입니다.
따라서 $8417-4507=3910$입니다.

답 3910

12 ●●◆♣●◆♣가 반복되는 규칙입니다.
$157\div8=19\cdots5$이므로 152째까지
●●◆♣●◆♣가 19번 반복되고,
그다음에 ●●◆♣●이 놓입니다.
한 묶음에는 ●가 ◆보다 1개 더 많으므로
152째까지 ●가 ◆보다 19개 더 많습니다.
따라서 ●의 수와 ◆의 수의 차는
$19+(3-1)=21$(개)입니다.

답 21개

13 1850부터 시작하여 10, 20, 30, 40, ...씩 커지는 규칙이므로
$2000+60=2060$, $2060+70=2130$, $2130+80=2210$, $2210+90=2300$
➡ ㉠$=2300$
또, 분홍색, 분홍색, 노란색, 하늘색이 반복되므로 분홍색입니다.

답 2300, 분홍색

14 찾을 수 있는 크고 작은 삼각형의 개수는 다음과 같습니다.
첫째: $1+2=3$(개)
둘째: $1+2+3=6$(개)
셋째: $1+2+3+4=10$(개)
따라서 여덟째 모양에서 찾을 수 있는 크고 작은 삼각형의 개수는
$1+2+3+4+5+6+7+8+9=45$(개)입니다.

답 45개

15 흰색 바둑돌은 $3\times3=9$(개), $4\times3=12$(개), $5\times3=15$(개), ...이므로 흰색 바둑돌이 36개 놓인 모양은 $36\div3=12$에서 열째입니다.
검은색 바둑돌은 1개, 3개, 6개, 10개, ...로 더하는 수가 1개씩 늘어나므로
열째 모양에서 검은색 바둑돌은
$10+5+6+7+8+9+10=55$(개)입니다.

답 55개

16 예 ❶ 일요일부터 목요일까지 5일 동안의 날짜의 합이 55이므로 한가운데 있는 화요일의 날짜를 □일이라 하면
$\square-2+\square-1+\square+\square+1+\square+2=55$,

$\square+\square+\square+\square+\square=55$, $\square=11$

색칠한 부분의 날짜는 9월 9일, 10일, 11일, 12일, 13일입니다.

❷ 달력에서 ↓ 방향으로 7씩 커지므로 $13+7=20$, $20+7=27$에서 28일은 금요일, 29일은 토요일, 30일은 일요일입니다. 9월은 30일까지 있으므로 10월 1일은 월요일입니다.

🔑 월요일

채점기준	배점	
❶ 색칠한 부분의 날짜 구하기	3점	5점
❷ 10월 1일이 무슨 요일인지 구하기	2점	

17 탁자가 1개씩 늘어날 때마다 놓을 수 있는 의자 수를 나타내면 다음과 같습니다.

$$5개 \quad 8개 \quad 11개 \quad 14개 \quad \cdots$$
$$+3 \quad +3 \quad +3$$

탁자 한 개에 의자 5개를 놓을 수 있고, 탁자 한 개를 붙여 놓을 때마다 3개씩 더 놓을 수 있습니다. 따라서 탁자 15개를 붙여 놓으면 의자를 모두 $5+3\times14=47$(개) 놓을 수 있습니다.

🔑 47개

다른풀이

양쪽의 탁자 2개에는 의자 4개씩, 그 외의 탁자에는 의자 3개씩 놓을 수 있습니다.

(놓을 수 있는 의자)
$=4\times2+3\times13=8+39=47$(개)

---

01 10407　　**02** 136464

03 (1) 🟥 $\times3+2=$ 🔺 (2) ① 46 ② 29

04 19850원　　**05** (1) ㉠: 5, ㉡: 10　(2) 64

06 108개　　**07** 79

08 규칙: 예 덧셈 결과에서 각 자리의 숫자를 더한 것입니다. / 630　　**09** 48, 54, 55, 56, 62

10 180개　　**11** 14250원　　**12** (1) 78 (2) 21

13 79　　**14** 22개

01 🅰금비법 → 방향으로 갈 때마다 얼마만큼 커지는지 알아봅니다.

2431에서 100, 200, 300, …씩 커지므로 ㉠에 오는 수는 $2531+200=2731$입니다.
6976에서 300, 400, 500, …씩 커지므로 ㉡에 오는 수는 $7276+400=7676$입니다.

따라서 ㉠$+$㉡$=2731+7676=10407$입니다.

🔑 10407

02 🅰금비법 몇을 곱하거나 몇을 빼는 규칙인지 생각해 봅니다.

$$1466 \xrightarrow{\times2} 2932 \xrightarrow{-20} 2912 \xrightarrow{\times4} 11648$$
$$\xrightarrow{-400} 11248 \xrightarrow{\times6} 67488 \xrightarrow{-6000} 61488$$
$$3028 \xrightarrow{\times2} 6056 \xrightarrow{-20} 6036 \xrightarrow{\times4} 24144$$
$$\xrightarrow{-400} 23744 \xrightarrow{\times6} 142464 \xrightarrow{-6000} 136464$$

🔑 136464

03 🅰금비법 수가 얼마만큼 변하는지 살펴 규칙을 찾습니다.

예 ❶ (1) 주어진 수들의 규칙을 살펴보면 직선 ㄱ 위의 수의 3배가 직선 ㄴ 위의 수가 되고, 직선 ㄴ 위의 수에 2를 더한 값이 직선 ㄷ 위의 수가 됩니다.
따라서 🟥$\times3+2=$🔺입니다.

❷ (2) ①$\times3+2=140$, ①$\times3=138$,
①$=138\div3=46$
②$=9\times3+2=29$

🔑 (1) 🟥$\times3+2=$🔺　(2) ① 46 ② 29

채점기준	배점	
❶ (1) 구하기	3점	5점
❷ (2) 구하기	2점	

04 🅰금비법 동전 1개를 놓고 가로, 세로가 한 줄씩 늘어날 때마다 필요한 동전의 개수를 알아봅니다.

동전 1개를 놓고 가로, 세로가 한 줄씩 늘어날 때마다 필요한 동전의 개수는 3개, 5개, 7개, …입니다. 가로, 세로를 한 줄씩 더 늘리기 위해 39개의 동전이 필요한 경우는 가로, 세로에 각각 20개씩 동전을 놓을 때이므로 은찬이가 꺼낸 50원짜리 동전은 $20\times20-3=397$(개)입니다.
따라서 은찬이가 저금통에서 꺼낸 돈은 $397\times50=19850$(원)입니다.

🔑 19850원

05 🅰금비법 수가 얼마만큼 변하는지 살펴 규칙을 찾습니다.

(1) 왼쪽 끝과 오른쪽 끝에는 1이 계속 반복되고 윗줄의 왼쪽과 오른쪽의 두 수를 더하면 아래 수가 됩니다.
㉠$=1+4=5$, ㉡$=6+4=10$

(2) 일곱째에 놓이는 수는 1, $1+5=6$, $5+10=15$, $10+10=20$, $10+5=15$, $5+1=6$, 1이므로 그 합은 $1+6+15+20+15+6+1=64$입니다.

🔑 (1) ㉠: 5, ㉡: 10　(2) 64

1
$1+1=2$
$1+2+1=4=2\times2$
$1+3+3+1=8=2\times2\times2$
$1+4+6+4+1=16=2\times2\times2\times2$
각 줄의 수들의 합은 2를 계속 곱했을 때 얻어지는 값과 같습니다.
따라서 일곱째에 놓이는 수들의 합은
$2\times2\times2\times2\times2\times2=64$입니다.

06 **성냥개비의 수가 몇 개씩 늘어나는지 찾아 봅니다.**

첫째 삼각형과 크기와 모양이 같은 삼각형이
3개, 5개, 7개, …씩 늘어나므로
$1+3+5+7+9+11+13+15=64$에서 여덟째입니다.
성냥개비의 수가 $3\times1=3$(개), $3\times3=9$(개),
$3\times6=18$(개), $3\times10=30$(개),
$3\times15=45$(개), $3\times21=63$(개),
$3\times28=84$(개), $3\times36=108$(개)이므로 108개입니다.

답 108개

07 **앞, 뒤의 수를 보고 규칙을 찾아봅니다.**

㉠에서 $1+1=2$, $2+2=4$, $4+3=7$,
$7+4=11$, …이므로 1씩 더 큰 수를 더하는 규칙입니다.
따라서 $22+7=29$, $29+8=37$이므로 9째에 올 수는 37입니다.
㉡에서 3부터 시작하여 3씩 커지는 규칙이므로 14째에 올 수는 $3\times14=42$입니다.
따라서 구하는 수는 $37+42=79$입니다.

답 79

08 **덧셈 결과에서 규칙을 찾아 봅니다.**

$3015+101=3116 \Rightarrow 3+1+1+6=11$,
$3015+105=3120 \Rightarrow 3+1+2+0=6$이므로
규칙은 덧셈 결과에서 각 자리의 숫자를 더한 것입니다.
$3016+105=3121 \Rightarrow ㉠=3+1+2+1=7$
$3015+109=3124 \Rightarrow ㉡=3+1+2+4=10$
$3019+113=3132 \Rightarrow ㉢=3+1+3+2=9$
따라서 $㉠\times㉡\times㉢=7\times10\times9=630$입니다.

답 규칙: 예 덧셈 결과에서 각 자리의 숫자를 더한 것입니다.
/ 630

09 **가장 작은 수를 □라 하여 나머지 수들을 □에 대해서 나타냅니다.**

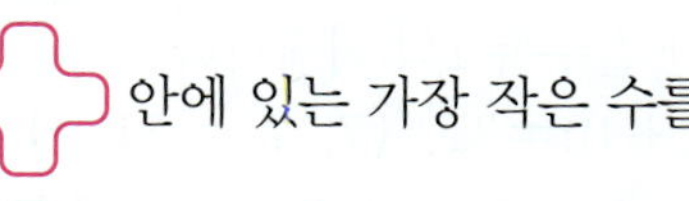 안에 있는 가장 작은 수를 □라 하면

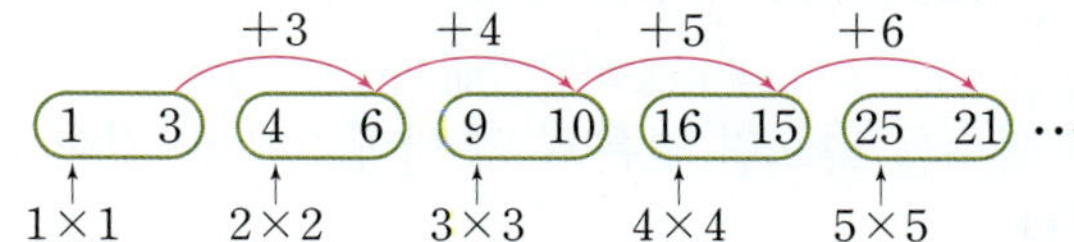 안의 수는

□, □$+6$, □$+7$, □$+8$, □$+14$입니다.
□$+$□$+6+$□$+7+$□$+8+$□$+14=275$
□$\times5+35=275$, □$\times5=240$이므로 □$=48$
따라서 구하는 수는 48, 54, 55, 56, 62입니다.

답 48, 54, 55, 56, 62

10 **놓인 딸기의 수를 나열하여 규칙을 찾아 봅니다.**

놓인 딸기의 수를 나열하여 2개씩 묶으면 ★째 묶음의 왼쪽 수는 ★$\times$★이고, 오른쪽 수는 3, 4, 5, …씩 늘어납니다.
23째의 딸기의 개수는 12째 묶음의 왼쪽 수이므로
$12\times12=144$(개)이고, 14째의 딸기의 개수는 7째 묶음의 오른쪽 수이므로
$3+3+4+5+6+7+8=36$(개)입니다.
따라서 23째와 14째에 놓인 딸기의 개수의 합은
$144+36=180$(개)입니다.

답 180개

11 **동전의 개수가 얼마만큼씩 늘어나는지 살펴 봅니다.**

동전의 개수가 3개, 5개, 7개, …씩 늘어나므로 아홉째까지 놓인 동전의 개수는
$1+4+9+16+25+36+49+64+81=285$(개)입니다.
따라서 아홉째까지 놓인 동전의 금액의 합은
$50\times285=14250$(원)입니다.

답 14250원

12 **수 배열이 어떻게 되는지 알아보고 규칙적인 계산식을 찾아 봅니다.**

⑴ $(1, 1)=1=1\times1$, $(1, 2)=4=2\times2$,
$(3, 1)=9=3\times3$, $(1, 4)=16=4\times4$, …,
$(9, 1)=81=9\times9$
따라서 $(9, 4)$의 값은 $(9, 1)$의 값보다 3칸 오른쪽에 있으므로 $81-3=78$입니다.
⑵ 1, 3, 7, 13, 21, …은 ↘ 방향으로 더하는 수가
2, 4, 6, 8, …로 커지는 규칙입니다.

대각선의 수가 속한 $(\triangle, \triangle)$에서 $\triangle$가 홀수이
면 위로 한 칸 갈수록 1씩 작아지고, $\triangle$가 짝수이
면 위로 한 칸 갈수록 1씩 커집니다.
$(6, 6)=21+10=31$, $(7, 7)=31+12=43$,
$(8, 8)=43+14=57$, $(9, 9)=57+16=73$,
$(10, 10)=73+18=91$,
$(11, 11)=91+20=111$이므로
$110=(10, 11)$입니다.
따라서 ■$=10$, ●$=11$이므로 ■$+$●$=21$입니
다.

답 (1) 78 (2) 21

13 넣는 수를 짝수와 홀수로 나누어 규칙을 찾아봅니다.

$$8 \rightarrow 12, \qquad 14 \rightarrow 21, \qquad 30 \rightarrow 45$$
$$8 \div 2 \times 3 \qquad 14 \div 2 \times 3 \qquad 30 \div 2 \times 3$$

➡ 짝수를 넣으면 넣은 수의 반에 3배 한 값이 나옵
니다.

$$15 \rightarrow 14, \qquad 23 \rightarrow 21, \qquad 31 \rightarrow 28$$
$$15-1 \qquad 23-2 \qquad 31-3$$

➡ 홀수를 넣으면 넣은 수에서 십의 자리 수를 뺀 값
이 나옵니다.

34에서 거꾸로 어떤 수를 넣었는지 구해 봅니다.

$$34 \leftarrow 37 \leftarrow 41 \leftarrow 45 \begin{cases} 30 \\ 49 \end{cases}$$

따라서 $30+49=79$입니다.

답 79

14 거꾸로 생각해 봅니다.

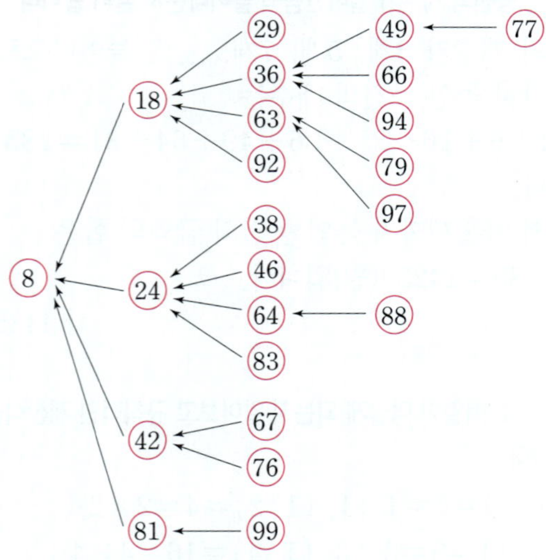

따라서 모두 22개입니다.

답 22개

스스로 풀기
생각하며 풀기
식 써서 풀기
시간 정해서 풀기
오답노트 정리하기
문제 푸는
좋은 습관
문제 푸는
안타까운
습관
숙제니까 억지로 풀기
풀이부터 펼쳐보기
단답형만 풀기
질질 끌다 결국 찍기
틀린 문제 방치하기

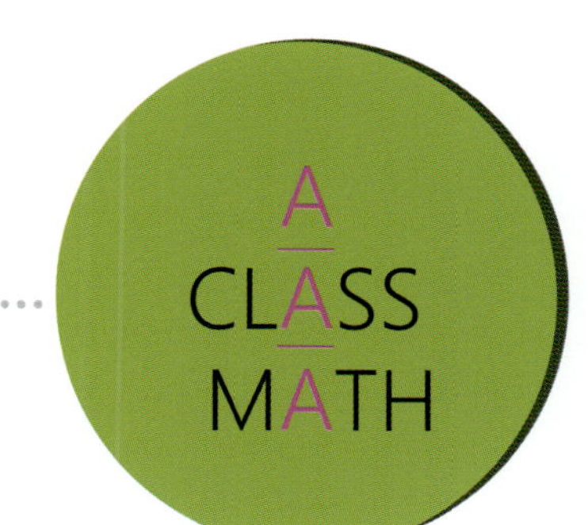
A
CLASS
MATH